告别理性

（修订版）

［美］保罗·费耶阿本德 著

陈健　柯哲　曹妍　译

江苏人民出版社

FARE-WELL to REASON

图书在版编目(CIP)数据

告别理性 /(美)费耶阿木德著;陈健,柯哲,曹
妍译.——南京:江苏人民出版社,2021.6(2021.11 重印)
ISBN 978-7-214-25621-8

Ⅰ.①告… Ⅱ.①费…②陈…③柯…④曹… Ⅲ.
①科学哲学—研究 Ⅳ.①N02

中国版本图书馆 CIP 数据核字(2020)第 209708 号

江苏省版权局著作权合同登记图字:10-2000-064 号

书　　　名	告别理性
著　　　者	(美)保罗·费耶阿本德
译　　　者	陈　健　柯　哲　曹　妍
责 任 编 辑	汪意云
装 帧 设 计	刘葶葶
责 任 监 制	陈晓明
出 版 发 行	江苏人民出版社
地　　　址	南京市湖南路 1 号 A 楼,邮编:210009
照　　　排	南京凯建文化发展有限公司
印　　　刷	苏州市越洋印刷有限公司
开　　　本	718 毫米×1000 毫米　1/16
印　　　张	21.25　插页 2
字　　　数	270 千字
版　　　次	2021 年 6 月第 1 版
印　　　次	2021 年 11 月第 2 次印刷
标 准 书 号	ISBN 978-7-214-25621-8
定　　　价	88.00 元

目 录

导　论

　　本书所收录的论文论述了文化的多元性和文化转型的问题。它们试图说明当同一性减少我们的快乐和我们的(智力的、情感的、物质的)资源时,多样性是有益的。

　　某些强大的传统势力反对上述观点。他们也承认人们也许会以多种方式安排生活,但他们补充道,多样性必须有所限制,这种限制由道德准则和自然准则组成,前者规范人们的行为,后者限定人们在自然中的位置。哲学家们,从柏拉图到萨特,和科学家们,从毕达哥拉斯到蒙那得(Monod),他们都曾声称拥有这些准则,也都曾对仍然存在的多样性(价格、信仰、理论方面)抱怨过。

　　在20世纪70年代末和80年代初,这些抱怨急速增长。我们常听到"当代文化处在危机中"的说法,它被深刻的矛盾所撕开。矛盾双方一方是传统人文主义者对人和世界的看法,另一方是没有科学的机械论描述的价值。此外,古典文学、哲学、艺术和社会思想被"文化失谐"和"哲学疾病"所侵蚀。某些批评家们所感受到的分化是如此的极端,以致哈贝马斯最近谈到了"一种新的不可把握性":人们很难在浸没大众生活的式样、理论、观点的洪流中找到自己的出路。①这些抱怨惊人地相似。"文化"时常变得混乱这是事实,这种趋势不是新的,并且被强有力的反向趋势所平衡:一些学派胜过、蔓延和吸收其他学派,不同领域的科学家创造了交叉学科(例如:合作反射、分子生物学),宏大的统一计划(进化论、整体论、身心问题的二元解决方案、语言学理论)使重要的区别变得模糊,电影、计算机艺术、摇滚音乐、高能物理学②以一种与15世纪文艺复兴时期相似的方式同商业原则、艺术灵感和科学发现结合起来,分化存在,但也存在新的、强有力的统一。

批评家们所表现出的缺乏预见性更令人吃惊。他们所说的"当代文化或世界文化的危机"指的是西方学院的和艺术的生活,但同西方商业、科学和技术传播的稳步增长相比,教授们的争论和西方艺术的扭曲变得不重要了。西方文化的传播是一个全球性现象,不仅是社会主义社会的特征,也是资本主义社会的特征;它独立于意识形态、种族和政治的差别,西方文化影响越来越多的人和文化。上述情况锻炼了我们知识分子,这是毋庸置疑的,得到强大的团体和机构智力上和政治上支持的一系列统一的观点和实践,被加强、输出和再加强。③现在,在地球最遥远的角落都能发现西方生活方式。在90年代前还不知道西方的一些人,他们的生活习惯也被改变,文化差异消失了,土著技术、习惯和组织被西方的所代替。下面一段话摘自美国寄生虫学会的一篇主席演讲,其中对这个过程有精辟的描述:

> 工业化时代前,土著社会的本质是它们的多样性和本土化。每一种都与特定的居民相联系,并且发展出自己的文化和行为模式。多样性的居民产生了同样多样性的人类社会形式,每一种形式都有自己的一套独特的环境约束。
>
> 与此相反,工业技术发展的特征是一个受控的、相对统一和高度简约的环境,它通常将物种的种类减少到一些被教化的

形式,包括人类、偶然定居的植物和动物。……高度的环境恶化和广泛分散的均质化是世界上所有政治和经济系统工业化社会的特征。④

弗朗科斯·雅各布(Francois Jacob)的简明结论是"我们受到单调性的威胁"⑤。西方文明自身丧失了太多的多样性,以至一位美国作家在1985年4月14日的国际先锋论坛中写道:"像扩散的雾,同一性吞没了全国(指美国)。"同自然、社会和技术同一性的巨大趋势相比,使文化批评家们不快的冲突变得不可见了。

同一化的趋势是无益的,即使通过那些至今仍鼓励它的人的价值观来判断。世界范围的生态学问题被人们广泛地描述和理解。许多人通过自身的经历了解它(河流、海洋、大气和地下水的化学和放射性污染;臭氧层的减少;动物和植物种类数量的急剧减少;森林的减少和土地的沙漠化)。第三世界的许多问题,诸如饥饿、疾病和贫穷,看起来是西方文明的稳步发展造成的,而不是被它所加重的。⑥对于许多社会来说,获得知识是生活的一部分;获得的知识是相关的,反映了个人和群体的关注。学校、教养和"客观"知识同当地状况和问题的分离,使知识的认识上的成分变得不存在,并使它变得荒芜和没有意义。这里,西方通过将学校和生活分离并使生活面对学者式的规划,从而导致了这种方式。⑦

对典型土著文化及其全球联系现象的研究表明,生活方式有许多种。那些不同于我们的文化并不是一种错误,而是对特定环境的微妙适应的结果,它们发现了而不是错过了美好生活的秘密。即便是军备控制之类的高科技问题也从来不是完全"客观的",而是被"主观",即文化组件所渗透。⑧在我已经引用的段落中,雅各布写道:

"在人类中",自然多样性……被文化多样性所加强。这使人类更好地适应多样的生活并更好地利用世界的资源。然而现在我们受到单调和沉闷的威胁。人类在信仰、风俗习惯和组织上非同寻常的多样性正在日益减少。不管人们是生理死亡，还是在工业文明提供的模型影响下被同化，许多文化正在消失。如果我们不想生活在一个无聊的世界上，那里只有一种技术，洋泾浜式的说话，同一性的生活，那么我们必须小心。我们必须更好地使用想象力。

本书所收论文通过批判反对这个观点的哲学家来支持这个观点。

尤其是，我将批判两种使西方式扩张在知识上受尊敬的思想——理性的思想和客观性思想。

说某一程序或一种观点是客观的，也就是声明不分人类的期望、思想、态度和愿望，它都是有效的。这是当今科学家和知识分子著书立说的一个基本观点。然而，客观的思想比科学要早并与之无关。当一个国家、部落或文明通过（身体上和心理上的）规则确定其生活方式时，它就出现了。当具有不同的客观思想的不同文化相互碰撞在一起时，它变得更明显。对这种事情有各种反应，我提及三种。

一种反应是延续：认为自己的方式是对的，无需改变。和平的文化试图通过避免接触而避免改变。例如裨格米人（Pygmies）或菲律宾的明多洛岛人（Mindoro），他们不与西方入侵者打仗，他们也不屈服，他们就简单地从西方的影响范围内迁走。而好战的民族会使用战争和谋杀来根除不符合他们希望的文明。凡吉林（Eric Voegelin）写道："摩西法中充满着许多对坎纳（Canaan）的乔伊人（Goyim），特别是对城里的居民实行狂热的种族灭绝的血腥想象。制定对乔伊人实行种族灭绝的动机是厌恶他们崇拜其他的神而不是耶和华；《申命记》中的以色列战争是宗教战争。把战争看作是灭绝视野内不相信耶和华的人的工具，这种观念是对

《申命记》的革新……"⑨西方文明的代表虽然也喜好人道主义的口号，但并不总是反对这种观点。

　　延续也刻画了(物理和社会)科学方面许多最新进展。这些发展是整体的，强调历史进程而不是宇宙法则，并使"真实性"从观察者和被观察物的(通常是不可分割的)相互作用中体现出来。那些鼓励这种趋势的作家[博姆(Bohm)，詹斯赫(Jantsch)，马图拉那(Maturana)，普里高津，瓦拉(Varela)，等]通过显示这种延续以及显示它多么适应他们的规则来消除文化多样性。不是对个人的社会选择提供准则，而代之以后退到他们的理论体系，并且在这里解释为什么事情曾经是那样，为什么现在是这样，将来它们会怎样。这非常像过去的客观主义，只是用革命和伪人道主义的语言包裹起来。

　　第二种反应是机会主义：相互冲突的文化(的领导者)比较各自的组织、习俗、信仰，接受并适应那些他们认为有吸引力的。这是一个复杂的过程，它取决于历史状况，参与者的态度，他们的忧虑、需求和期望。它也许会导致文化内部的巨大斗争，甚至会被天气的临时变化所影响。天气会夸大某些错误并消除另外的。无论如何，文化的机会主义的遭遇不能被还原为一般的规则。文化机会主义被个人、小组和整个文明所实践(并仍在实践)。例子之一是青铜器晚期居住在近东的民族、王国和部落。埃及古生物学家亨利·布雷斯特(Henry Breasted)称作"第一次国际主义"的时期。这些王国、民族彼此之间常发生战争，但他们也交换物资、语言、工业、时尚、技工，比如建筑家、航海家、没落文人甚至神。⑩另一个例子是蒙古帝国。马可·波罗证实了胜利者成吉思汗对外来事物强烈的好奇心，并且以一种巧妙的方式改变它们以适应自己的需要。大汗自己认识到了外国风俗的重要性。一位建议者曾试图通过摧毁城市使他们自己的游牧式生活习惯统一化。大汗反对这种主张。另一个有意思的现代例子是卡伦·布利克森(Karen Blixen)的肯尼亚本土人⑪，他们由于结识很多种族和部落因而是更完整的人,相对于市郊或省城的定居者来说——这些人在一个单一的社会里成长,有一套固定的观念。

第三种反应是相对主义:习俗、信仰、宇宙观并不简单是神圣的、正确的、真实的。他们对一些社会来说是有用的、有效的和正确的,对另一些则是无用的,甚至是危险的、无效的、不正确的。正如我在第一章中介绍的,相对主义有许多形式,一些是凭直觉的,未经深思的;另一些则具有高度的智慧,它比一些有智慧的批评家所认为的还要流传更广。比如,想逃离西方生活方式的裨格米族人就是相对主义者而不是教条主义者——假设他们在乎这当中的差别。⑫

根据许多历史学家的观点,希腊人介绍了另一种方法处理文化多样性。他们试图将其分为正确的方式和错误的方式,他们既不依赖于坚持传统,也不依赖于特定的改变,而是依靠辩论。

现在辩论已不是新发现。辩论出现在任何历史时期和任何社会中。它在机会主义方法中有重要的作用:一个机会主义者必须问自己,外来事物能怎样提高自己的生活水平,并且它们将会带来其他哪些变化。偶尔"原始人"会同试图把他们变为理性主义者的人类学家论战。针对这种事情,埃文思-普瑞查德(E. E. Evans-Prichard)写道:"让读者自己思考任何辩论,那些会使阿赞德人(Zande)所宣称的其神论的威力完全消失的辩论。"⑬如果使用阿赞德人的思考方式,那么它有助于支持他们整个信仰结构,因为他们的神学概念是完全连贯的,通过逻辑纽带网相互联系。它们是如此有组织,以致从不与经验相矛盾,相反,经验看起来证明了它们的正当性。"我是说",埃文思-普瑞查德补充道,"我发现这(例如,询问日常事情决策的神谕)同其他我所知道的方法一样,也是一个处理家庭和任何我所知道的其他事情的满意的方法"。辩论,就像语言、艺术或礼仪一样,是广泛存在的,但也如同语言、艺术或礼仪一样,它是多样的。一个简单的手势或一声抱怨能使一个辩论满足一些观众,而其他人需要长时间生动的演说才能使观众信服。辩论在希腊哲学家们开始考虑它之前就已经被很好地建立起来了。希腊人真正发明的不光是辩论,而且是一种特殊的和标准化的辩论方法。他们认为这与辩论发生时的情况无关。这个标准有广泛的权威。所以古老的认为真理与传统无关的思想(它可被称为一种客观的物质概念)是文化多样性的一个问题,它已被不太古老的认为寻找真理的途径与传统无关的思想所代替。现在合理地使用前提意味着使用这些方法接受其结果。

客观的形式概念存在着与物质概念相似的问题。这并不奇怪——"形式"程序在一些世界有意义,而在其他地方变得很傻。例如,随着日益广泛的解释而产生的无休止的批评的要求在一个有限的(定性的和定量的)宇宙里崩溃了。倾向于分裂式的生活方式,提供了物质安全和精神职责,也许会因为伦理的原因而被拒绝:一些人更喜欢稳定而繁荣的世界而不是经常地适应新思想。寻找反驳的证据并严肃对待它们,这一要求会导致一个有序发展的世界,这个世界中反驳的例子很少,并以很长的间隔出现,比如"大地震"。在这样的世界中,随着我们的理论从一种驳斥到下一种驳斥,我们能提高、能建立、能和平地生活。但如果理论被"异常的海洋"所包围的话,那么所有这些都是不可能的,而这是大多数社会事务的实际情况。⑭ 在一个包含某种补充形式的世界里,和一个为了适应社交而改变了的社会里,把基本信念客观化的习惯或研究成果变得毫无意义。在一个认为老妇人拥有"圆润的、甜美的女神般嗓子"的世界里,无矛盾的要求是不可能的(《伊里亚特》,3.386ff)。结论是清楚的:文化的多样性不可能被客观真理的形式概念所抑制,因为它包含一系列变化的概念。坚持某一特定形式概念的人易于出问题(在他们看来),就像世上某一特定概念的保卫者一样。

随着科学推进和产生信息储量的稳步增长,客观性的形式概念不仅用来创造知识,也使之合法化,例如:表明已经存在的信息体的客观有效性。这导致了更深远的问题:世界不存在有内涵并且与导致现代科学上升和发展的事件相兼容的一般性规则的有限集。人们发现,科学家和哲学家们所保卫的形式需求与他们所支持的发展集相冲突。为了解决冲突,需求被不断地减弱,直到它们消失在稀薄的空气中。⑮

　　科学家们也以一种更直接的方式暗中破坏研究的普遍原则。他们认为主体和客体之间的界限可以作为科学参数的一部分而被提问,而且科学能因此前进。这正是量子论里所发生的,在诸如马图拉那和瓦拉的心理学研究里(更早地,在马赫的知觉心理学调查里),谁曾想到宇宙起源的"矛盾的"[爱丁顿(Eddington)]和"神学的"[霍伊尔(Hoylc)]理论重新起重要的作用? 然而弗里德曼(Friedmann)的计算和哈勃等人的一些发现精确地导出这个结论。谁曾想到科学能被明确的反面证据所支持并从中受益? 但爱因斯坦不止一次地嘲笑那些对"无用的证明"的关心,他正是以这种方式取得进展。看一下古老的量子论的研究历程或发现 DNA 结构的进程,它表明靠逻辑上严格的辩论导致科学发展的想法只是一个梦。⑯当然,所有基本的混沌的程序是严格的——但它的严格是符合情况的、复杂的,异于我们缺少天赋的逻辑学家和认识论学者的"客观的"严格。⑰

　　在保护西方文明中扮演重要角色的第二种思想是理性(Reason)或者说合理性(rationality)的思想。正如客观性概念一样,它具有一种质料的和形式的变体。在质料的观念里要成为理性的,意味着避免某些看法并且去接受另外的看法。对早期基督徒中的某些知识分子来说,诺斯替派,连同它的有趣的等级及其奇怪的发展,是非理性的。今天,非理性意味着,比如,相信占星术,相信灵魂创造说,或者对于不同的群体,相信智慧的种族起源。在形式意义上的理性意味着遵循某一程序,顽固的经验主义者把与实验相矛盾的清晰的观念视为非理性的,而顽固的理论主义者嘲笑那些只要事件有一星半点变化就修改基本原理的人的非理性。

这些例子表明,几乎不可能让诸如"这是理性的"或"这是非理性的"这样的陈述去影响研究。概念是模棱两可的,几乎不可能得到清晰的解释,企图强迫它们将会导致适得其反的结果:"非理性"过程常常导致成功,而"理性"过程可能引来大量问题。严格说来,我们这里有两个词:"理性"(Reason)和"合理性"(Rationality),它们几乎能和任何思想和过程相连,因而环绕着它们的是一大堆优点。但是这两个词究竟如何发挥它们巨大而美丽的力量呢?

假设存在着大量有效而必须遵守的知识和行动的标准,这个假设是信仰的一种特殊情形,该信仰的影响远远超出知识分子争论的范围。这个信仰(对它,我已经给出了一些例子)可以这样形成:通过声称存在着一种正确的生活方式,世界必须去接受它。这个信仰大大地博得了穆斯林的欢心;它伴随着十字军进行血腥的战争;它导致了新大陆的发现;它导致了断头台,今天它为自由论者或马克思主义捍卫者关于科学、自由和尊严的无休止的辩论提供着原料。当然,每一种运动都对其信仰加入它自己的特殊内容,当困难出现时它就改变其内容,当个人或群体利益面临侵害时它就曲解它。但是如下的思想总是起着而且仍然起着重要作用,即存在着这样一种内容,它普遍有效而且它为干预进行辩护(正如我上面已经指出的,这一思想甚至被客观论者和还原论者持有)。我们可以猜测,这个观点是这样一些时代的遗留物:那时重要的事情来自一个中心、一个王国或一个不容抗争的上帝——它们支撑并给予一种单一世界观以权威性。我们可以进一步猜测,理性和合理性是相似的权力,它们被同样的光环所包围,如上帝、国王、暴君及其残忍的法律。内容已经蒸发,光环留了下来,它使得权力苟延残喘。

内容的缺席带来了极大的便利,它促使特殊群体声称自己为"理性主义者",去声明大量被认可的成功是理性的杰作,去运用力量而获准对与他们利益相冲突的发展进行镇压。无需多言,这些声明中的大多数是虚假的。

我已经提到过科学的情形：他们超越一种循规蹈矩的方法，但是发生的模式是不稳定的，因而不能被推广。启蒙（Enlightenment），被声称是理性的另一个礼物，是一个口号，而不是真实的。"启蒙"，康德写道⑱，"是人从他自我导致的不成熟状态中觉醒，这种不成熟状态是指在缺乏他人指导下无力运用自己的理解力。当它的原因不在于缺乏理性而在于缺乏决心时，这种不成熟状态就是自己所加之于自己的了。"这个意义上的启蒙在今天是很少见的。公民从专家那里而不是从独立思考中得到线索，这是今天"成为理性的"含义。个体、家庭、村庄、城市生活中不断增加的部分被专家占据了，当一个人说"我感到抑郁"时，很少不会听到反问"难道你是心理医生？"⑲。"如果我有一本能替我理解的书"，康德很久前写道，"一个能让我觉醒的牧师，一位能决定我饮食的医生，等等，我就不必麻烦我自己了，只要我付费，我不必思考了——他人乐意为我承担这项令人厌烦的工作"。的确，存在着而且总是存在着理性的希望，总是存在着那样的人，他们与陈规作斗争并捍卫在他们看来是正当的个体生活、思考、行动的权利。整个社会，一直追溯到"原始"部落，已经教导我们，理性的进步是不可避免的，它也许会受阻，但最终会进步的。科学家正在超越研究的传统界线，不管在小社区还是在大范围内的公民都在检验影响他们的专家的决定。但是这些比起日益增长的集权（大规模的技术和相似机构带来的几乎不可避免的结果）来，只是小小的恩惠而已。

这把我引到了自由（liberty）之路上。我们所拥有的而千百万人民仍然缺少的令人舒畅的自由很少是通过理性的方式获得的——它们来自把很多因素考虑在内的斗争和妥协，其结构不能被放之四海而皆准——从克莱塞尼兹（Cleisthenes，雅典政治家）到曼德拉——的普遍原理所解释。每一场运动都有它自己的政策、体会、构想；每一次奋斗都会赋予这个强有力的词——自由——自己的含义。当然，猜测个人奋斗经历并从中引申出一堂"政治课",这是理所当然的事,但是没有具体确实的政策,其结果总是盲目的、无用的、误人的、不现实的。还有一种可能性是,运用最枯燥无味的口号和最空洞的"原理"去兜售和强加一种协调一致的、意味深长的世界观。这并不是在鼓舞自由,而是在哺育奴隶制,尽管奴隶制披着一件自由的外衣。

把这些认识和科学家通过研究当地人民物质和精神成果所获得的真知灼见相结合,我们会发现,排斥了文化多样性,科学本性一无所有。文化多样性与被视为自由自在和无拘无束的探索的科学并不矛盾,它与"理性主义""科学的人类主义"和有时被冠以理性的一种力量——运用死板的、歪曲的科学想象为它们陈旧的信仰去获得接受者——诸如此类的哲学相冲突。但是理性主义没有得到确证的内容,理性也不具有超越偶尔碰巧名副其实的政党的原则的议程。今天所做的一切就是驱使把种出卖给属,走向单调性。该是让理性脱离这种驱使的时候了,因为它已经被这种联系彻底地损害,是时候命令它告别了。

到目前为止,我所说的只是故事的一方面,即很多事情是受理性所害,而不是受它之助。另一方面是理性名不副实,它歪曲成就,超越自己的界限,因而它至少应该对这种以它的名义扩展的越界负部分责任。我接下去的论述就是对付这种被歪曲的政策推行所造成的错误意识。

我始于在理性的本质上暗中搞破坏的一种哲学,名曰相对主义。因讨论需要,我把单一的"相对主义"融入一系列主题之中,从最朴素的和几乎毫无价值的断言(尽管这里也存在着对象!)开始,逐渐推进到更大胆的,遗憾的是,也是更专门性的断言。我的目的是表明,相对主义是合理的、高尚的,比通常的假定更加宽泛。

接着,在第二章,我推出了西方第一位知识分子色诺芬尼。他是一位有趣的人物,一位生动的智者;他不反对开玩笑,也不玩弄辞藻,他对传统的批评,尤其是对荷马诸神的批评已经得到来自不同作者的表扬,他们是伊里亚特(Mircea Eliade)、古特里亚(W. K. C. Guthrie)、卡尔·波普尔以及弗兰茨·斯赫克尔迈耶(Franz Schachermayr)。它即刻表明所有理性哲学本质上不诚实:它们引进陌生的假定,它们既不是貌似有理的,也不是与持不同见解的对手进行辩论,而是嘲笑它们。色诺芬尼的追随者注意到了这个弱点。希罗多德和索福克勒斯写到诸神时就好像色诺芬尼从来就不存在一样,一些早期的科学家在他们各自的领域里都批评了抽象的方法。

这把我带入了第三章的主题,即知识应当基于普遍的原理或理论。不能否认,存在着应用了相当抽象的概念的成功理论。但是在断言它们存在之前,对于我们声称知道的任何事物的遥不可及的结论的本质,我们必须问以下三个问题:这些理论意味着什么(它们是描绘"客观现实"的普遍特征,还是仅仅帮助我们预言事物的性质是独立地决定的)? 它们究竟具有多大的有效性(也许采用文字的理论永远都是不充分的,归属于它们的真正结果是在有待得到矫正的假定,即所谓的近似的帮助下产生的)? 它们是如何得以应用的? 回答了这些问题之后,我们必须进一步提问,物理学、天文学或分子生物学的成功是否暗示了医学、国防或我们与其他文化的联系应当包括比较客观和抽象的原理?

对第三个问题——科学理论如何被运用? ——的回答是,发明、应用和改进理论的实践是一门艺术,因而是一个历史的过程。作为充满活力的事业的科学(是对把科学视为"知识的主体"的反对)是历史的一部分。装饰我们教科书的公式暂时冻结了流动历史溪流的活跃部分,它们必须被销毁,使历史的溪流重新焕发生机,以便被理解并产生结果。不管存在着多么基本的变化,正如这些时期的科学论文中表明的,它们都必须被销毁。诸如自然科学和社会科学的区别,或是科学和艺术(科学和人类学)的相关区别,都不是真实事物之间的区别,而是真实事物(艺术、人类学、科学——所有这些在传统意义上都是真实的,或与真实相关的)与它们的恶梦之间的区别。

恶梦对于我们理解知识具有决定性却是仁慈的影响。如果现实被描绘成不仅独立于人类生活,而且并不包含人类生活的特征的话,那么人类心智又是如何触及它的呢?在人类的努力和其不可靠的结果之间难道存在一条无法跨越的鸿沟?但是人类的心智确实达到了现实——科学试验的成功就说明了这一点。企图提供一种沟通过程的理性说明(归纳理论和证明理论;先验唯心主义)是不成功的,它们看起来似乎要把科学家变成推理的机器和数据处理机。理论的捍卫者提出了一条简单的解决途径:科学家就像艺术家,他们通过一系列奇迹达到现实,这奇迹被称为创造性的跳跃。第四章表明,这是解决问题的一种讽刺,甚至对艺术也是一种讽刺。将科学当作历史的一部分,它消除了个体创造力观念所要解决的问题,这同样是不需要的。

它也消除了科学和艺术的显著区别。对进步观念的后果的解释在第五章中:不论在科学还是哲学中,进步的判断都是相对的判断。

已经追随我来到第四章结尾的读者会指出,我对理性和合理性的批判对于过去的版本来说可能是正确的,但它们不再适用于波普尔的"批判理性主义"。第六章回答这个问题。它表明一种普遍的批判哲学,如波普尔的,既不具有实质——它没有排斥任何东西,又改变了思想,并阻止了我们意欲保持的行动。空洞的辞藻以及绊脚石——这些对于波普尔是有选择地开放的,他一会儿用这个,一会儿用那一个,依据是他想逃避的批评种类。举例说明,他并不反对应用"帝国主义的某种形式"去反对那些拒绝进入西方文明华丽宫殿的人们。[20]

那么,究竟有没有好一点的哲学家?有没有这样的科学哲学家,他们在不改变可能促进知识的思想和行动的前提下提供理解力?确实有这样的哲学家——第七章给出了一个例子:恩斯特·马赫的哲学。马赫对物理学、生理学、科学史、思想史和广义的哲学都作出了贡献。他毫不费力地追求如此广泛的兴趣，因为他生活在维也纳学派重组之前，重组后的维也纳学派大大地缩小了我们的科学想象。对于马赫来说，科学是一种历史传统。他运用故事而不是抽象的模型，去解释科学的发展，并对科学家提出了任务。他先是探索，后来称赞时空相对论（《物理光学》——此书是对狭义相对论的严肃批评——的引言现在似乎被看成是马赫的儿子路德维希伪造的），他还提供了量子机械论的基本特征。但是，最重要的是，他对合并历史的、理论的和生理学的想法的理论建构提供了一个解释，并对爱因斯坦的研究方法提供了一个模型。用唯物辩证法的话说，马赫对（科学）知识的增长给出了一个唯物主义的解释。这就是马赫实际上所做的，传说他所做的是另一回事。对大多数历史学家和哲学家来说，马赫是一位心智狭隘的实证主义者，他想把科学依附在简单的观测上，他拒绝原子论和相对论，因为它们过于普遍和抽象。与在解释晦涩而令人迷惑的文本时遇到的重重困难不同，马赫的观点表达得非常清晰，他运用简洁的短语，这些短语在他的所有主要著作中都能找到。这可以通过他大量地漠视几乎所有对他的批评而得到解释。所以，研究马赫不仅向我们展示了一位了不起的伟人和迷人的科学哲学，也给我们上了关于学问本性的精彩一课："专家"经常不知道自己不知所云，更经常地，"学术观点"只是一堆千篇一律的闲言碎语。

马赫并不是第一位以愚昧为动机的思辨的牺牲品。亚里斯多德这位伽利略时代的教会理论的先驱，以及与我们同世纪的尼尔斯·玻尔是另外两个例子。我在《哲学论文》第一卷第十六章中阐述了玻尔。第八章表明，从伽利略（毫不犹豫地）到韦尔（有点犹豫）坚持的连续性观点是一种倒退，当它与亚里斯多德的解释作比较时。第九章分析了一封被引用和讨论得很多的信——贝拉明（Bellarmino）给福斯卡里尼（Foscarini）的信——是鉴于古代的一次关于专家知识的权威性的争论。它表明教会的地位比通常假定的更加强大，也更加仁慈。

第十章讨论了不可通约性对理论传统(以及对普特南,捍卫者之一)所造成的困难。第十一章是我对这一论辩的贡献,这一论辩被哥伦比亚建筑学院接纳并出版。激发论辩的陈述悲叹现代哲学思想中所谓的"混沌",并呼吁一种统一的意识形态。我对分析(在哲学系中也许日益增长着混沌,而整个世界必然日益增长着一致性)和最终解决都进行了争论。我的主要观点是:合作不一定要共享意识形态。

最后,第十二章包含了"我的"哲学(当然不是我的,而是遍布全世界的合理思想的一个缩影)的一个总结,它充斥着对批评者的回应。它是用德文写就的,是为40篇表扬、谴责我的著作②的论文集子而写的,我对这一卷进行了翻译和重写。这一章将表明我关心的既不是理性,也不是科学,更不是自由——诸如此类的抽象性已经表明弊大于利——而是个人的生活质量。质量必须在作出任何改变的建议之前被个人经验认识,也就是说,改变的建议必须来自朋友,而不是来自遥远的思考者。该是停止推理素未谋面者的生活的时候了! 该是放弃"人类"(好自负的概括!)能被一群坐在温暖的办公室里闲聊的人所拯救这一信念的时候了!该是变得谦逊并青睐这样一些人的时候了:他们被认为受益于在需要指导方面的无知的观念,或者,如果事情受到关注,作为乞丐而不是上帝给穷人、病人以及无知者的最大礼物。

第十二章的题目也就是本书的书名,有两种意思:已经被历史的复杂性所迷惑或震惊的一些思想者,他们曾经说要告别理性,代之以一种漫画;不能忘怀传统的思想者,他们继续称这个漫画为理性。理性已经在那些不喜欢复杂性的哲学家中间以及那些不介意加入一小股阶级去为他们的世界统治而奋斗的政治家(技术专家、银行家等)中间取得了很大成功。对于其余的人,尤其是我们中的所有人来说,理性是个大灾难。是时候告别它了。

本书中的论文是为不同的事件而写的,他们在文风上有所区别,偶尔会有所重复。有的论文相当繁琐,还有一些来自非正式的谈话,另有一些是对调查和评论的反馈。我已经重写了其中的大部分,但我仍然保留了它们文风上的差异和重复的内容。我的美丽、善良而温柔的朋友格蕾莎·波莉尼通过不同版本做了她非常擅长的工作,就是通过她我才熟悉关于"发展"的大主题。没有她温柔而肯定的批评,这本书将会有更少的论争、更多的抽象,当然还有更多的晦涩!——所有的!——它仍有这些问题。

注释

① 对于危机和深刻的矛盾,见斯普瑞(Roger Sperry)的《科学和道德先验性》(*Science and Monal Priority*),纽约1985年,第6页。对于自然科学和人文科学的冲突,见斯诺(C. P. Snow)的《两种文化和科学革命》(*The Two Cultures and the Scientific Revolution*),剑桥1959年,以及琼斯(W. T. Jones)的《科学与人性》(*The Science and Humanities*),加州大学出版社1965年。琼斯把科学和人文的失谐称为"当代文化的危机"。短语"文化失谐"出现在《摘要》(*Precis*)期刊上,该期刊介绍了在哥伦比亚大学建筑系举行的关于后现代主义的讨论。"疾病"一词见卡尔·波普尔的《开放社会及其敌人》(*The Open Society and its Enemies*)第二卷,纽约1996年,第369页。哈贝马斯的观点见《新的混沌》(*Die Neue Unübersichtlichkeit*),法兰克福1985年。

② 参考皮克林(Andrew Pickering)的引人瞩目的论文《构造夸克》(*Constructing Quarks*),芝加哥1985年。

③ 在这些团体中作出决策的是一个新的阶层,在一些作家[丹尼尔·贝尔(Daniel Bell)和约翰·肯尼斯·加尔布雷思(John Kenneth Galbraith)是其中两位]看来,科技名流的名誉和权力逐渐增加。一个强调科技知识重要性的人——巴枯宁(Bakunin)——也对"科技知识的统治,一种最高雅的、专制的、自大的和精英的统治组织"提出了警告[《巴枯宁论无政府状态》(*Bakuning on Anarchy*),桑·多哥夫(Sam Dolgoff)译,纽约1972年,第319页]。今天,他的担心变成了现实,更糟的是知识已成为一种商品,它的合法性同立法者的合法性相联系:"科学看起来比任何时候都服从于流行势力……并处在成为冲突的重要赌注的危险之中"[E. P. 汤普森(Thompson):《后现代现状,一份关于知识的报道》(*The Post-modern Condition, A Report on Knowledge*),明尼瓦利1984年,第8页]。管理社会的精英通常支持汤普森所谓的"驱逐主义"。抽象研究和技术发展的结构直接导致了物质死亡[E. P. 汤普森等著:《驱逐主义和冷战》

(*Exterminism and Cold War*)，伦敦1982年，第1页，尤其是第20页；也见乔姆斯基(N. Chom-sky)：《通向新冷战》(*Towards a New Cold War*)中的"知识分子和国家"，纽约1986年，还有重印在《原子科学的公告》(*Bulletin of the Atomic Scientists*)中关于国家实验室作用的争论]。

④ 唐纳德·海纳曼(Donald Heyneman)：《寄生虫学会杂志》(*Journal of Parasitology*)1984年，第6页。

⑤ 《可能性和现实性》(*The Possible and the Actual*)，西雅图和伦敦1982年，第67页。

⑥ 一般性的描述见约翰·鲍德雷(John H. Bodley)的《进行之代价》(*Victims of Progress*)，加州，梅楼公园1982年。关于健康和饥饿特殊例子的分析见波利尼(Grazia Borrini)的《健康和发展——天堂和地狱的结合》("*Health and Development——A Marriage of Heaven and Hell*")，收入在由加多编的《第三世界社会研究》(*Studies in Third World Society*，沃斯汀，得克萨斯1986年)中；热勒姆(M. Rahnema)的论文《从"帮助"到"艾滋"——看发展的另一面》("*From 'Aid' to 'Aids'——a look at the Other Side of Development*"，手稿，斯坦福1983年)描述了西方技术怎样摧毁了社会免疫系统，而在此之前该系统提供了抵抗自然和社会大灾祸的有效保护手段。哈耶克警告道，经过长时间适应过程的社会，其处理问题的能力更强，而知识分子们使用最先进的理论和工具并被计算机模型彻底证明其"合理干涉"效果，结果使社会状态更糟。[哈耶克：《理性的滥用及堕落》(*Missbrauch und Verfall der Vernunft*)，萨尔茨堡1979年]。

⑦ 参见热勒姆的论文《教育是为排斥还是参与?》("*Education for Exclusion or Participation*")，斯坦福1985年4月16日。西方的情形在伊利修(I. Illich)的《废除社会的传统教育》(*Deschooling Society*，纽约1970年)一书中得到描绘。

⑧ 在其名为《面对核武器威胁》(*Facing the Threat of Nuclear Weapons*，西特和伦敦1983年，第36页注)中，德雷尔(Sindey Drell)，这位美国政府关于国家安全和军备控制组织的咨询员，陈述了四条"谈判目标"。第三目标是"允许两国(美国和苏联)根据各自不同的技术和官僚主义形式，通过减少选择性来实施谈判条款"。当然减少量必须相同，但同时它们也许会不对称，因此，谈判要有高度灵活性。鲁道夫·皮尔斯(Rudolf Peierls)在《候鸟》(*Birds of Passage*)(普林斯顿大学出版社1985年，第287页)中写道："两边的地理和战略位置明显不同，他们的核武器及其分发方式明显不同，而且他们的上层建筑也是不同的，因此对它们相对力量的任何评估变得有高度和估测性"：触及两国生存利益的任何交换不可能以一种"客观的"或计划的方式来实现。

⑨ 《秩序和历史》(*Order and History*)，第一卷：《以色列和天启录》(*Israel and Revelation*)，路易斯安那州大学出版社1956年，第375注。

⑩ 详见韦伯斯特(T. B. Webster)：《从迈锡尼到荷马》(*From Mycenae to Homer*)，纽约1964年。

⑪ 见迪尼森(Isak Dinesen)的《走出非洲》(*Out of Africa*),纽约 1985 年,第 54 页注。

⑫ 见特伯尔(C. M. Turnbull)的《裨格米族的教训》("The Lesson of the Pygmies"),载《科学美国》(*Scientific American*)208(1),1963 年。

⑬ 威切克拉夫特(Witchcraft):《阿赞德人的神谕和魔术》(*Onacles and Magic Among the Azande*),牛津 1973 年,第 319 页注。

⑭ 参考我的《哲学论文》(*Philosophical Papers*)第一卷,第六章,第一节,剑桥,马萨诸塞 1981 年。

⑮ 拉克托斯(I. Lakatos)用敏锐的眼光和历史例子来描述衰弱的过程。见《伪造和研究程序方法学》(*Falsification and the Methodology of Research Programmes*),收于拉克托斯和马斯格雷夫(A. Musgrave)合著的《批判与知识的成长》(*Criticism and the Growth of Knowledge*),剑桥 1970 年;参考同一作者的《科学的历史及其合理重构》("*History of Science and Its Rational Reconstructions*"),收于《科学哲学波士顿研究》(*Boston Studies in the Philosophy of Science*)第八卷。最后一点,对于所有内容的消失,参考我的《哲学论文》第二卷,第八章、第九节和第十章。

⑯ 这适用于"发现的语境"和"证明的语境":好的调整就像好的理论和实验一样被发现了。

⑰ 详见我的《哲学论文》第二卷,第五章,剑桥,马萨诸塞 1981 年。

⑱《什么是启发?》("What is Enlightenment?"),引自贝克(L. W. Beck)编,《康德论历史》(*Kant,On History*),自由艺术图书馆 1957 年,第 3 页。

⑲ 在一个参与整个发展的令人惊奇的段落(*Theaet*,144d8－145a13)中,柏拉图笔下的苏格拉底批评希罗多德,因为他说过 Theaetetus 长得像他,尽管他在确认面部相似方面没有专长。

⑳《开放的社会及其敌人》第一卷,纽约 1963,第 181 页。

㉑ *Verschungen*,彼得·汉斯·杜尔编,第二卷,法兰克福 1980、1981 年。

第一章 关于相对主义的注释

　　人们在遇到不熟悉的种族、文化、习俗及观点时会以不同的方式作出反应。他们可能惊讶、好奇和渴望学习；他们可能觉得轻蔑或有一种天然的优越感；他们可能显出嫌恶和憎恨。人们由于天赋的一个智力的头脑和一张总想说点什么的嘴巴，因此他们不只是想，他们还想谈点什么——他们表达他们的感情并试图使之合情合理。相对主义就是生发于这个过程中的见解之一，它试图理解文化多样性这个现象。

　　相对主义很早就出现了，在近东它至少可以回溯到青铜时代晚期，埃及古生物学家 J. H. 布雷斯特把这一时期称为"第一国际主义"。在由前苏格拉底的重视物质的种种宇宙论向诡辩派、柏拉图和亚里斯多德的政治观点过渡期间，希腊人讨论了相对主义并使之转变为一个学说。它激起了怀疑运动并体现在启蒙运动的前辈如蒙田（Montaigne）和一些16、17世纪游历报道的解释者身上。它作为反对思想专制的武器和批判科学的手段，一直持续于整个启蒙运动而且在今天还相当时兴。相对主义的观念和实践并不限于西方而且也不是一个思想奢侈品，它们出现在中国，并且在遭遇不同的种族、习俗和宗教，而向它们展示了存在于地球上的许多生活方式之后，被非洲土著人发展成一门良好的艺术。[①]

相对主义的广泛分布使它成为一个难以讨论的主题。不同的文化强调不同的方面,并以最适合于他们利益的方式来表达这些方面。存在着一些我们都能借以学习的简单版本和一些仅针对专家的复杂版本。有一些版本是基于情感或态度,其他的则类似于回答数学问题。有时甚至一个版本都没有,仅仅是一个词语——"相对主义"——和一个(爱或愤怒,但无论如何要慢慢道来的)对它的反应。为了解决这种种情况,我将放弃由"相对主义"一词暗示的一致性,来讨论各种各样的观点。我就从一些实际的观察开始。

一、实践相对主义(机会主义)

实践相对主义(与机会主义重叠)关注的是不同于我们自己的看法、习俗、传统可能影响我们生活的方式。它有一个"事实的"部分以解决我们如何能被影响,以及一个"规范的"部分以解决我们应该如何受到影响(一个国家的制度应如何对待文化的多样性)。为讨论实践相对主义,我引出如下论题:

> R1:个人、群体以及整个文明都可能从学习异己的文化、习俗和观念中受益,不论支持他们自己看法的种种传统多么强大(不论支持这些看法的理由多么强大)。例如,罗马天主教可能受益于学习佛教,内科医生可能受益于研究《内经》或偶遇的非洲巫医,心理学家可能受益于研究小说家和演员塑造人物角色的方法,普通科学家可能受益于研究非科学的方法和观点,而作为一个整体的西方文明能够从"原始"人的信仰、习惯和制度中学习许多东西。

注意,R1 并不举荐人们研究不熟知的制度和看法,当然也不会把这样的研究转成为一个方法论的要求。它仅仅指出这样的研究可能具有一些被现状的辩护者当作益处的效果。还请注意,并不是所有允许异己观点和习俗影响其见解的人都要简洁陈述关于这个过程的论题。因为一种对人类的信任感,或者因为他们依然和自然的其余部分保持联系(人们除了从人类自身学习外,还一直从动物和植物身上进行学习),或者因为一些强烈的模仿趋势,因而集中于一个论题(如 R1)总是限制了讨论。我们假定各个团体将他们的动机翻译为词语并且使用这些词语,而不是依赖于范例、移情、魔术或其他非语言手段。

对 R1 的回应有一个很宽的谱系,以下是其中的四个。

A. 该论题被拒绝。这发生在一个深入信仰者日常生活的世界观被当作唯一可接受用以检验真理和美德的度量之时。圣经《申命记》(Deuteronomy)中的律令,柏拉图的理想国,加尔文(Calvin)的日内瓦和一些 20 世纪的异教都是这样一些例子。许多科学家意欲借他们的观念、成果和世界观来取得无可比拟的煊赫[②]——而且他们几近达成了他们的愿望。[③]

B. 该论题被拒绝,但仅在一些特定的领域。这出现在多元主义文化中,包含相互作用微弱的一些部分(宗教、政治、艺术、科学以及私人和公共的行为等),每一部分由一个定义良好和排他的范式所指导。个体被相应地切分为:"作为一个基督徒"一个人可以依靠信仰,"作为一个科学家"他(她)必须依赖证据。或者作为一个谈起加尔文的历史学家,当评论起处死塞尔韦特(Servetus)＊时:"作为一个人,他并不残暴,但作为一个神学家他是残酷无情的;而他正是以神学家的身份来对付塞尔韦

＊　西班牙神学家,医师,支持宗教改革运动,因发表《论三位一体的谬误》以异端罪名被判刑处死。——编辑注

特的。"④

C. 这是一个更为自由的回应,它鼓励不同领域(文化)间的观念和态度的交流,但要求它们服从于支配被进入领域(文化)的规则。因此一些医学研究者承认非西方医学观念和治疗的用处,但他们进而要求科学手段发现它们并且必须在他们的帮助下得以证实;它们没有任何独立的权威。

D. 最后是关于我们谱系中极"左"的观点,我们对此的看法是:即使我们最基本的假定、最坚实的信念和我们最不可置疑的理由都可以通过与最初看起来纯粹疯狂行为的比较而加以改变——改进,或缓和,或被证明是无关的。

A 到 D(还有其他的回应)在人类种族历史上起了重要的作用;自由、宽容和理性的命运总是不可避免地与有影响的群体和整个文化对待(观念、习俗和态度的)多样性因此也是对待 R1 论题的方式交织在一起。在这一节和下一节我将只考察科学和基于科学发展的主张。"科学"一词,我意指经由绝大多数科学家和一大部分受教育的公众所解释的现代自然和社会科学(理论的和应用的):旨在追询客观性,应用观察(实验)和使人非信不可的理由来建立它的结论,并通过一些恰当的定义和逻辑上可接受的规则来进行指导。我将以实例证明:无论是价值、事实或方法都不足以支持科学和基于科学的技术(智商测试、基于科学的医学和农业、功能性建筑学以及诸如此类的)凌驾于所有其他事业之上的主张。

谈到价值,就是以一个迂回的方式描述一个人想过的生活或认为一个人应该过的生活。现在人们以种种不同的方式规划他们的生活,因此可以想见在一种文化中极为正常的行为却在另一种文化中遭受拒斥和谴责。举一个例子[一个我从 C. V. 魏茨泽克(Christina von Weizsäcker)那儿听来的真实情况]:一个内科医生建议用 X 射线查明一个中非部落成员的疾病。他的病人想让他用其他的方法:"我身体里捣鼓的不关任何人的事情。"这里基于知识想知晓的和以最为有效的方法治疗的愿望,与希望保持隐私和(人的)身体的完整性的想法之间发生了抵触。有关价值的争辩意味着考察和解决这类冲突。

病人的愿望是合理的吗?对于一个珍视隐私和身体完整性以及指望共同体中的圣贤在这些价值限定的范围内行事的共同体而言,这是合理的。[5]而对于一个以效率和追逐知识为最高准则的共同体,这是不合理的(西方文明的大部分似乎都遵此方式——参见注④)。在一个接受效率和专家支配但给个人特质留有余地的社会中,这是不合理的,但可以容忍。这个愿望无论何时藐视已建立的社会规则都是不合理的而要受到指责。在一个单一框架内鼓励发展许多不同生活方式的社会,这既是合理的也是不合理的(或者无论用任何其他词语来表明与基本要求的一致或冲突)。有些人接受这个愿望并鼓励它,另一些人则对它的支持者冷嘲热讽。有关堕胎、安乐死、转基因、人工受精和不同文化之间(智力的、政治的、经济的和军事的)交流的争论表明价值借以影响意见、态度和行为的方式。许多争论甚至在争论者已接受了所有可用到的信息并开始以同样方式进行辩论之后还在继续。所保持的这个张力是不同价值之间的张力,而不是好和坏之间,或信息完整和信息不足之间(尽管许多争论也被这些因素搞复杂了)以及理性和非理性(尽管受到维护的价值常常占有部分道理)之间的张力。[6]

有三种基本的方式来解决不同价值之间的张力:权力、理论和冲突群体间的开放的交流。

权力方式简单且普遍。不存在争论,也不试图加以理解;拥有权力一方的生活方式强加它的规则并且消除异己的行为。国外征服、殖民化、发展纲领和一大部分西方教育都属此类情况。

理论方法注重理解,却不理解相关的派别。这些派别中的一些专业群体、哲学家和科学家研究相冲突的价值,并把它们安置在一个体系中,为这些冲突的解决提供指导方案——以处理这个问题。理论方式是自以为是、无知、浅薄、不完全和虚伪的。

第一，它是自以为是的，因为它想当然地以为只有知识分子才有价值的观念，对和谐世界的唯一阻碍是他们等级的争论。因此 R. 斯普瑞在一本有趣而有富有挑战性的书⑦中评述道："当前的世界状况要求对价值前景有一个统一的全球方式……那将关涉全人类的福祉。"斯普瑞说，目前这样一个统一的方式受到"当代文化危机"的阻碍，即"在人类和世界的传统人文主义观念同缺失价值的科学机械主义描述之间的深刻矛盾"。为了摆脱这个矛盾，斯普瑞建议进行科学改革以消除还原论，并"让心灵和意识驾驭一切"。由此而得的世界观依然不同于各种各样"神学的、直觉的、神秘主义的或来世的参照构架……人类借后者力图生活和发现意义"。在科学的"自然宇宙"和西方文明领域之外的文化间仍然存在深刻的矛盾。但是这些矛盾并没有累积为"危机"，而科学也没有被改变以解决这些矛盾：科学之外的文化和人文学科简单而言并不重要。许多主要的知识分子都是沿相似的线路来思考的。⑧

第二，理论方法是无知的。例如，它没有注意到因为生态上合理的和精神上满意的生活方式遭到破坏并被西方文明的虚伪行为取代而引发的许多第三世界国家正在面临的问题（饥饿、人口过剩、精神腐败）⑨。斯普瑞提到的"神学的、直觉的、神秘主义的或来世的参照构架"并不仅仅是一个梦幻的城堡，它们传递着它们所承诺的；它们确保在最多样性的环境中物质的幸存和精神的完满。⑩进步和文明的信使破坏了他们不曾建立的东西，并嘲讽他们不理解的事物。他们鼠目寸光地以为他们独有生存的钥匙。

第三，理论方式的肤浅达到令人惊异的程度。它以贫乏和抽象的概念取代了观念、洞察力、行为、态度和姿态的丰富的复杂性，直至从特殊价值的工作中产生的最幼小婴儿的最肤浅的微笑，通过枯燥而抽象的概念假定,在这些幻想之间的"理性"选择已经决定了事物:"……任何一个希望描述'人类本质'的人所面临的深刻的认识论问题似乎并没有引起理论家的关注。面对人类过去和现在异常丰富的和复杂的社会生活,他们选择了把整个人类描述为一个向欧洲布尔乔亚社会转变的19世纪的道路。"⑪这种肤浅的方式也被应用到科学中。这种方式很少讨论科学学科、学派、方法以及答案的丰富多样性。我们所得到的一切犹如一个巨大的、只遵循一条道路和只以一种声音讲话的怪物——"科学"。

第四,理论方式是不完整的。它对于强制的问题保持沉默。这并不意味理论家对这事情没有意见,他们有非常明确的看法。他们希望他们的建议将真正被西方工业国家的机构接受,并且首先从那儿渗透到教育里,接着渗透到发展中。像他们的前辈——殖民地官员一样,他们对让权力强制他们的观念毫无内疚之情。但是与他们的前辈不同的是,他们并不把这个权力加诸自身;相反,他们强调理性、客观性和宽容,这意味着他们不仅是无礼、无知和肤浅的,而且无诚实可言。值得庆幸的是,现在有一些科学家,他们尊重人类存在的所有方式,发现了"原始"见解和"过时"风俗的固有力量,而因此改变了他们的知识观。当他们明白了这一点,研究就不再是一个特殊群体的特权,而(科学)知识也不再是一个人类优越性的普遍检验。知识是一个被设计用以满足局域需要和解决局域问题的局域物品;它能够从外部被改变,但只是在包括所有相关派别的意见经广泛的磋商之后。按照这个观点,正统的"科学"是许多风俗中的一个,而不是合理信息的唯一宝库。人们可以咨询它;他们可以接受和应用科学建议——但是必须考虑局域的选择而不能视为理所当然。⑫脱胎于这种方式的新的知识形式拭去了肤浅,而且较之于正统科学的过程和结果能更好地适应现代世界的需要。⑬

刚才所作的评述表明,价值不仅影响知识的应用,也是知识本身的基本要素。我们所知的关于人们的习惯、特质和偏见,大部分是源于由社会习俗和个体偏好所形成的（人们之间的）相互影响；这种知识是"主观的"和"相对的"。宁可要这种来源于人们和实验安排（心理测试、基因研究、认知理论）之间的相互作用的"知识"，因为它维持了人与人之间的联系而不是削弱它们。有一些学科领域（如材料科学），在那里定量的实验资料似乎战胜了所有对手，但是这个胜利并不是一个"客观事实"（像一个军事胜利，它取决于参加战役人员的目标；在这个例子中，目标是西方文明一定阶段所定义的技术进步），它不是势所必然的（它必须被建立——并且不能想当然地以为——它必须由那些被认为从中获益的人来加以判断[⑭]），这个成功不能被外推（实验已经发展了物理学的一些部分这一事实并不足以说明它们在心理学或物理学的其他部分或其他时期的作用），它随时间而改变（过去有过一些时期，那时有关材料的定性资料在内容和工艺效率方面远远超过定量知识——见注释[㉕]、[㊳]和正文），甚至有效的知识也可以因为它的获取干扰了重要的社会价值而被摒弃。克尔凯郭尔（Kierkegaard）诘问："作为一个客观的观察者的我的行为将削弱我作为人的力量，这难道是不可能的吗？"所有这些意味着成功和认可（的标准）是随情景变化的，并且与那些对某一特殊领域知识感兴趣的人的价值相一致。

概而言之，有关价值和科学的应用的种种决定并非就是科学的决定，它们是一个人或许称之为"存在的"决定，它们是以一种特定的方式来生活、思维、感受和行为的决定。许多人从来不作这一类决定，许多人现在正被迫作出这类决定："发展中国家"的人们对颂扬西方的方式表示怀疑，西方国家的公民以怀疑的心态关注着已经在他们中间出现的技术带来的成果（在1986年4月切尔诺贝利事件的可怕后果发生后，这已记录在案了）。赞成或反对科学文化的种种决定的"存在的"本质是为什么科学成果（电视、原子弹、盘尼西林）不是最终决定的主要原因。它们是好的还是坏的，有益的还是破坏性的，这取决于一个人期望什么样的生活。

我的第二个评论关涉事实。这根本不是确定无疑的:甚至一个基于科学价值或科学或非科学文化的科学的比较,将总是有利于前者。不可否认,在抽象知识和实践技能的大部分领域,(科学)将保有它的优势。但是还有一些其他领域,那儿科学-技术方式的优越性远没有那么明显。因此那些研究非西方文明和社会历史的学者发现,由于西方科学技术以及复杂、脆弱却惊人成功的社会生态系统的进展,(而导致的)饥饿、暴力、曾经一度充足而现在日益缺乏的货物和服务、异化和"不发达"常常能够引发(那些非西方的文化和社会的)瓦解。⑮或者作一个假定,有足够数量的病人按西方医学最先进方法来进行分类,并把他们分成两组:一组以已接受的西方方式(假定存在这样的方式)来治疗,而另一组以医学的非科学形式来加以治疗,如针灸法。如果也由西方医生来审查(在有必要的地方,包括若干年的追踪研究),结果将是什么呢? 依照西方的标准,西方医学总有更好的结果吗? 在大多数情况下它将有更好的结果吗? 会有一些它失败而其他方法成功的领域吗? 对所有这些问题的回答是:我们不知道。

没有人否认有过巨大和令人惊异的成功,也没有人否认通过科学的唯物主义和有时简单有时相当精密复杂的实验技术的结合而获得这些成功。但是这些是孤立的事件,它们还没有建立这种结合的普遍有效性,也没有证明所有存在的选择的普遍的失败。我们没有就此简单地获得一个全局的基于证据而不是基于未经检验的概括的图景。另外,照顾老年人、治疗精神病患者以及幼儿教育(包括他们的情感教育),这些都属于福利领域,在工业社会它们都留给了专家但在其他地方却是家庭和社区行为关注的事情;此外,考虑到并没有清晰明确的健康标准——在不同的时期和不同的文化中,对健康状态的评价是不同的——并且日益清楚的是:科学和非科学过程比较的优越性问题从来就没有以真正科学的方式检验过。科学的信徒们再一次被发现对他们的信念缺乏科学的凭证。这并不是对科学的控告,它仅仅再次表明,超越于其他生活形式的科学选择并不是一个科学的选择。

一种流行的相反的观点认为,非科学的生活形式被检验过了,因为当科学家首次遇到它们时已检查和淘汰了这些选择。例如,当配药工业生产了更好的替代物后,印第安人的药物(流行于美国 19 世纪的药物实践者中)就消失了。

这个相反的观点既不正确又不得要领,它是错误的,因为许多所谓基于科学的实践的胜利并不是系统比较研究的结果,而是一些由独立的社会发展、政治(组织的)压力和强权行为所夸大的轶传证据的结果。再举一个医学上的例子。按照保尔·斯塔(Paul Starr)[16]的看法,医生角色方面的重要变化,包括转向一个更加非个人的(或者按照技术术语,"客观的")方法,大部分归因于社会的发展而不是医学知识的进步。这些发展影响了被认为是正确的医学过程的东西,并且产生了没有相应研究的进步现象。S. J. 瑞斯尔(Stanley Joe Reiser)[17]以相似方式讨论了种种新技术的角色。仪器优于人类观察者的观念适合于客观性的一般倾向,因此基于个人接触的诊断被认为是不适宜的。健康的改善通常应归因于更多更好的食物、公共卫生、改善的工作条件以及一个主要疾病的治疗独立周期,而不是提高了的医学实践。[18]

鉴于诸如刘易斯·托马斯(Lewis Thomas)和彼得·梅达沃(Peter Medawar)等作家把科学医学的开端定在 19 世纪 30 年代[19],从一个严格的科学观点来看,我们要么被导向去推断 20 世纪之前的医学声望中没有什么内涵可言而且这种医学也没有什么实质的进步,要么承认医学能够成功而无需成为科学的。刘易斯·托马斯在《最年轻的科学》[20]一书中写道:"医学,尽管其有作为一个博学行业的外观,但在实际生活中却是一个极为无知的领域。"大部分医疗机构在缺乏甚至是关于一些结果的不充分的证据时就很快地接受了额叶前部和跨眼眶的前脑叶白质切除术,这表明职业的认同并不意味着就一定优越,也表明要谨慎地看待来自专业认同的证据。[21]许多过去被夸耀和强加于易受蒙骗的公众的过程(19世纪甘汞的使用;仅在10年前在孩子身上作甲状腺肿大照射等)是一些缺乏适当经验支持的时尚。现在我不否认医生的部分声誉是基于名副其实而且通常是令人极为惊异的医学研究上的成功。磺胺、盘尼西林以及产前诊断的有效新方法的影响简直不可能被夸大。但是存在其他一些现象,它们禁止从这样一些孤立的成功中无条件地推断非正统的医学形式是完全无效的。每一个情形必须分别甄别并依赖它自身的优点加以判断,独立于时代的实践信仰和理论时尚。

这个相反的观点也不切题:每个名副其实的科学胜利是通过使用各种手段(仪器、概念、论据以及基本假设)获得的,但这些手段是随知识的进步而变化的。因此重复的竞争可能而且常常产生不同的结果;胜利转成失败,反之亦然。许多曾经完全荒谬的观点现在成了知识的坚实基础。在古代像"地球是运动的"观念遭到拒绝,因为它与事实和那时所能拥有的最好的运动理论相悖;一个基于不同的、很少以经验为根据的、在当时是高度推测性的动力学的再检验使科学家相信它终究是正确的。他们之所以信服它,是因为他们像他们的亚里斯多德学派的前辈一样并不反对这个推测。原子论遭到频繁的抨击,既有来自理论的也有来自经验的理由。在19世纪的后半叶,一些科学家认为它毫无希望地过时了,然而它却由于一些独创性的论据而复兴了,并且成为现在物理学、化学和生物学的基础。科学史充满着种种理论,它们一度被宣告死亡,接着被复兴,然后又被宣告死亡,只是为了庆贺又一个胜利的复辟。这使得为将来的可能使用而保留有缺点的观点成为有意义的。观念、方法和偏见的历史是正在行进的实践的一个重要部分,而且这个实践能够以惊人的方式改变方向。

对理论来说是正确的东西甚至以更大的力量应用到应用科学和像医学这样基于科学的艺术中。在医学中，我们不仅有周期发生的时尚（一个更为"个人"方式的时尚；在古代起重要作用而在20世纪之交又回复的治疗虚无主义的时尚）和种种选择（例证："疾病是必须被排除的局部侵扰"，与之相对的是"疾病是身体抵御侵扰的方式而应支持"）之间的往复波动，我们还有独立于科学的声望和一些基本术语（诸如"健康"和"幸福"）的变迁。只有历史成为医学实践和研究的一部分时，医学才能从中获利。

约翰·斯图亚特·穆勒在他不朽的著作《论自由》②中更深入了一步。他建议研究人员不仅要保留那些已经被检验并发现有欠缺的观念，还要考虑新的和未经检验的构想，不论它们最初看起来多么荒谬。就他的建议，穆勒给出了两个理由：他说，各种观念对于"人类良好发展"的产生是必要的，而且对于文明的进步也是必要的：

> 什么使得欧洲的民族成为一个不断改进的而不是停滞不前的人类部分？不是在它们之中任何出众的、当其存在是作为结果而不是作为原因存在的优越性，而是它们性格和文化的不寻常的多样性。个人、阶级和民族彼此是极为不同的：它们开创了各种道路，每条道路导向一些有价值的事情；而尽管在每一时期处于不同道路的那些人彼此不相宽容，每个人都认为要是所有各方遵循它们的道路会是件好事，但阻碍彼此发展的企图几乎难能取得永久的成功，并且每一方都及时容忍而去接受其他方给予的好处。我认为，欧洲对其进步和多方面的发展应完全蒙恩于这些多样性的道路。

依照穆勒的看法，在科学中——"基于四个不同的基础"——多元化的观念也是需要的。首先，因为一个也许有理由加以拒绝的观点仍然可以是真实的，"否定这个就是假定我们自己绝无错误"。其次，因为一个有疑问的观点或许而且常常确实包含有真理的成分；而且对于任何一个问题的普遍和主流的见解很少"或者从来就不是全部真理，恰恰是通过相反见解的碰撞使其余的真理有了一个被提供的机会"。其三，在不大理解或感知其理性基础的情况下，一个完全正确而未加争论的观点"将……以一种偏见的方式被持有"。其四，一个人甚至不去理解它的意义就赞同它，将会变成"一个仅仅形式上的承认"，除非与其他观点进行比较后表明这个意义值得存在。

其五，一个更为技术性的理由是㉓，要能清晰地表达和发现反对一个观点的决定性证据，常常要求有一个选择项的帮助。因此，在相反证据出现之前禁绝选择项的运用，此时仍然要求理论面对事实，这意味着本末倒置。而且用"科学"来玷污甚至消除所有选择项，意味着以一个应得的声誉来维持一个与赢得它的那些人的精神相反的教条主义。

一些科学家把科学看作是一个碾平挡在其道路上任何事情的压路机。因此彼得·梅达沃㉔写道："随着科学的进步，一些独特的事实在解释力和指导性日益增长的一般命题中被理解，而在某种意义上甚至被它们湮灭了，于是无需再清晰地了解事实。在所有科学中，我们正在越来越多地免除单个事例的负担，即特殊事物的专制。"但恰恰是这个"专制"，或者毋宁说真实生活(它寓于独特的事物之中)的这种复杂性保持了我们心智灵活，并使它们免受相似和合法外观之累。此外，在人类科学中，因为个体的观点并不适合一般的"增加的解释力"框架而"消灭"它们，不仅是不明智的，而且是非道德和专横的。

卢里亚(S. E. Luria)在一本迷人的、富有启发性的且非常令人感动的自传《追踪器，破试管》㉕中写道："科学中紧要的事情是目前可能的研究结果和概括总结的部分：一个科学发现过程的时间界定的截面。我把科学的进步看成某种意义上只有那些幸存下来的成分才成为知识的活跃主体的一部分的自我修正过程。"⑩卢里亚继续写道:"由克里克(Crick)和沃森(Waston)提出的DNA分子模型得益于它自身的优点。另外的模型则被抛弃和遗忘了,而不论当时提出它们时是多么生动鲜明。关于如何获得DNA模型的故事,尽管它可能在人们看来很迷人,但它和科学操作内容关系不大。"然而并不是"操作内容"影响科学家,而是与他们个人兴趣相吻合的方式影响科学。例如,卢里亚更喜欢那些导致"强推论"的事件和"由一个清晰的实验步骤强支持或断然否定的预言(pp. 115f)"。他承认缺乏……对宇宙或早期地球或高层大气中二氧化碳含量这类"大问题"的热情(p. 119),而且他披露,因为同样的原因,费米(Fermi)对广义相对论多少有些冷淡(p. 120),一个充满带有如此倾向的人的科学很大程度上将不同于"带有弱推理"的理论科学(p. 119);它也会保留错误:基于强推理的事实常常由于一个弱推理链(事例包括伽利略削弱反对地球运动的理由和波尔兹曼削弱反对现象热力学的理由)而被削弱或被证明是错误的(在那些接受后来短暂截面的意义上)。因此在一定时期的科学的"操作内容"是形成同主观利益一致的客观变迁的结果,并且在由这些利益所组合的假设的基础上被解释。我们必须知晓这些利益来给内容指定一个适当的分量,或许来校正它,但是这样我们就回到了穆勒的模型。

我们可以作出结论:不存在科学的理由以反对使用或复活非科学的观点或通过检验而发现有欠缺的科学观点,但是的确存在一些(似乎合理的,但从不是决定性的)理由支持多样性的观念、不科学的废话以及包括受到驳斥的少许科学知识。这进一步支持了如注释⑫和⑬中所解释的局域知识的观念。

反对科学凌驾于所有其他生活形式观念的第三点来源于方法论领域:很简单,被认为排斥一切其他事情的虚构的"科学"体并不存在。科学家一直从许多不同的领域中获取思想,他们的见解常常与常识和已经建立的学说相矛盾,而他们总使他们的过程适应手头上的任务。不存在一个科学的"方法",却存在大量的机会主义:一切都行——即,正如一个特殊的研究人员或研究传统所理解的任何事情都有增进知识的倾向。[27] 在实践中,科学常常越过一些科学家和哲学家试图在其路上划定的界线而成为一种自由和无限制的探询。但这样的探询不能否定 R1;相反——R1 是其最重要的一个构成。排他性不是科学本身,而是把它的一些部分加以孤立并通过偏见和无知加强它们的意识形态。

现代科学已经朝消解这个意识形态方向上走了很长一段路。它通过历史过程取代了"永恒自然规律"。它创造了一个世界观,这个世界观似乎牵涉到一度"令人厌恶的"时间中的起点的观念。它已经通过一个相当精微的却不易理解的事实梳理(补充)取代了一个古老的、天然的和未经检验的主客二分的观念。它强调有必要使主观性不仅成为一个对象,而且成为科学研究的能动者。遵循彭加勒的一些思想,它已引进了对似乎是所有科学中最为定量的学科——天体力学的定性思考。[28]此外,它还发现和研究了奇妙的艺术、技术和不同于我们自己的文化和文明的科学。[29]同在注释⑨(和关于"发展"的广泛演讲)中提到的研究一起,这些发现表明:所有国家而不仅仅是工业化国家都有人类作为一个整体而从中获益的成就,这些成就使我们意识到即使最小的部落也可能给西方思想提供新视野,并使一些作者信服科学和科学理性主义远不是多种生活形式之中的一种,甚至也许不是一种生活形式。[30]然而对于我们当前意义最为重要的是,它们证实 R1 不仅是合理的(比较上面穆勒的论据概要)和未被意识形态抑制的科学的一个有意义的部分,而且证实它也得到很好的确认。或者,换种方式表达:科学的大部分已越过了狭窄的理性主义或"科学的人文主义"划定的界线而成为不再排斥"不文明"和"不科学"文化的思想和方法的探询:在科学实践和文化多元主义之间不存在冲突。只有当应被作为局域和初步的结论以及可被解释为并非科学终结的经验法则的方法被冻结和变成为检验其他任何事情的手段时,冲突才会出现——也就是当由于空洞的意识形态,好科学变成坏科学时(不幸的是,许多重大的事业就是把这种意识形态当作它们的主要智力武器来对付反对者)。这证实了我的结论和对 R1 的辩护。

二、政治后果

有一些工业社会是民主的——它们把一些重要的事情提交公众讨论,和多元的——它们鼓励发展多样性的传统。依照 R1,每个传统都可能对个人的和作为整体的社会的福祉作出贡献。由此提出:

> R2:致力于自由和民主的社会应以某种方式结构化,这种方式给所有传统以平等的机会,例如,平等享有联邦基金、教育机构和基本决定的机会。科学将被当作许多传统中的一个传统,而不是作为判断是非以及什么能够接受和什么不能接受的标准。

注意,R2 被限定于基于"自由和民主"的社会。这反映出我不喜欢轻而易举的概括并憎恶基于其上的政治行为。我并不赞成把"自由"输出到没有它也能做好的地域,而这里的居民没有改变他们方式的意愿。对于我来说,一个像"人类就是一个人,关心自由和人权的他关心每个地方"——这里"关心"可能暗示主动的干预⑩——这样的宣言仅仅是另一个聪明的(开明的)假设的例子。诸如"人权"观、"自由"观或西方的"权利"观这些一般观念源于特殊的历史环境;它们对有不同历史的人们的意义,必须通过生活,通过与他们的文化扩展的联系来检验,而不能从远方给以解决。另一方面,我认为多元、自由和民主的维护者忽视了他们信条的一些重要寓意。R2 描述了这个忽视区并指出它如何和基于什么理由能被减小。

也要注意,R2 举荐的是各种传统的平等而不仅仅指去接近一个特殊传统的平等("在西方民主中平等的机会"通常意味着后者,这个享有特权的传统是一个科学、自由主义和资本主义的混合物)。谈论的单位是传统而不是个体。为了可行,R2 当然必须弄得更为确切。必须要有鉴别传统(并不是每个社团都被视为一个传统,而一个以传统开始的实体也可能退化为一个俱乐部)和调整机会的标准。但是这样的标准可以更好地通过那些声明是传统并希望有公平机会的群体来拟订,而不是事先被规定并独立于那些涉及的派别。原因是具体的政治讨论常常导致不可预见的各方面的变化:(a) 界定一个特殊传统自身形象的思想、风俗和情感的变化;(b) 支配对待传统的法律观念(除成文法外还包括普通法)的变化;(c) 有关传统和文化本质的一般(人类学的、历史的、常识的)观念的变化。这个过程需要很大的活动余地以使参加的人都能接受。被认为独立于此的政治程序和社会理论太僵化而难以提供那样的余地。

R2 要求平等的机会并通过考虑可能的利益而支持这种要求:即使最不可思议的生活方式也可能提供一些东西。在个体情况中,一些作者走得更远,声明个体有不依赖其有用性的权利。把这样的权利向传统延伸似乎很自然,例如断言,当我们可能从美诺派教徒或肖尼人 * 身上学到许多东西的同时,我们也应该尊敬他们的方式,即使它们最终对社会的其余部分毫无益处。⑩因此我建议除 R1 和 R2 外,我们还要假定:

R3:民主社会应该给所有传统平等的权利而不仅仅是平等

---

* 美国印第安人中的一族。——编辑注

的机会。

再则,"权利"概念和"权利平等"概念必须作更进一步限定,而且这个限定还必须来自相关派别之间的政治讨论,来自对法律和先例的建议、讨论和批评,而不是坐在扶手椅里的空想。然而一些一般的结果可以立即作出限定,并独立于更为具体的发展。

例如,R3暗含了在民主社会中专家和政府机构必须使它们的工作适应它们服务的传统,而不是借机构的压力迫使传统适应它们的工作;医疗机构必须考虑一些特殊群体的宗教禁忌,而不是试图使他们符合最近的医疗时尚。这个建议并非奇思异想。当一个新的行政管理出现时,政府的科学家会重新定位他们的问题(或者他们被具有不同信念的人们取代);从事国防合作的科学家使他们的方式适合于变化的政治和国防气候,生态学家遵从公共的需要,计算机技术专家随着每一次市场的波动转变他们的关注重点,生理学研究被法律禁止用活人或为了研究而被亲戚让出的尸体,以及任何有权者强加他的癖好,好像这些癖好也成了权力。R3给这一实践带来了秩序,而且赋予它一个人可能称之为"道德基础"的东西,它也顺应了在每个真正民主社会中固有的偏离中心的倾向。

R2和R3不是绝对的要求,它们是些提议,其实现依赖于做出它们的环境和那些使它们成为可能的手段(战略、智力、能力);它们对改进和异议是开放的。一个R3的拥护者不同于反对者,不是通过拒绝承认这样的异议,而是通过视异议为异议的事实,在任何可能的时候他都尽力免除它们,并且紧紧遵循他的平等机会和平等权利的理想。㉝

R2和R3既支持为了科学的自由(a freedom for the sciences),也支持来自科学的自由(a freedom from the sciences);在我们的民主之内,科学需要来自非科学传统(理性主义、马克思主义、神学派别等)的保护,而非科学传统需要来自科学的保护。科学家可能得益于逻辑研究或道(Tao)的研究——但这一研究应兴起于科学的实践,而不应被强加。传统中医的实践者可能从研究人类疾病的科学方法中学到许多——但这个学习过程也要允许独立自主地进行,而不应由国家机构强制。民主的决定当然能够对任何主体和任何传统施加(暂时的)限制,毕竟,一个自由的社会必须不受它所包含的机构的支配——它必须监督和管理这些机构。然而这样的决定来自在其中没有任何传统扮演主角(除了偶然和暂时地)的讨论,而这样的决定有可能转向它们最终是不切实际的或危险的运动。我已经在两本书——《反对方法》,涉及(来自哲学的干涉的)科学的自由,和《自由社会中的科学》,涉及(来自科学的干涉的)非科学传统的自由——中讨论了这些和相关的问题。

三、希罗多德和普罗泰戈拉

我们不来讨论风俗、信仰、观念的交流,而是问它们一旦建立起来是如何影响人们的,或者用一个稍微抽象的术语来说,一旦它们被认为是有效的将如何影响人们。就我所知,第一个思考这一点的作家是希罗多德,在他的《历史》(*Histories*)一书的第 338 页中,他讲了如下故事㉘:

> 当大流士做波斯国王时,他把那些碰巧在他庭院的希腊人召集在一起,并问他们什么能使他们吃自己父亲的死尸。他们回答说,在这个世界上他们不会为金钱这么做。后来,(当时希腊人在场)通过一个翻译大流士问一些部落的印度人——他们实际上就吃双亲的死尸——有什么能使他们把自己双亲的尸体焚烧。他们发出恐惧的哭声,不许他提这样可怕的事情。由此人们可以明白风俗的作用,而且依我的看法,品达(Pindar)把

风俗称为"王中王"是正确的。

风俗是"王中王"——但不同的人们会服从不同的王：

> 任何人,不论是谁,被给予机会从世界所有的民族中选择一种他认为最好的信仰,对相对的优点作仔细的考虑之后,他必然会选择他本国的。每个人毫无例外地认为他本地的风俗和他在其中成长的宗教是最好的。

通常,现在一个国王的统治不仅依赖于权力,而且依赖于权利。希罗多德暗指风俗也是如此。冈比西斯人入侵埃及,他们拆毁神庙,嘲笑古代的法律,掘开陵墓,查看尸体并且进入赫菲斯托斯(Hephaestus)神庙取笑神的雕塑。冈比西斯人有权力为所欲为。然而,依希罗多德之见,他是蒙昧的,他"完全是疯狂的,这是他对埃及古代法律和风俗视为神圣的每件事加以侵犯和嘲笑的唯一可能的解释"(注意,遵循这个推理线索,色诺芬尼对"古埃及法律和风俗视为神圣的每件事加以侵犯和嘲笑"也显示出一个杂乱和病态的心理,它不是一个开明的征兆。参见下一章)。

归结如下：

> R4：法律、宗教信仰和风俗,就像国王,统辖于一些限定的领域。它们的统辖权依赖于双重权威——它们的权力和以下是正当权力这一事实：在它们的领域里这些管制是有效的。

R4 和同时代的普罗泰戈拉、希罗多德的伟大观点是一致的。在柏拉图的《普罗泰戈拉》对话篇中,"普罗泰戈拉"这个人物两次解释了他的立场:第一次,通过讲一个故事,然后通过"给出理由(324d7)。根据这个故事,伊皮米修斯(Epimetheus)被众神和普罗米修斯派去赋予万物适当的权力,因为他不是一个聪明人,当他来到未给予保护和技能的人类面前时,他已经分完了那些权力。为了弥补过错,普罗米修斯从赫菲斯托斯和雅典娜(Athena)那儿盗取了火和技术。现在人类才能够幸存,但他们依然不能和平相处。

> 因此,宙斯担心我们人类的完全毁灭,派赫耳墨斯去传告人类尊敬别人的品格和公平的意义,以便将秩序带给我们的城市并创建友邦和邦联。
>
> 赫耳墨斯问宙斯他以什么方式把这些礼物赐赠人类。"我是否将以分发技术的方式分发它们,也就是将一个人训练成满足一些外行人需要的医生为准则,以及用这种原则训练别的专家?我是否会以这种方式分发对待他人的公平与尊敬?是否分给所有人?
>
> "给所有人",宙斯说道,"让所有人都有份,如果只有一部分人拥有这些美德就不会有城市,就像技术一样。此外,你必须把它作为我的法律,那就是如果任何人不能获得这两种美德,他将作为城市中的祸害而死去。

按照这个故事,公平是宙斯法律的一部分。作为以公平为特征的法律和风俗因此也依赖于双重权威:人类机构的权力和宙斯的权力。"普罗泰戈拉"解释了它们是如何实行的:

> 只要一个孩子理解对他说的事情,那么保姆、母亲、家庭教师和父亲本人就会彼此竞相努力把他培养好,通过每件他所说

和所做的事情来教导他,指出"这是正确的,那是错误的,这是
光荣的,那是可耻的,这是圣洁的,那是邪恶的;做这个,不要做
那个"。如果他是顺服的,那么就好。否则,他们就以威胁和责
打来修理他,就像校直一个翘曲和扭绞的板条。

正如我们在引言中所了解的,普罗泰戈拉相信,必须存在法律而且它们
必须被实施。他还认为法律和机构必须适应它们被认为在其中进行管
辖的社会,公平必须被规定为"相对于"这些社会的需要和环境。正如其
他的诡辩家和后来的相对主义者一样,他和希罗多德都没有断言在一些
社会中有效而在其他社会中无效的机构和法律因此就是专断的,并可以
随心所欲地加以改变。强调这一点很重要,因为许多相对主义的批评者
似乎想当然地按此推断:一个人能够是相对主义者,却维护和加强法律
和机构。

普罗泰戈拉哲学的相对主义成分源于两处。一是一个报告,按照这
个报告,普罗泰戈拉为南意大利的一个殖民地制定了专门的法律。二是
柏拉图的对话《泰阿泰德篇》(Theaetetus),它包含一个很长的归于普罗泰
戈拉的观念的讨论。这个讨论始于一个声明,这是一个我们从普罗泰戈
拉那儿得到的为数不多的直接引言中的一个,并且已经成为他的标志:

> R5:人是万物的尺度;是存在者存在的尺度,也是不存在者
> 不存在的尺度。

正如我在最后一节,特别是在注释㉝(以及文章)中指出的,像 R5 这样的
声明(至少)能以两种方式解释:作为一个"需要"定义适当和结果明确的
前提;或者作为一个勾画出轮廓而不对之作精确描述的经验规则。在第
一种情形(受逻辑学家支持)中,这个陈述的意义必须在它被应用或被讨

论之前建立;在第二种情形(在科学和其他地方,其突出的特征是极富成果的争论)中,这个陈述的解释是应用或讨论它的一部分。⑧柏拉图倾向于第一种解释,尽管 R5 借以澄清的方式和许多使这个争论富有生机的旁白造成了他采纳第二种解释的印象。但情况很清楚:他希望一个有关 R5 的能被确定而且能被驳倒的说法。他提出的这个说法是:

R5a:某人眼中的存在,只是对他来说,存在如此。(whatever seems to somebody, is to him to whom it seems.)

这儿"whatever seems"意味着任何(经审查和未经审查的)碰巧吸引了所指的那个人的观点。

用这个解释,柏拉图对 R5 提出了三个重要批评。

第一个批评起于这样的观察现象:很少人相信他们自己的观点,绝大多数人遵从专家的建议,R5 相应地对于几乎每个人都是假的,而且当普罗泰戈拉依人类之见来检验真理时对他也是假的:"当他把真理归结为那些自欺欺人的他人之见时,他就被诱入陷阱了。"

第二个批评是专家提出可靠的预见而外行则不会。于是在医学情形中,"一个无知的人可能会认为他不久会发烧,虽然医生的诊断与此相反;我们会说,将来是按两种意见来做呢,还是仅依其中的一个?"柏拉图说,显然是排除了 R5a 的后者。

第三个批评涉及社会结构。"在社会中",苏格拉底说,"理论(例如,按 R5a 来解读 R5)会说:就好和坏,或公平和不公平,或圣洁和邪恶而言,一个国家在这些事情中不论持有什么观点并且把它们作为法律制定下来,它们也因此成为国家的真理,而且在这些事情中没有任何个人或国家比其他人更明智"。但是未来的发展可能表明这个信念是错误的:一些法律维护了国家而另一些把国家搞得支离破碎;一些给公民带来幸福而另一些则产生短缺、争吵和灾难。因此,真理不是一个观点(个人的或集体的,民主的或贵族的)不同的问题,并且 R5a 是错误的。

通过引用如下观点,这些论证排除了 R5a 关于观点(观点对那些持有它们的人是正确的)所言的:专家比外行更好;当被问及解决一个问题时,专家都会给出同样的回答;专家的回答其结果将是正确的;绝大多数人同意专家的这一评估,如此等等。

但是当柏拉图写他的对话篇时,这些独特之见已不受欢迎,而且受到外行以及专家的抨击。例如,《古代医学》的作者就曾嘲讽医学理论家用不可埋喻的理论取代常识,以及用他们的术语界定疾病和健康的趋势。文章说,假定一个医生要恢复人的健康,那么他必须用他的病人使用的同样熟悉的话语来表明他治疗的目标。㊲有些医生认为,而公众也相信,健康会完全自动地在有病的肌体组织中恢复而专家反而可能延误这个过程。㊳那篇似乎属于 4 世纪的小册子 *Nomos*(第一章)说:

> 医学……是所有技术中最卓越的,但是由于那些从业者和随意评判那些从业者的人们的无知,医学现在成了所有技术中最受轻视的。对我来说,这个错误的主要原因似乎是:医学是我们国家唯一一种除了使之感到丢脸之外毫无补偿的技术,而丢脸丝毫无伤那些充满丢脸之事的人。这种人实际上非常像在悲剧中那些跑龙套的。医生也正如这些人一样,他们徒有一个演员的外貌、服饰和面具,却不是真正的演员。许多是徒有一生的名望,却很少名副其实。㊴

阿里斯托芬㊵把"庸医"同先知、花花公子、"赞美诗创作者"和"魔术师"归为一类。从他那儿我们知晓外行常常自己配药〔雅典女人在妇女节(Thesmophoriazusae)483〕。他在他的《柏拉图篇》中写道:

在这个城镇的何处你能找到一个医生，

支付的费用低于他们技术的付出？

此时正值旧的制度逐渐被转变和参与基本的政治决策(包括专家使用的决策)的人数日益增加之时。伯里克利(Pericles)在他的一篇葬礼演说词中说：

> 我们的公职人员，除了政治活动外，还有他们自己的私事要操心。我们的普通公民，尽管忙于他们的勤奋事业，仍然是公众事务的公正的裁判员。因为不像任何其他国家那样，把不参与这些职责的人不是视为无抱负的就是当作无用的人，我们雅典人能够裁决所有我们不能引发的事件，而不是把争论视为我们行动道路上的绊脚石，我们认为对于任何明智的行动它完全是一个不可或缺的引导。又一次在我们的事业中我们提出了这个大胆而慎重——每个都达及顶点，并且两者融于一身——的非凡目标……简而言之，我认为作为一个城市我们是希腊(Hellas)学校……

在这所学校中受训，雅典公民掌握了那些已经过长期适应的见解，他们见多识广，与似乎是"柏拉图用以解释 R5 的孤立的"似乎"区别很大，当积极参与发展的普罗泰戈拉阐述其原则时意指后者，这是意料之中的吗？

反过来说，难道柏拉图反对 R5a 的精确而独特的意见不是那么合适，因而只适合他自己的批评者的口气？这些认识建议我们用少一点的精确性和技术性而多一点的赞同(也就是我上面提到的第二种解释原理的方法)去解读 R5，例如，

R5b——法律、习俗、事实这些被放在公民面前第一位的东西依赖于人类的声明、信仰和知觉,因而重要的事应该指向人们(的知觉和思想)所关心的事,而不是抽象的代理机构和遥远的专家。

R5b 是实际的、现实的,它没有引入提及的人为的事件和形势,它依赖的是正在考虑的问题。举例说明,如果我们正在谈论城市的法律,它就会建议这些法律应该由公民作为"衡量尺度",而不是上帝或古代立法者(他们被传统视为法律的发明者,因而是法律权威的唯一来源)。如果重要的事是健康和疾病,那么个体病人而不是被抽象的理论吞没的医生是更好的"衡量尺度"。"衡量尺度"本身不再是把复杂形势与碰巧在那些卷入其中的人们心中闪现的思想作比较的过程,它包含了学习(learn-ing)。有些病人当然会墨守他们并不精确的感觉,另一些人可能会盲目地遵从他们喜欢的医生的建议,但是还有一些病人,他们阅读书籍,询问各种痊愈者,最后得出他们自己的结论。在政治领域里,有些市民可能塞起耳朵,相信自己的"直觉",另一些人可能听听政治领袖说些什么,然后再下决心。按照 R5b,所有这些个体都会"衡量"摆在他们面前的是什么。

柏拉图的三位批评者不再回应 R5b。

第一位批评者之所以不回应,是因为今天的"意见"包含着相信专家的意见。第二位批评者在社团工作,被专家所迫——他们同意 R5b。第三位批评者发生倾斜是因为将来事件(其解释权属于后代)与今天的事件(由今天的观察家们解释)有同样多的"衡量尺度":不存在完满的和不变的社会知识和政治事件。概括而言,我们可以说,柏拉图的主要批评依赖于对毕达哥拉斯的声明的过度狭隘的解释,并结合对专家知识的优越性的教条式的信仰。

我对柏拉图反对意见的讨论还没有完。柏拉图不引介专家是因为他们能做许多精彩的事,但是他对他们的成功有一个解释:专家知道真理并触及实在。真理和实在,而不是专家,是成功和失败的至上尺度。根据柏拉图,好的思想、程序、法则既不是流行的思想、程序、法则,也不是得到诸如国王、流动的帮派或专家等权威支持的东西;好的思想、程序、法则是"符合实在"因而是真实的东西。现在让我们来看看对于这一点什么是 R5 不能不说的。

四、普罗泰戈拉的真理观和现实观

在普罗泰戈拉形成 R5 陈述之前很久,有关"是"和"似乎是","真理"和"谎言",正如它们所是的事实同它们据说是和被认为是的事实之间的区别,就是一个在公共谈论中人们熟悉(尽管常常只是被暗示)的论题。"最当代的习语同荷马和索福克勒斯的用语一样,说真话的人'如其所是地讲述它',而撒谎者讲的则相反"⑩。

前苏格拉底的哲学家,特别是巴门尼德,加剧了这个区别,它作出了明确的二元(真-假)区分。此外,他们对能够据说是的每件事情给出了统一的解释。这些解释同非哲学的"如其所是地讲述它"的方法相冲突。对哲学家来说,这个冲突表明常识不足以获得真理。例如,德谟克里特主张"苦和甜是意见,颜色是一种意见——原子和虚空是真实存在的"⑪,但是巴门尼德拒绝"人类的方式"(B1,27),也就是"许多人"(B6,7)的方式,因为他们由"基于种种经验的习惯"(B7,3)的引导,而"随波逐流、装聋扮瞎、摇摆不定"(B6,6ff)。因此诸如"这是红的"或"那是运动的"这样一些陈述一概被拒斥于真理领域之外,它们描述了在艺术家、医生、将军、航海家的生活中的重要事件。

普罗泰戈拉的目的之一似乎一直是想把这样的陈述恢复到它们先

前的卓越地位。普罗泰戈拉似乎说："你和我,我们的医生、艺术家、工匠知晓许多事情而且我们也正是因为懂得这类知识才生活。现在这些哲学家把我们的知识称作基于毫无决断力的经验上的意见,而且把'许多人',例如像我们这样的人,与开明一点的人士,例如他们自己和他们奇异的理论之间作对比。那好,就我个人的看法而言,真理对我们以及我们的见解与经验说了谎,那么我们,'这许多人',不是抽象的理论,而是万物的尺度"。[42]就此而论,普罗泰戈拉提及的感觉可以被理解为:对普罗泰戈拉而言,"感觉"既不是柏拉图构造出来使 R5 进入困境的技术实体,也不是爱里亚(Ayerian)的感觉材料,它们是普通人在判断他们周围环境时所依赖的东西。一个人感觉是热的还是凉的东西,对他来说就是热的或的凉的,而不是当一个哲学家用理论声称热或凉(伊壁鸠鲁抽象"元素"中的两个)存在时才这样。普罗泰戈拉对数学(一个圆不可能仅在一个单独的点上接触直尺——亚里斯多德)的评论反映了同样的态度:实践的概念支配着与人类行为相隔离的概念(现代构造主义以相似的方式继续这种态度)。[43]前一节的论据("尺度"取决于环境;"见解"能以极为练达的方式获得)和目前的考虑表明,普罗泰戈拉再次引进了建立和捍卫真理以反对他的一些前辈的抽象声明的常识的方式。然而这还不是故事的全部。

理由是普罗泰戈拉把他在真理问题上对常识的回归同有关错误的极无常识感的观念结合在一起。依据《优苔谟斯篇》(*Enthydemus*)286c,他认为不可能(竭力去真实表达却)作出错误的断言。似乎这个学说与此种观念——在巴门尼德的言论中出现过,高尔吉斯(Gorgias)也引用过[《论不存在之物或论自然》(*On the Non Existent or On Nature*)]——即,错误的陈述因为毫无所指也就毫无所言:理解力和见解,即真理惯常的尺度,是确实可靠的尺度,而由不同的个体、群体、民族所勾画的种种世界,正如他们理解和描述的那样——同样地真实。然而,它们(对那些生活在其中的人)并不同样地好或同样地有益。一个病人生活在一个每件事情尝起来是酸涩的因而是酸涩的世界里——但是在这个世界里他生活得并不幸福。一个种族主义社会的成员生活的是这样一个世界,那里人们被划分为截然分明的群体,一些是富有创造力和慈善的,另一些是寄生的和邪恶的——但是他们的生活并不快慰。这两者中任何一方都可能涌起一种力求改变的欲望。这种变化会受到怎样的影响呢?

依照普罗泰戈拉,变化是由智者做出的。智者不可能把错误变成真理,或把表象变成实在——但是他们能够把一种不适宜的、痛苦的和危险的实在变成一个更好的世界。正如一个医生用药物能够把一个人真实而不幸的状态转变到(同一个人的,或已改变过的那个人的)一个同样真实却惬意的状态,以同样的方式,一个智者能够用话语把(一个人或整个城市的)邪恶和招致毁灭的状态改变到一个有益的状态。注意,依照这个解释,是这一个体或这一状态而不是这个智者来评断该过程的成功。还要注意,这一判断反作用于智者本人,改善他自己的专长水平而因此使他成为一个更好的建言者。最后要注意,在一个民主国家中"智者"是作为由公众会议所代表的公民团体:会议所说的既是有关社会的真理,也是对它作出改变的手段,而因其声明所引发的实在是为改变这一过程并由此改变该会议的意见的手段。这就是普罗泰戈拉的真理和实在理论怎样能够被用来解释一个直接民主政体的运作方式。

把普罗泰戈拉的观点同一些更为熟悉的哲学和科学的客观主义形式加以比较是有趣的。客观主义断言,每一个人,不论他们的理解力和见解是什么,都生活在同一个世界中。一些专门的群体(天文学家、物理学家、化学家、生物学家)探究这个世界,另一些专门群体(政治家、实业家、宗教领袖)确保人们能够幸存于这个世界。首先,客观现实的制造者们进行着他们的畅想;接着,物质和社会工程师把结果同一般公众的需要和愿望联系在一起,也就是同作为普罗泰戈拉界定的实在联系在一起。普罗泰戈拉将这两个过程解构为一个："实在"(用客观主义者的语言说)就是通过试图以更为直接的方式满足人们的愿望来被探究;思想和情感一起作用(或许它们甚至没有分离过)。我们可能会说普罗泰戈拉的方法是一种工程方法,但是把理论和实践、思想和情感、自然和社会分离的客观主义者以及在一方的客观实在与另一方的经验和日常生活之间作出仔细区分的客观主义者却引进了相当多的形而上学的成分。当客观主义者力图改变他们周围的环境以使它们看起来越来越像这种实在(并因此使他们感到舒适)时,他们的做法当然像纯粹的普罗泰戈拉主义者,但并不像普罗泰戈拉的智者。要想成为智者,他们必须使他们的方法"相对化"。有许多迹象表明这已成为他们实践的部分。

首先,客观主义者并不只是构造一个世界,而是构造了许多。当然,其中一些比另一些更受欢迎,但这要归因于一个对特定价值的偏好(除了客观性价值之外——见第二节),而不是其固有的优越:衡量的结果更侧重于品质,因为技术的改变倾向于和谐一致的适应性;自然的规律高于神授的原则,因为这些原则的行为方式贫乏单调——如此等等。多元性影响着包含很高价值的实验科学——诸如分子生物学,以及受到轻视的定性学科——如植物学或流变学的科学。最基础的科学——物理学,到目前为止并没有给我们一个有关空间、时间和物质的统一描述。因此,我们所有的(除了言过其实的许诺和肤浅的流行倾向)不过是基于各种模型的各种方法和一些有限领域的成功,例如,我们所有的是普罗泰戈拉式的实践。

其二,从一个独特的模式过渡到实际事件常常涉及这样颇为可观的改变,以至为了谈及一个全新的世界我们应该做得更好。不同国家中的工业通过把它的研究与大学和工程学校分离,以及开发更适合于它自己特别需要的程序而认可这个推测。针对科技项目的社会计划、生态研究和效果报告常常提出了一些现存科学不曾回答的问题;那些致力于此研究的人被迫推知、重新勾画边界或者发展全新的观念来突破专业知识的限制。

　　第三，客观主义者的方法，特别是在健康、农业和社会工程方面，通过迫使实在进入他们的模式而可能成功；接着这些扭曲的社会开始显现被强加模式的形迹。它把普罗泰戈拉式的命令链倒置，而再次成为一个真正的普罗泰戈拉式的过程。需清点的东西是对起干涉作用的科学家的评判，而不是对受干涉的那些人的评判。

　　第四，这种干涉常常打乱了目的和手段间的脆弱平衡，并且常常是弊大于利——而且现在这些"开发者"本人也意识到这一点。冯·哈耶克在他的研究著作《自由宪章》®中区分了他所称的"自由理论中的两种不同传统"，"一种是经验的和无系统的，另一种是玄思的和理性的——前者基于对自然成长但不完全令人理解的传统和习俗的解释，后者旨在构建一个经常尝试但从未成功的乌托邦"。他还解释了他为什么喜欢前者而不是后者。但前者的传统与普罗泰戈拉的观点联系得更紧密，普罗泰戈拉的"seeming"观点反映了一定程度上被理解、一定程度上未被注意的对碰巧作为运动本质之物的适应。如果讨论在这些适应中起重要作用，并且如果讨论是由一个自由公民会议来展开以便每个人都有权来充当"智者"，那么我们就会拥有我称之为民主相对主义的东西。下一节我会更详细地描述这种社会形式。但在那之前，我想就讨论的概念做些评述。

　　对普罗泰戈拉的主要反对之一是，不同的普罗泰戈拉式的世界间不可能发生冲突，因此在它们的居民之间彼此不可能有讨论。对一个外部的旁观者而言这可能是对的，但是对于那些意识到冲突并且在不请求其允许的情况下就可能开始争吵的参与者而言并不正确。对于一个讨论的两派（我把它们称为 A 和 B）无需共有任何因素（意义、意向、主张），这些因素能从他们相互作用中被分离出来，以及能独立地检查这些因素在讨论中所起的作用。即使这样的因素存在的问题依然会出现，即作为外部人的生活，它们又如何能深入这些因素中并以特定的方式影响它们，通过这种方式，主张、论点或信仰会影响参与者的意识和行为。必须要具备的东西是，A 有一种印象，即 B 与他分享着一些东西，并且似乎也意识这一点而有相应的行动；再者，语义学者 C 在检视 A 和 B 时能发展一种共享物以及共享物是如何影响对话的理论；以及当 A 和 B 在读 C 时都有一种他的理论切中肯綮的印象。实际上，所必需的东西要更少：A 和 B 在读 C 时无需接受他们所发现的——如果存在一个评价他观念的职业，C 可以依然幸存并受到尊重。毕竟，声望是由一些人的行为在其他人身上所留下的印象所造就和毁坏的。向往更高权威的吸引力不过是空话，除非这个权威是引人注目的，例如，出现在一个人或另一个人的意识中。

五、民主相对主义

按 R5b 来解释，R5 要远比现代哲学分析重要，并且"澄清"(Clarifi-cations)会使我们信服。在涉及与自然、社会机构以及彼此间的相处过程中，它能够指导人们。为便于解释，我首先给出一些历史背景。

大多数依赖于多样性群体间紧密合作的社会都有一些具有专门知识和专门技能的专家。猎人和采集人员似乎拥有生存所必需的所有知识和所有技能。后来大型的狩猎和农耕劳动导致了分工和更紧密的社会管理。专家从这个发展中出现了：荷马史诗中的勇士就是战争行为中的专家；此外，像阿伽门农的统治者知道怎样为了一个唯一的目的把不同的部落联合在一起；医生治愈躯体，预言家解释征兆和预卜未来。专家的社会位置并不总是对应他们服务工作的重要性。勇士可能是社会的仆役，在危险时刻被征召，但在和平时期却没有什么专门权力；另一方面,他们可能是社会的控制者,按照他们尚武的思维方式来塑造社会。科学家曾经并不比水管工有更大的影响力;今天社会的大部分都反映着他们对事情的观念。在埃及、苏美尔、巴比伦、亚述,在希泰族(the Hurrites)、腓尼基人和许多其他生活在古代近东地区的民族中,专家是理所当然的事。他们在石器时代所起的重要作用正像已经发现了许多年的石器时代的天文学和数学的令人惊奇的残迹所显示的。首次有记载的专业知识问题的讨论在公元前 4、5 世纪出现于希腊的诡辩家之中,接着是在柏拉图和亚里斯多德之间。

这个讨论先于大多数现代问题和见解,它所产生的观念简明直接而且不受现代智力辩论的无用技巧妨碍。我们所有人都能从这些古代思想家、从他们的论点和见解中受益。

讨论也超出了专门领域——诸如医学和航海——的权限,它包括探询好的生活和政府的正确形式:一个城市应该由一个传统的权威如国王还是由政治专家委员会来统辖,或者政府应该管理一切?

在这个讨论中出现了两种观点。按照第一种观点,专家是一个生产重要知识并有重要技能的人。他的知识和技能不能受到非专家的质疑或改变,它们必须以专家建议的形式被社会不折不扣地接受。主教、国王、建筑师、医生有时以这种方式看到他们的作用——而且他们在其中起作用的一些社会也会这么做。在希腊(雅典,公元前 5 世纪)这种观点是受嘲弄的对象。⑤

持第二种观点的代表指出,专家在取得他们的结果时常常限制了他们的洞见。他们并没有研究所有现象,而仅仅是一个专门领域的那些现象;而且他们并没有审查这些专门现象的所有方面,而仅仅是那些与他们有时相当狭窄的兴趣相关的现象。因此,若是不做超越于专家局限的深入研究就把专家的观念当作"真的"或当作"真实的",这是愚蠢的。而且同样愚蠢的是,在未确保专家的职业目的和社会目的一致的情况下就把它们引入社会。甚至政治家们也不能幸免,因为尽管他们把社会作为一个整体来加以对待,但他们可能会由于受党派利益和迷信以及其他人可能视为"真知识"的东西的驱使而以一狭隘的方式来对待社会问题。

柏拉图——他持有刚才描述的观点——认为,进一步的研究是超专家的任务,即哲学家。哲学家界定了知意味着什么以及什么对社会是好的。许多知识分子赞赏这种专制的方式。他们可能充满着对其人类同伴的关爱,他们可能谈说着"真理""理性""客观性"甚至"自由",但是他们真正意欲做的是以他们自己的意象来重塑这个世界。没有任何理由认为这个意象比它想控制的那些观念更少片面性,因此它也必须受到审查。但是谁来执行这个审查?而且我们如何确信我们委托的权威不会再次引入它自己的狭隘观念?

由民主方法(在随着争论的继续而被澄清的意义上)作出的回答出现于特定的历史环境。"自然的"社会是在没有对我们生活于其中的那些部分作有意识的规划时"成长起来的"。在希腊,在整个社会以及在一些专门领域内的主要变化逐渐成了一件争论和显然重建的事情。在伯里克利时代的雅典,民主关心每个自由民在争论中都有发言权,而且能够临时假定任何立场,尽管是带权力的。我们不知道导致这种非常专门的适应类型并且无论如何要保证发展在各个方面是有益的步骤。令我们今天感到麻烦的一些困难表明,辩论,特别是"理性的谈话"并不是万能的良药,它们可能太粗糙而不能捕获住对我们幸福更精细的威胁,而且还可能存在更好的方法来打理生活这事。⑩但是社会要忠于生活这事并因此界定自由和一种值得过的生活,那么它们就不能拒斥个别却是独特的见解。至于政治争论是关于什么呢?它们是关于公民的需要和愿望。较之于公民自己,谁是这些需要和愿望的更好的判断者呢?宣称社会是服务于"人民"的需要,接着让孤独症患者的专家(自由主义者、马克思主义者、弗洛伊德主义者以及所有宗派的社会主义者)来决定"人民"

"真正"需要和想要什么,这首先就是荒谬的。当然,大众的愿望必须要考虑到这个世界,而这意味着:可用的资源、邻人的意图、他们的武器、他们的政策——甚至是大众可能有的渴望和憎恶,这些都是无意识的,并且易受一些专门方法影响的。按照柏拉图和他的现代继承者(科学家、政治家、商业领袖)的观念,正是在这儿需要专家建议的出现。但是专家对基础的事情恰恰同他们打算给以建议的那些人一样困惑无知,而他们建议的种类至少同暗含于公众意见中的种类一样数量巨大。[47]他们常常犯严重的错误。此外,他们从来不考虑影响到剩余人口的各个方面,而恰恰只有这些人碰巧对他们特长的当前情形作出反应。这种情况常常远远抛开了公民们面对的问题。公民,被专家指导而不是被专家代替,能够查明这样的缺点并且努力完成专家们排除掉的(问题)。[48]每个依赖陪审团的审判就是一个很好的用以表明在专家证言中固有的局限和矛盾的例子,因此,在审判中鼓励陪审员在一些深奥的领域作合理的猜测。普罗泰戈拉会说,民主政体的公民表达伯里克利雅典政治观念(不同于现在受科学支配的民主,也很少受限定制约),他们终身接受这种教育,不仅仅是一两次,而是他们生活的每一天。他们生活在一个城邦——小而易于管理的雅典——那儿信息在公民间自由传递。他们不仅生活在这个城邦,也管理这个城邦的事务;他们在公众集会上讨论重要的问题,偶尔还主持这个讨论,他们参与法庭审理和艺术比赛。他们审鉴现在被认为是"人类文明"最伟大的一些剧作家(埃斯库罗斯、索福克勒斯、欧里庇德斯、阿里斯托芬都为公共的奖赏而竞争)的作品。他们发起和结束战争以及援军远征,他们接收和审查将军、航海家、建筑师、食品商的报告,他们安排国外援助,迎接国外要人,倾听并和诡辩家辩论,包括饶舌的苏格拉底——如此等等。他们随时都听取专家之见——但专家的意见只作参考,最终他们自己作出决定。依普罗泰戈拉之见,公民们在这个无组织但丰富、复杂和活跃的学习(学习没有和生活分离,而是生活的一部分——公民们就在执行需要获得知识的任务的同时学习)过程中获得的知识足以判决这个城市中的所有事情,包括最复杂的技术问题。审查一种特殊情形(如在核反应堆附近的熔解危险——举一个现代例子),公民们当然必须学习新东西——但是他们已经有一种熟练的能力来鉴别不寻常的事项,而更重要的是他们具有一种前瞻意识,使他们能够看到要点并在检查中看到建议的局限。毋庸置疑,公民们会犯错误——每一个人都会犯错误——而他们也会经历这些错误。但在经历他们的错误时,他们也会变得更明智,然而专家的错误——在被隐藏起来时——给每个人造成的麻烦却只使几个特权者明白原委。我们声明如下的陈述来总结这个观点:

> R6:公民,而不是特殊群体,在决定什么是真的、什么是假的、什么是对社会有用的、什么是对社会无益的这一点上,具有最终的发言权。

到目前为止,这个观念的一个简短粗略的描述在追溯中发现于普罗泰戈拉和伯里克利的雅典。我把他们勾画出的这个观点称为民主相对主义。

民主相对主义是相对主义的一种形式,它指明不同的城市(不同的社会)以不同的方式审视世界,并把不同的事物作为可以接受的。它是民主的,因为基本的假定(在原则上)是经过辩论的,并取决于所有的公民。民主相对主义有许多理由值得举荐,特别是对于我们生活在西方的人,但它不是唯一可能的生活方式。许多社会是以不同的方式建立起来的,还为它们的居民提供家园和生存的手段(除注释㊻和正文外,见对R2的评论)。

民主相对主义有有趣的渊源,其中有埃斯库罗斯的《俄瑞斯忒斯》:俄瑞斯忒斯为他的父亲复仇,这符合阿波罗(Apollo)所代表的宙斯的法律。为了给他父亲复仇,俄瑞斯忒斯必须杀死他的母亲,这激怒了反对血亲谋杀的欧墨尼得斯(Eumenides)。俄瑞斯忒斯逃走并在雅典娜的圣坛寻求庇护。为了解决道德冲突造成的问题,雅典娜在阿波罗和欧墨尼得斯之间发起了一场"理性辩论",俄瑞斯忒斯也参与其中。辩论的部分是母亲是不是血亲这一问题。欧墨尼得斯认为她是:俄瑞斯忒斯犯了血亲杀人罪,必须受到惩罚。阿波罗认为她不是:母亲为生命之种提供温暖、保护和营养,她是一个育种箱,但是她并没有将血液贡献给孩子(这个观念后来持续了很久)。今天这个辩论很容易由实验和专家的判断解决:专家退回到他们的实验室,而阿波罗、俄瑞斯忒斯和雅典娜将不得不等待他们的研究结果。在埃斯库罗斯的戏剧中,这个事情是由投票决定的:一个雅典公民法庭被通告了这个案件并给出它的意见。在雅典娜加进自己的一票支持俄瑞斯忒斯(她没有母亲)后投票是平局,这样俄瑞斯忒斯从欧墨尼得斯的报复中被解救出来。但雅典娜也宣称他们的世界观将不会被抛弃:城市需要使它成长的所有力量,它承受不起失去他们之中的任何一个。确实,现在有新的法律和新的道德——正如阿波罗所代表的宙斯的法律,但是这些法律不允许把先前来过的扫到一边。如果他们同前辈一起分享权力,他们就被允许进入这个城市。这样希罗多德之前的一代,通行的法律和习俗被宣称是有效的,然而它们的有效性被严格地限制以便为其他的但同样重要的法律和习俗留出余地(还要注意,正如在注释㊺和正文中描述的与穆勒哲学的相似性)。

民主相对主义并不排除寻找一个客体,即独立于思想、理解力和社会的实在。它欢迎致力于发现客观事实的研究,但由(主观的)公众见解控制它。因此它否定:证明一个结果的客观性意味着证明与它相连的一切。客观主义被作为许多传统中的一个,而不是一个基本的社会结构。没有理由被这样一个过程所困扰,也没有理由担心它会破坏重要的成果。因为尽管客观主义者已经发现、描绘和呈现了独立于发现活动的存在和发展的情形和事实,他们也不能保证这些情形和事实也独立于导致他们作出发现的整个传统(参见第九节)。此外,即使最具决定性(和最为有益)的、被许多西方知识分子当作客观研究最先进范例的应用,到目前为止没有向我们给出普遍和客观真理观念所蕴涵的统一。有的是言过其实的诺言,有的是直言不讳地断言已经获得了统一性,但我们实际所有的是知识领域在结构上类似于希罗多德在他的历史中生动描绘的区域主义。物理学,这个被声言为化学的核心,并通过化学也成为生物学的核心,至少有三个主要的分支:由……爱因斯坦广义相对论所制约的宏观领域(并且在这当中也有各种修改);由强核力制约的微观的领域,这个领域还没有被任何统一理论(按照盖尔曼,"大统一理论"或者叫"GUTs"既不大也不统一,甚至可以说它们不是理论——仅仅是一个美其名曰的模型)制服;最后,是一个中观的领域,那儿量子论起绝对主导作用。物理学以外我们还有一些定性的知识,它们包括常识和迄今为止还未提升为目前"基础科学"地位的生物学、化学、地质学部分。在所有这些领域界定这类过程的理论或观点要么发生抵触,要么就是在普遍化时——即认为在所有情况下都有效——难圆其说。因此我们可以把它们解释为与什么是真的或真实的无关的预言手段,或者我们可以说它们对于由特殊问题、过程、原则界定的特殊领域来说为"真"。作为选择,我们可以断言一个理论反映了世界的基本结构而另一个则涉及从属现象。在这种情况中,胜于经验研究的(理性)思维成了真理的尺度。多元主义得以幸存,但它被提升到形而上学的高度。说起希罗多德的方式,我们可以用下面的方法总结这种情况:

> R7:世界,如我们科学家和人类学家所描述的,是由具有特定规律和实在观念的(社会的和自然的)领域构成的。在社会领域我们具有相对稳定的社会,这些社会表明它们有能力生存

于它们自己独特的环境中并且具有很强的适应能力。在自然领域,我们具有的不同观点在不同的领域内有效,但不适用于外部。这些观点中有一些更详细——这些是我们的科学理论;另一些较简单,但更一般化——这些是影响"实在"构造的各种哲学或常识观念。试图推行普遍真理(一个发现真理的普遍方法)已经在社会领域带来了灾难,而且在自然科学中掏空了与从未实现的诺言相结合的形式主义。

注意,R7 并不意味着被解读成一个普遍的真理。它是一个在特定传统(始于并导向科学结论的西方智力的辩论)中给出的陈述,该陈述按照这个传统的规则得以解释和捍卫(多少是适当的),而表明这个传统是不连贯的。这个陈述对裨格米人或老子的信徒(尽管后者可能会因为历史的原因研究它)并不关心。还要注意,R7 部分取决于专业知识主张的特殊评价:量子力学和相对论被认为提供了同样重要、同样成功和同样可接受的对物质宇宙的解释。一些批评家(包括爱因斯坦)对这个情况的评判不同,对他们来说,相对论物理学是对事件根本的描述,而量子力学尽管重要,但对更为实质的观念而言却是一个极不令人满意的前奏。这些物理学家拒绝 R7,并断言普遍有效的理论已经存在。正如我上面说到的,这引进了形而上的臆测,那儿有关客观性的断言决定于我们对知识主张的主观衡量。还有很多这样的方式,(其中正统的一个)意味着多元性被转变了(它成了形而上的),它没有被排除。在下一节我将对这个辩论的特征加以评论。

民主相对主义不是指导现代"民主"的哲学:这儿,权力被授予了远不可及的权力中心,并且重要的决定由专家或"人民的代表"作出,几乎从来不是由"人民"自己作出。对西方知识分子来说,尽力改善他们自己的生活和他们同伴的生活似乎依然是一个好的出发点(争取公民的主动权似乎是一个好的出发点)。它鼓励论辩、说服以及基于这两者的社会重构。它是一个特定的,在吸引力上受到局限并且没有必要比"原始"社会较为直觉的过程更好的政治观念。然而因为鼓励全民参与,它可能导致如下发现:在世界中存在许多方式,人们有权过那种对他们有吸引力的生活方式,而且以这些方式他们能享受到幸福和充实的生活。⑲

六、真理和现实:历史的对待

在前面的章节中,文化之间互动的本质还未详细说明。例如,没有任何条件强加到 R1 中提到的研究和可能的成果。在第五节中这已被证明是民主方式的基本部分:如果一个部落、文化或文明的成员有了他们已从交流中获益及其生活已得到改善的印象,那么这就已经解决了问题;文化的交流是参与者的事情,而不是旁观者的事情(除了当交流准备一场反对他们的战争)。

许多知识分子不同意。他们告诫我们,对那些从事这个交流以及以他们的观点来实践这种交流的那些人似乎有益的事情实际上可能是大错特错的。

接受这个告诫几乎是毫无必要的。不存在一个没有错误观念和发现纠正错误过程的社会。但是发出这一警告的知识分子以一种特殊的方式界定错误;不是参照它们出现于其中的生活形式的标准和过程来界定错误,而是同独立于社会的"实在""理性"或"真理"作比较来界定错误。用这些尺度他们把文化视为基于幻想和偏见加以谴责。相对主义的哲学(与实践相反)看法要么通过提供真理、实在和理性的相对分析,要么通过想出选择性的观念来试图阻止这样的运动。不必说,它们相当复杂。在第四节中我讨论了一些对待这一问题的古代方式,现在我增加一些历史评论。

像许多其他的受精神领袖(先知、科学家、哲学家等)盗用和扭曲的概念一样,真理、实在和理性的观念有良好的实践意义。

例如,讲真话通常意味着说出在特定的情况下发生了什么,它意味着"如其所是地讲述它"(参见第四节)。被问的人可能没有必要的信息——于是回答将是"我不知道"或者"我不能确切地说"。但是有一些场合,那儿目击者可以作出回答,而如果他说他不知道就肯定会被称为说谎者。这些场合又受到怀疑:被确定的个人可能是一个同样的孪生子,目击者注视的可能是一面镜子而不是真实的人,如此等等。然而要求"讲真话"是有意义的,正如尽管善于创造的魔术师可能用魔法弄出所有的幻觉而谈及真实的事情是有意义的一样。

例如,可以有意义地说,我正坐于其中的房间是真实的,但说到昨天在梦里我在其中看见一头大象骑在一个麻雀身上的房间却是不真实的。当然,一个梦也不是无足轻重的事,它对做梦者和其他人可能有很重要的后果(国王的梦决定有关战争与和平,生与死)。但梦到事情对清醒世界的影响不同于感知到事情的影响。有一些文化表达出这种差别,它们说梦到的事情是不"真实的"。

强调这种画线方式的实在观念不可能用一个简单的定义作出解释。彩虹似乎是非常真实的现象,它能够被看见,能够被画出,能够被拍照,但是我们不能触摸它。这表明它不似一张桌子,也不像云,因为云不会像彩虹那样随观看者的移动而改变位置。彩虹是因为光在雨滴中被折射和反射造成的,这个发现再次把云与对彩虹特性的解释结合在一起,于是使它们至少回到云的实在部分:诸如真实的/不真实的,太过简单而无法捕捉我们世界的复杂性。存在许多不同类型的事件,并且"实在"最好归因于与一个类型相联系的事件,而不是绝对的。但是这意味着我们只需要类型及类型的联系,而完全无需"实在"。

常识(部落常识;现代语言中公共概念的使用)恰是以这种方式建立

起来的,它们包含经过精细表述的事物的本体,其中包括精神、梦、战役、理念、神、彩虹、疼痛、矿物、行星、动物、节日、公正、憎恶、疾病、离婚、天空、死亡、恐惧,如此等等。每个实体以复杂而富有特性的方式运行,尽管这个方式符合一定的模式,但常常会显露出新的和令人惊异的特征,因此无法用一个程式来捕捉。它影响构成丰富和多样宇宙的其他实体和过程,同时也被它们影响。在这样一个宇宙中,问题不是什么是"真实的"和什么不是"真实的":像这样的质问甚至不能算作真正的问题。问题是什么出现了,以什么样的联系中,谁被或者能够被这个事件误导以及怎样被误导。

当这种复杂世界的成分被包容在一个抽象的概念之下,接着被评估,即在那个基础上被声明为"真实的"或"不真实的"的时候,"实在的问题"就出现了。它们不是更为精练思维方式的成果,它们的出现是因为微妙的物质被用来同粗陋的概念相比较并被发现在粗陋中的缺乏。

我们有时能够解释为什么粗陋的概念占了上风:特殊群体想创建一个新的部落认同或者在丰富而多样的文化图景中维持一个现存的认同。为了这样做,他们切除了这幅图景的大部分,并且要么漠视它们的存在要么把它们搞成完全邪恶的。第一个过程被摩西(一神教)时代的古以色列人(Israelites)所选择,第二个被早期的基督徒所选择。对于一些诺斯替教信徒(Gnostics)来说,整个"物质世界"(本质上是一个粗俗的简化)是邪恶的伪装。粗陋的概念可以导致有限的成功;这鼓舞了拥护者并增强了他们的思维方式(例如,在许多科学家中热心追逐定量而轻视定性的考虑):当一个部落或宗教群体幸存时,或一个报酬丰厚的职业的声望得攸关时,本体论的诡辩就成了一个奢侈品。⑨

在古希腊"理性主义的出现"就是这种企图——超越、贬低以及把思想和经验的复杂形式抛在一边——走火入魔的一个例子。因为有许多细节可供我们使用，我们注意到它不是一个简单的过程，而是涉及不同的线路，它们被反响夸大从而导致了主要的历史变化。这个变化最显然的智力表现是作家，诸如阿那克西曼德、赫拉克利特、色诺芬尼和巴门尼德的意见。这些作家不是通过他们思想的力量而是因为当时普遍化和抽象化的趋势影响了历史。没有来自哲学家的任何帮助，"文字……（已经）在内容上贫乏了，它们已经成了片面和空洞的公式"⑤。在荷马的作品中这种退化是引人注目的；在赫西奥德（Hesiod）的作品中它变得非常突出了，而它在爱奥尼亚自然学派的哲学家中，在诸如哈克塔尤斯（Hekataeus）的历史学家中，以及在某些（史诗的、悲剧的、抒情的、喜剧的）诗歌的段落中是显而易见的。在政治学中，抽象的群体取代了作为政治行为的单元（Cleisthenes）的邻里；在经济学中，货币走向贸易；军事上长官和士兵间的关系变得日益非个人和一律化。作为整体的生活疏离于个人关系，而涉及这些关系的术语要么失去了内容，要么消失了。有一点点令人惊奇的是，早期哲学家的极端见解找到了追随者，并且能够形成一个趋势。

进一步的帮助来自（似乎一段时间出现于色诺芬尼和巴门尼德之间）发现：由缺乏细节的概念所构成的陈述能够被用来构建新的种类，不久被称为证据的素材，它们的真理"来自"它们的内部结构而无需来自传统权威的支持。这个发现被解释为：证明了知识能够脱离传统而成为"客观的"。我在序言中说过，文化的多样性产生了多样性的反应，从恐惧和厌恶到好奇和学习的愿望，以及相应多样性的学说，范围从教条主义的极端恐外的形式到相对主义和机会主义同样极端的形式。证据（或更弱的，但同样"理性的"论据形式）的存在显然结束了这个混乱；一个人所能做的一切似乎就是接受已经证明的而拒斥其余的——真理以一种独立于文化的方式呈现。

这种见解的主要代表是巴门尼德。在他解释他思想的诗中，他区分了两个过程或他所称的"路径"。一个基于"习惯,源于较多经验的",即基于知识和获得知识的传统形式,包括"道德见解";另一个"远离人类的足迹"(即独立于传统),导致了"什么是恰当和必要的"。依照巴门尼德,第二条路径不是传统,而是取代了所有传统。㉒许多科学家似乎以同样的方式看待他们的活动。

这个看法显然是错误的。

我们也许同意抽象的概念和原则比实践的(经验的)概念能更容易地联系在一起。巴门尼德的论据,关于点和线、再分、部分和整体的芝诺悖论,以及柏拉图在他的对话篇《巴门尼德》中发展的论据证明,如此美妙的梦境的城堡可以从不再受个别事物特质污染的观念中建立起来。但是简单的观念能以简单的方式联系在一起的事实才给作为结果的命题以特殊的权威,除非每件事情被证明是由简单的事物组成的——恰恰是这一点上出现了分歧!"我们不涉及存在,而是涉及乳液、脓液、尿液!"在一个我马上就要援引的评论中有一些早期的医生如是说。因此,新事业的权威不是在于这些观念和它们的联系本身,而在于偏好对相似性的整齐构造的那些人的决定,那些人,像巴门尼德,对天然的经验事物没有特别兴趣,并且他们通过说这样的事物不真实而使他们的缺乏兴趣客观化:证据过程的发现增加了文化的多样性,它并没有被一个单独的真故事取代。整个西方思想史证实了这一点。

那些巴门尼德的追随者首先故态复萌。他们重新采纳了常识,尽管支吾其词。原子论者,恩培多克勒和阿那克萨哥拉(Anaxagoras)都接受了巴门尼德的存在观,但他们也试图保持变通。为了达到他们的目的,他们引进了(有限或无限)数量的事物,每个都具有一些巴门尼德的属性:留基伯(Leucippus)和德谟克利特的原子是不可分和永恒的,但数量无穷;恩培多克勒的元素数量有限、永恒,可分为区域,但不可进一步再分为物质(因此恩培多克勒的四元素,热、冷、干和湿,不同于任何已知的物质);而阿那克萨哥拉假定所有的物质永恒。(哲学的)理论现在与经验有点靠近——但与常识和时代科学的距离依然非常巨大。

其他人一点不后悔拒斥整个这种方法。因此《古代医学》的作者不仅把经验当作理所当然的事,而且嘲笑那些人,像恩培多克勒,他们试图以更为抽象的元素取代它。"我困惑不解",他在第十五章写道:

> 那些宣称其他观点和放弃原来方法以便让技术建立在设定基础上的人(如那些引进理论原理的人)是如何依照这一原理的路线来对待他们的病人的。我认为,因为他们并没有发现一个抽象的、不以其他形式参与的冷和热、干和湿(恩培多克勒的元素)。但是我认为他们随心所欲地吃我们都吃的食品和我们都喝的饮料,而且他们对一个加上热的属性,对另一个加上冷,再对另一个加上干,再对另一个加上湿。既然要让一个病人吃一些热的东西会是徒劳的,因为他会问"什么热东西?"所以他们必然要么说的话毫无意义,要么就是求助于一个已知的实体。

理论构思和由医学从业者组织起来的经验知识间的差别不可能被描述得更清楚。在这个引言中哲学家是带有他的四个抽象本原的恩培多克勒。为了更直接地解释这个事情,我们以泰勒斯为例。按照传统说法,泰勒斯只有一个元素,水。因此,泰勒斯式的医生能给病人的唯一建议是"喝水"或者"不喝水"。这显然"毫无意义"——见上面的引言。一个医生必须具体指定,他必须告诉病人"含水的什么东西"他应该喝或避免喝。例如,他必须说:"吃一点浸过牛奶的面包"或"无论如何避免喝酒,多喝微温的苹果汁",如此等等。他必须提及"我们都吃的同样的食品和都喝的同样的饮料"和按经验和他手艺的传统已经教给他东西,开出他的药方。作为一个泰勒斯式的人,他可能通过加上至少要说的一句空话"这是水,根据自然哲学的最新成果",来扩展他的处方。

在一个更大的程度上,健康的概念是经验的或"历史的",它包括同时发生在明白好生活应是什么样的多代病人和医生身上。它取决于那些期望健康的习俗,它随时而易,不可能归结为一个定义。恩培多克勒的确没有给出一个定义。他说,健康是在人体内的元素(即他的抽象本体)间的平衡,疾病是由于它们失衡。这增加了健康观念的数量,它没把它们减少为一个。此外,职业医生不接受难以控制的定义。它"并不比绘画更适合于医学",《古代医学》(第二十章)的作者写道。

《古代医学》的作者和其他早期的超越这些理论家(希罗多德是一个例子)的反对者在写作中表达了他们的异议——他们是书面交流传统的成员,这个传统不久就统治了西方文明。并不是所有的行业参与这个传统,我们没有来自陶工、金属工人、建筑师、矿工、油漆工的书面记录。我们必须重建来自他们的工作和间接与它相关的知识。塞瑞尔·斯坦利·史密斯(Cyris Stanley Smith),一个来自麻省理工学院(MIT)的冶金学者,除了展览他还在一本书中做了这项工作。[33]像希罗多德(参见他的早期的地理学描述评论)和《古代医学》的作者一样,他区分了(物质的)哲学理论和(物质的)实践知识。他描述了后者如何在前者之前出现了几千年并经常遭受它们的阻碍(例如在 19 世纪期间在道尔顿(Dalton)的理论中被信徒们忽略的合金)以及物理学改变其实在观之后在 20 世纪如何与它们融合。诺马·埃摩顿(Norma Emerton)描述了在形式理论(非常接近这些行业实践)和原子主义(与前者相反)之间的战役以及对原子论过去推崇的方法的评论。[34]最终的结论是工艺、医学的大部分、农业及种植、动物、人类、社会的实践知识,甚至知识的社会危险(参见注释⑨中的评论)。所有这些知识,比起基础科学声称的现代捍卫来,极少归功于理论构思,反而是受到它的妨碍。[35]

　　德谟克利特的原子论没有增加知识,它寄生于其他人以非理论方法发现的东西之上,正如德谟克利特自己承认的。㊱

　　对巴门尼德方法最清晰的反对来自诡辩者和亚里斯多德。巴门尼德一直认为论据是发现真理的传统手段。诡辩者反对,一个非传统部分的真理是不可能的;它不能被发现,如果发现了它不可被理解,如果被理解了它不可能被交流。"存在是不可知的",高尔吉斯(Gorgias)说㊲,除非它在意见中出现(着重是我加的)。㊳亚里斯多德在对以最高的善来判断德性的柏拉图主义者作评论时写道:

　　　　即使存在一个善,它是善并能被普遍地预言,或者它完全独立地存在,很显然这样的善既不能被产生也不可能被人类拥有。然而它恰恰是这样一个我们在一直寻求的善……一个人不可能明白:一个纺织工或一个木匠对他自己的职业而言知道善本身有什么用处或者某个人将如何变成一个更好的医生或一个更好的将军,一旦"他瞧见善的理念"(显然被柏拉图学派广为使用的公式是一个具有讽刺意味的引语)。似乎医生并不试图找到健康本身,而是人类的健康甚至单个人的健康。因为他治愈个人。

　　亚里斯多德还指出,"自然事物",即出现在我们生活中的事物,"部分或全部都是易于变化的":一个存在的独特模式、健康人类的清醒状态被作为真理和实在的尺度。

　　这是一个极为有趣的过程。亚里斯多德对巴门尼德的推理没有提出一个内在批评(他也有这样的论据,但在此它们与我们并没关系);他也没有把它同自己的抽象原则比较。他拒绝整个方法。他似乎说,思想的任务就是理解并可能改善在我们从事日常生活时我们所做的;它不是迷失到一个抽象和经验无法达到的概念的无人领地。我们已经看到留有记录的行业的从业人员持有相似的见解。现在我将给出两个例子来证明希腊人常识的出现不是出于论证,而仅仅是简单地漠视一个理论变革的企图。

我的第一个例子来自神学。荷马诸神混杂有多种特性,但他们都有人的特征。他们涉足人类生活,他们不是仅仅被假定,他们被看见,被听到,被感觉到,他们无处不在。希腊部落,甚至一个诸如5世纪雅典的"启蒙"城市文化的日复一日的活动都是围绕他们组织的。[⑱]色诺芬尼用一个戏剧性简化的神性概念已经证明只有一个神,他(它?)没有人类的脆弱而充满智能和体能,而传统诸神太随和而不成之为神,但这对这个丰富而复杂生活方式的成员无关紧要。色诺芬尼对荷马诸神的嘲笑既没有影响大众的虔诚也没有影响诸如希罗多德和索福克勒斯这类启蒙的思想家;甚至埃斯库罗斯,他接受了一些色诺芬尼的公式,依然保留了传统诸神和他们的大多数作用。在以理论术语构想神并涉足求证的神学家和个人的或"经验"的宗教信仰的支持者之间的战斗一直持续至今。

第二个例子是哲学家使普遍概念的运用成为流行习惯的失败。知识,在传统和希腊人的常识中是意见的汇集,其中的每一个是通过适合于意见出现领域的过程得到的。介绍这样知识最好的办法就是列表——况且最古老的科学著作的确是在各种和偶尔已经专业化的领域中的事实、部分、巧合、问题的列举。他询问柏拉图-苏格拉底派得到的答案表明,列举也是常识的一部分。他对"我寻找一个而得到许多"的反对,假定一个词意指一个事物——争论的要点。他的对话者承认对数(《泰阿泰德篇》)或蜜蜂(《美诺篇》)的统一,但避免把理论一致扩展到社会事物,诸如知识和品德:柏拉图清楚地知道把简单概念扩展到复杂事物的困难。这个问题也依然存在到今天——就像科学和人文学之间的裂缝。

数学情形特别引人注目。正是在这里抽象的思想首先产生了成效，并且正是从这里真的、纯粹的、客观的知识范式扩展到其他领域。但是许多数学现在包含的方法证明没有合并到单一理论的趋势。我们有非欧几何和不同样式的算术；有限论者把数学当作一个取决于目的并能以不同的方式建立起来的人类实践；"康托尔主义者"认为数学是描述抽象实体的科学，因此需要统一；一个独特的数学体系应用于"自然"重又产生了泰勒斯声言排除的(近似的)多元性(参见注释○52)；新的数学学科出现在各个地方。今天数学比任何其他的知识学科受到的约束更少，也更为多元。

这些历史的结果可以归结为以下的陈述：

R8：独立于人类愿望但能经人类的努力发现的客观真理和客观实在的观念是特殊传统的一部分，它由它自己的成员来判断，既包含失败也包含成功，总是伴随并常常掺和着更实践的(经验的、"主观的")传统，并且必须和这样的传统结合起来得到实践成果。

R8 是一个经验的(历史的)论题。一个经验主义者由此推论出：

R9：一个独立于情景的客观真理的观念具有有限的有效性。像 R4 的法律、信仰、习俗，它统辖一些领域(传统)，但不是其他的。

这增强了 R7 和前几节考虑的事项。还要注意，R8 和 R9 不是"普遍的真理"，它们是一些我——作为西方知识分子部落的一个成员——向这个部落(加之适当争论)的其他人提出的陈述，以使他们怀疑客观性并以某

67

些形式也怀疑客观真理观念的可行性。

七、经验相对主义

R8 和 R9 否认出现于希腊后来导致科学知识的新形式能够凌驾于(不仅仅是超越)传统之上并建立一个独立于传统的观点。我作出否定的理由部分出于历史,部分出于人类学的理由:脱离传统的意见处于人类存在之外,它们甚至不是意见,虽然它们的内容取决于或"相关于"它们从属的传统的构建原则。意见在对这些原则没有任何关涉的意义上可以是"客观的"。于是听起来好像它们源于世界的本质,虽然实际上它们仅仅反映了一个特殊方法的特性:一个推崇绝对价值传统的价值可以是绝对的,但是传统本身不是,物理学可以是"客观的",但物理学的客观性不是。就最近,客观主义传统提出了甚至似乎不客观的观点。相对论断言了事态和一个世纪前被认为独立于测量存在着的事件间的关系特性,另外,量子论仍然缺乏能使我们将相对论客观化的不变量。同样,客观主义者的传统很久前就分裂为许多纷争的派别或在科学的情形中分成基于不同假设和使用不同方法的研究道路。不得人心的甚至"站不住脚的"观念已经进入这个传统并成为这片土地的法律,成功的原则已被超越并沦为历史的垃圾。诸如此类的发展(和注释㊺-�的评论)提示了如下的假设:

> R10:对于每一个具有好的理由而信以为真的陈述(理论、观点),有可能存在一些论据证明其对立的或一个较弱的选择是对的。

我们还能走得更远。我在前一节提到反对巴门尼德一元论的古代

论据包含两步：密切关注经验的决定和建立在这个决定之上的理论思考。希罗多德已经知道存在安排经验的不同方法，每一个都提出它自己对世界的解释和对待世界的方法。他也知道人们不仅生活在这些不同的世界，而且在物质和精神的双重意义上他们成功地生活着。现代人类学家赞同这点。"让读者考虑任何将完全推翻所有阿赞德对（他们的）神谕权力的声明的论据。"埃文思－普瑞查德写道，他报道了一个我在绪论中提到的情况。⑩"要是它被翻译成阿赞德思想的方式，那么它足以支持他们的整个信仰结构。因为他们的神秘概念异常连贯，被一个逻辑的网互连在一起，而且它们是如此有序，以致从来不是与感觉经验有大矛盾，而是经验似乎为它们辩护。"结果，阿赞德的实践是"理性的"，因为可以受到论据支持。它们也起作用，"我可以说"，埃文思－普瑞查德就这一点写道，"我发现这（即，为每天的决定求问神谕）是同我知晓的任何其他方法一样令人满意地达到目标和事物的方法"。

在注释⑨引述的著作中加上这些立论，我们得出假设：存在许多生活方式和建立知识的不同方式。这些方式的每一个都可能引发抽象的思想，这一抽象的思想又可能分为纷争的抽象理论。举一个我们文明中的例子，科学的理论以不同的方向扩展外延，用不同的（并且有时"不可通约的"）概念并以不同的方式评估事件。什么被视为证据，或一个重要结果，或"合理的科学过程"，取决于随时间、专业有时甚至从一个研究群体到另一个研究群体而改变的态度和判断。因此，从事同一问题（电子的电荷）的埃伦霍夫特（Ehrenhaft）和密立根（Millikan）以不同的方式使用他们的数据，并把不同的事情认作事实。这个差别最终被排除了，但它是科学历史中一个重要且引人注目的插曲的核心。爱因斯坦和量子论中隐变量的辩护者用不同的理论评价标准。在其支持和批评一个尽管符合经验且数学上很容易公式化的理论的意义上，它们是形而上的标准。⑪把一个经验的学科展开到其证据之外，例如断言所有的生物学是分子生物学以及植物学不再有对真理的独立要求的权利,同样符合标准。
T. H. 摩根(Morgan)宁可直接的实验支持也不愿涉及推论的数据,他拒
绝有利于遗传更显性表现的染色体的研究。在 1946 年,巴巴拉·麦克
林托克(Barbara McClintock)已经注意到今天称之为变换的过程。"然
而她独自一人工作,没有用微生物,以传统的方式工作并远离分子。"分
子生物学家急剧扩大的研究群体中不止单独一个成员"听到她说的"。
分歧在心理学中激增:行为主义者和神经生理学家轻视对于格式塔心理
学而言知识重要来源之一的内省,临床心理学家依靠有时被称为"直觉"
的经验,即依靠他们自己精心组织的反应,但更为"客观的"学派用严格
的公式化检验。在医学中临床医生和人体理论家之间的一个相似的对
立,正如我们看到的,将回溯到古代。当我们继续深入历史和社会学,差
别增加了:法国大革命的社会史同人们的描述和具体的单个事件只共享
名称。[62]人类能够以多种方式(在自然和人类生活之间不存在隔离的观念
是其中的一个,自然的非物质特性的观念是另一个)亲近自然本身并且
自然会相应作出回应。考虑了所有这些,我建议我们加强 R10 并断言:

R11:对每一个具有好的理由相信(为真)的陈述、理论、观
点,存在论据表明一个对立的选择至少一样好甚至更好。

R11 被古代的怀疑论者用来达到精神和社会的和平:他们认为,如果对
立的观点被证明一样强有力,那么就没有必要对此担忧或为此发动一场
战争。陈述、理论、论据、好的理由由于历史形势而进入剧情,在该历史
形势中,怀疑论者作出了他们的观点:他们反对哲学家力图证明论据将
导致唯一的结论;怀疑论者坚持,论据没有这样的能力。包括建立人类
共同体以及一个共同目的在内的非辩论性方式进一步增强了他们的地
位。目前,我们不仅仅涉及智力问题,还有情感、信仰、移情和许多其他

被理性主义者归类和命名的因素。排除 R11 将需要详细的经验的/概念的/历史的分析,它们中没有一个是在对怀疑主义和相对主义的习惯的反对中被发现的。

八、一些关键评论的审查

相对主义是受大众欢迎的学说。因为反感那些自以为知道真理者的自以为是,以及目击了试图强化一律生活方式所造成的灾难,许多人转而相信对一个人或一个群体或一种文化为真的东西无需对另一个也如此。这个实践相对主义受到现代科学中内在的多元主义,特别是历史学家和人类学家的支持:古代观念和我们现时代的"原始"宇宙学可能不同于我们所习惯的东西,但是它们有能力带来物质和精神上的幸福。它们并不完美——没有世界观是完美的——但是按我们生活方式作出评判的它们的缺陷常常被我们缺乏的优点所弥补。进化还提供了另外的论据:每个派、部、门、种都在一个自身大量繁殖的,具有适宜的感官、解释机制、生态小环境的世界中完善着自己的生存方式。[⑧]一个蜘蛛的世界和一个狗的世界所同者甚少,而一个犬科哲学家非要坚持其观念的客观有效性会是非常可笑的。古代的怀疑论者和他们的现代追随者(例如蒙田)充分利用这个多样性。

另一方面,存在许多人,他们对这样一种情形不满意,并试图找到——按他们的见解——肯定被隐藏在一种混沌的信息团下面的单一真理。足以令人惊异的是,存在分享这些热望的相对主义者。他们不仅想宣扬他们自己的有关未被西方理性主义触及的成果和成就的见解,他们还想就知识和真理的本质作出一般性的——上帝保佑!——和"客观的"声明。

但是即使客观主义作为一个独特的观点也许可被接受,也不能声明对其他观念具有客观优越性,因而提出问题和表现结果的客观方法不是一个相对主义者要采纳的正确方法。一个名副其实的相对主义者必须避免就实在、真理和知识的本质下断言,且必须关注细微多样的事情。他可能并且常常会把他的结论一般化,但是不要以为他现在有了就其真正的本质而言是有用的、可接收的最为重要的束缚一切的原则。同客观主义争论,他当然可能用客观主义者的方法和假设,然而他的目的不是建立普遍可接受的(有关特殊事物或一般事物的)真理,而是使反对者感到窘迫——他只是试着用他自己的武器击败客观主义者。相对主义者的论据总是迎合对方感情的。我在前几节中的所有论据应以这个方式解读。⑭

例如,R7 到 R11 的意思不是去揭露世界的"客观特征";介绍它们是为了削弱客观主义者的自以为是,或者是为了通过生动的历史图景来赢得外界的人。⑮如果客观主义者同意我的论据,那么 R1 和 R7 对他的观点来说就会变得很困难,而且这完全独立于我本人相信它们与否。我现在把这个过程应用到对相对主义的一些常见的反对上。

第一个反对,经常听到的,与其说是反对不如说是咒骂。"相对主义",卡尔·波普尔说,"是这样的见解,任何事情或者几乎任何事情都能被断言,于是什么事情也没被断言……因此,真理是无意义的"。相对主义"来自一个懒散的宽容并且导致了强权统治"。

在第三节中的引言(希罗多德和普罗泰戈拉)表明,咒骂的第一部分和它的结尾("懒散的宽容")都是错误的。希罗多德(波普尔在他书的 134 页引述了希罗多德,他小心地忽略了削弱他对相对主义嘲弄的那些部分)是相对主义者;普罗泰戈拉也是。但前者强调和支持习俗的权力,而后者推崇处以屡次违犯法律的人死刑。"正如我们所看见的",我在那一节写道,"普罗泰戈拉认为必须要有法律而且必须加强它们。他还认为法律和机构必须'相对于'这些社会的环境和需要来界定。他和希罗多德都没有推断……在一些社会有效而在另一些社会无效的机构和法律因此是任意的,能随心所欲地改变"。波普尔的对相对主义者来说"真理……是无意义的"进一步指控与这个谨慎的方式是不调和的,普罗泰戈拉以这个方式讨论了这个术语的使用。

在其《开放的社会及其敌人》的第二卷的附录(纽约 1996 年,pp369ff)中,波普尔更详细地解释了他的态度。他以一个定义开始:"按相对主义——或者,如果你喜欢,怀疑主义——我意思是……"注意,这个若无其事的"如果你喜欢":在波普尔的头脑中怀疑主义和相对主义之间没有差别。但在历史中两者存在着巨大的差别。怀疑论者提供了他们时代的一个诊断、一个哲学家追求的目标和一个论据。他们的目标是和平,他们的诊断是有关抽象教条的争吵可能带来分歧和战争,他们的论据是任何一个论据充分的陈述总能被一个同样论据充分的相反陈述加以制衡。目标是令人钦佩的,诊断仍然正确,论据详尽,且正如我在前几节力图表明的:强有力。这些特征中没有一个出现在波普尔的定义中。

按照波普尔,相对主义("或者,你喜欢,怀疑主义")是这样的理论,"竞争理论间的选择是武断的,因此或者不存在有客观真理这样的事情;或者,如果有,不存在一个理论是真的或(尽管或许并不真)无论如何比其他理论更接近真理这样的事情;或者,如果有两个或更多的理论,没有决定它们之中一个是否比另一个的手段或方法更好"。

再请注意,第一个陈述(选择的武断)和最后一个陈述(没有在两个可选择观念间作判决的手段)这两者与柏拉图告诉我们关于普罗泰戈拉的事情以及古代怀疑论者对第一个陈述提出的论据相抵触。对"科学争论用一个客观的方式加以解决"这一观念加以批评的人并不否认在不同理论之间存在"判决方式"。相反,他们指出:存在许多这样的方式;他们提出不同的选择,因而发生的冲突频繁地被公众偏爱支持的强大攻势所解决,而不是被论据所解决;论据只要有效且貌似有理,即与非辩论的假设和偏爱一致,无论如何都能被接受。

波普尔把相对主义称为一个"理论"。这提及了一些说法,但正如我们看到的,忽略了其他一些(包括我自己的)。他把知识(的客观性)的问题等同于理论的真理/或客观性问题。这对物理学起作用(尽管甚至这儿存在"不言而喻的知识"),但对于历史、心理学和常识的广泛领域,这种方式就太狭窄了。

"如果两派发生分歧",波普尔说,"这可能意味着一个错了,或两者都错。它不会意味着,像相对主义者将得到的,两者可能同样正确"。

简而言之,这个批评暴露了对相对主义的所有理智攻击的弱点。"如果两派发生分歧"——这意味着对立的人们已经建立了联系并且彼此理解。现在假定这些对立来自不同文化的人们,他们将用谁的交流方式以及如何得以沟通?殖民地的官员想当然地认为当地人要么学习主人的语言,要么能由也以主人语言为基础的翻译来告明。主人语言,应用在由主人界定的情况中,是规划、提出和解决问题的官方媒介。我们能够想当然地认为用建立联系的本土方法,用一种本土语言和解决问题的本土方式会带来同样的解答吗?对同一个问题呢?较早的研究和近来专业"开发者"的经验提醒我们反对这样的假定。但是接着遇到的分歧和他们产生的对正确和错误的区分取决于相互影响的方式,因此取决于文化,他们"相对于"在其中进行交流的文化。波普尔,像一些在他之前的启蒙先驱,似乎认为:基本上存在一个单一交谈媒介,这个媒介在他的意义上是"理性的"(例如,它遵循简单的逻辑规律),它主要是由交谈组成(手势、面部表情不起作用),每个人都可触及它。

"虽然他有棕色的皮肤,但霍顿托特也能感觉到广泛的责任和自然的律令。"冯·哈勒(Albrecht von Haller)写道[65],把每个人都转变成一个潜在的康德主义者。同样,波普尔在每个人后面觉察到一些略微含混的波普尔哲学,并且他严厉地批评人们屈服于他们的含混。而且,他遗漏了甚至在这个已经相当狭小的领域内的相对主义这一点:普罗泰戈拉不会称对立的见解是"一样正确的"^⑤。

最后,为什么不能说,"同一种情况"有相互冲突然而都是正确的?以两种不同的方式来看一幅图(维特根斯坦的"鸭兔图"就是一例),能以两种不同的方式描述它——而且两者都是正确的。它是一个值得研究的事情,而不是用以决定我们居住的世界是否看起来像一个"鸭兔图"的哲学法令。

另一个相对主义的批评家是 H. 普特南。他在《理性、真理和历史》^⑥一书中写道:"我想声明 20 世纪的这两个最有影响的科学哲学派别,当然一般都令科学家和非哲学家感兴趣的这两个,受教育的一般读者可能都熟悉的唯一的两个,是自我驳斥的。"他意指的哲学派别是以卡尔·波普尔为代表的实证主义和以库恩(Kuhn)、福柯(Foucault)和我自己为代表的历史方法。为了支持他的声明,他讨论了不可通约性和相对主义。不可通约性将在第十章论及。这儿我想审查普特南对相对主义的看法。

普特南以相对主义的一个看法开始,依照这个看法,"没有一个观点比任何其他的更合理或更正确"。他这样批评它——他问一个人怎么能坚持毫无理由地持有一种观点而不是别的。回答很简单:我们可以无需理由地持有一些见解。此外,这个看法不是我的看法。^⑥

接着普特南讨论了一个人会称"相关的"相对主义是什么:"真的"或"合理的"或"可接受的"将被"对……来说是正确的""按照如此如此的标准是合理的""对一个文化 A 的成员可接受的"如此等等所代替。"一个完全的相对主义者"(在这个意义上),普特南说:"将不得不说 X 相对于 P 正确与否本身是相对的。在这一点上,我对这个见解甚至意味着什么的了解开始动摇了……"的确如此,但只当这个"见解"被解读为一个知识的客观解释。

普特南还断言,一个不能区分表面和本质的文化不可能从吵闹中分离出主张(思想),因此不再是一个文化了。这是一个哲学家用以处理生活问题的抽象方法的例子。正如我在第六节开头指出的,存在许多生活形式,希罗多德的常识就在其中,不存在像本质一表象这样粗俗的二分法。因为意识到世界和人类活动的复杂性,它们代之以多种微妙的区别。普特南,应用他粗制的概念格栅,被迫把他们的大部分交谈仅仅作为噪音丢弃了。这是批评格栅,而不是批评被丢弃的交谈。此外,相对主义者不会被这种区分击败,因为他们能够指出(再参看第六节)不同的文化甚至在一个文化中的不同派别在不同的地方画这条线。

九、回到生活

最后我再强调一遍,这儿提出的相对主义不是关于概念(尽管它的大多数现代观念是概念式的观念),而是关于人的关系。当不同的文化或有不同习惯和品味的个体发生冲突时,它涉及的问题就出现了。知识分子习惯于按争论来处理文化冲突,并且他们趋向于提炼这些虚构的争论,直到它们变得同他们自己的谈论一样抽象和难以接近。当以这种方式进行的时候,他们中许多人远离了生活而进入了技术知识的领域。他们不再关注这个或那个文化,或这个或那个人,他们关注的是诸如实在的观念,或真理的观念,或客观性的观念。而且他们不问这些观念如何与人类生存相关,而是考究它们彼此如何相关。例如,他们询问真理是不是一个客观概念,科学的实践是不是理性的,或者实在如何取决于感知——那儿"真理""科学事件"和"知觉"是以这样的方式界定的,这种方式妨碍了对科学家和其他普遍生活中发生的事情的已有认同(详见第四节)。

所有的行业都致力于澄清这种疑问。到目前为止所造成的这些文字游戏成了世界性的不快。西方的知识分子玩这些游戏,这些游戏也勾起了被西方文明成果的煊赫搞得神魂颠倒的非西方的注目者的青睐。因为混淆了观念的智力能力与包含它们的社会政治和军事权力,来自所谓"第三世界"的男人和女人已开始沉溺于西方哲学的泥潭。但是这整个发展,远没有开始一个思想的文艺复兴,仅仅使它不足为信;它所带来的是一些哲学家——因为他们的视野不能越过他们自己的游戏围栏——所谓的一个"世界文化危机"。另一方面,我认为这个危机并不在于知识和学术生活,而在于得到这种生活的成果有意或无意支持的大范围的现象。要揭示这种支持,我们必须辨别隐含的假定和所谓西方知识成果的客观性背后的所有错误。但是揭示的结果表明,以下两者是同等重要的:回到生活和用更加直接的方式处理问题,例如通过研究个体和社会在面对不寻常事件时的反应。

正如我在序言中指出的,不同文化间的冲突导致了多种反应,其中之一是教条主义:我们的方式是正确的方式,其他的方式是错误的、邪恶的、无神的。一些教条主义者是宽容的——他们同情无神论者,努力引导他们,而不是放任他们,16 和 17 世纪基督徒的宽容就属于这一种。另一些人担心错误的拥护者可能腐蚀真理,并建议扼杀它们,这是《申命记》的观点。生活在多元的和自由论者的言辞盛行的民主社会的现代教条主义者以一种更隐蔽的方式追逐权力。因为区分了"仅仅是信仰"和"客观的信息",科学理性主义的捍卫者宽容前者,但用法律、金钱、教育、公共关系赋予后者以特权位置。他们的成功达到了令人惊讶的程度。政教分离,法律只承认官方认可的医疗过程、严格的教育政策、带有国家重点项目如国防的科学联合——所有都趋向加强强势群体所认为的客观真理的东西,并削弱意见和看法。

在前几节我力图表明,当教条主义被用作文化交流和/或文化发展的原则时所带来的灾难性的后果。甚至西方的关注者现在也承认,当西方的技术和西方的生活方式迁移到还未受西方历史影响的地区时，一些事情出差错了。这些地区的生活并不完美，它有很大的缺陷(对许多疾病没有有效的治疗方法)，而且包含一些无益于康乐的因素。在这个方面它确实类同于西方现在所具有的情形。但是完全排除传统习俗以及它们整个被"理性的"过程取代并不是正确的解决之道。许多人现在建议的"正确"的解决之道就是兼顾当地和西方的知识并接受影响地区的习俗来利用它们。确实，即便当那些对之实践的人来评判这些习俗时它们也并非总是有益的，但是它们是人们生活的一部分，因此是自然的参照点。忽视它们意味着把人民当作奴隶，需要来自尊贵主人的指令。

刚刚所做的评论适用于明显教条的生活形式，然而它们以适用于以其谦虚、宽容和评判的姿态为傲的哲学。乍一看，这样的哲学似乎是文化交流的理想工具。它们承认，教师，这些科学和理性主义的代表可能犯错，而学生，这些要被介绍进西方方式的土著文化的代表可能提供更有益的东西。的确，这似乎是一个非常宽容和人道的态度。它是宽容的——按照"批判的"标准。因为它认为交流将采取讨论的形式，讨论将按一定的规则进行，并且讨论的结果决定事情怎样。它把人类的联系化为口头的交流，将口头的交流化为争论，并进一步把争论化为一个探出清晰陈述问题的逻辑错误。恰恰从一开始，"评判的"哲学家以他们自己知识化的方式界定了人类关系。当他们对自己的宽容喜不自禁时，他们要么无知，要么虚伪，要么(我自己的猜测)兼具二者。

相对主义摆脱了这种无知和虚伪。它认为对一个文化是正确的东西无需对另一个也如此(对我正确的无需对你也正确)。随西方理性主义一起出现的更抽象的表述断言，习俗、观念、法律对于拥有它们的文化来说是"相对的"。相对主义在这个意义上并不意味着武断(这在第三节和第八节中讨论过)，而且它并不仅仅对理性主义者是"有效的"。因为暴露了理性主义者框架里的主要裂缝，它从内部按照理性主义者自己的标准瓦解了理性主义。

机会主义和相对主义紧密联系在一起，它承认一个异域文化具有值得吸收的内容，取其有用的而对其余的不加触动。机会主义在西方科学的传播中起了很大的作用。

在日本历史中的一个插曲将会说明这个过程。1854 年派瑞(Perry)司令官用武力为美国的补给和商贸船只打开了函馆和关岛港口。这个事件暴露了日本军力低下。日本 19 世纪 70 年代早期启蒙运动的成员，其中有福泽洁渝，当时思考如下：日本只要变得更强大就能维持自己的独立。只有在科学的襄助下日本才能变得强大。日本将有效地利用科学，不仅仅实践科学，而且崇信这个根本的思想体系，对于许多传统的日本人来说，这种思想体系是残暴的(我同意)。但是，因为福泽洁渝的追随者争辩道，有必要采纳这种残暴的方式，有必要将它们视为先进的，有必要引进整个西方的文明以便幸存。注意这个奇怪而连贯的推理：科学被接受为一个世界真实的描述不是因为它是真实的描述，而是因为它将生产更好的武器。这种"科学进步"如果没有这样的事件就会崩溃。⑳

在所有文化交流形式中证据起了重要作用，它并不是西方理性主义者的发明，它出现在所有历史时期和所有社会中。它是机会主义道路的一个基本成分：一个机会主义者必须问自己外来的事物将如何改善他的生活，并且它们会造成什么样的其他变化。"原始人"偶尔会运用证据转而对付人类学家，后者企图把他们转化成理性主义者(见注释㉑中的例子)。像例行的仪式、艺术或语言，是普遍的，但例行的仪式或艺术，或语言，它有许多形式。一个手势或一声轻微喉声可能使一些参与者信服，然而其他人可能需要冗长繁复的咏叹调。卢瑟(Luther)希望来自那些对这些神圣文本提出新解释的人的奇迹；政府机构和一般公众仍然希望来自他们自己宗教领袖、科学家的奇迹。大多数证据鉴于参与者的这种信仰和这种态度。那些取这些证据的人想劝说独异的人，而且他们想改变这些人的道路。早期西方理性主义者发明的不是证据,而是一个不仅轻视并明显排斥个人因素的专门和标准化的争论形式,作为回报,这些发明者声称,他们能够提供独立于人的愿望和关注的有效过程和结果。

在第六节中我解释了为什么这个声明是错误的。人的因素不是被淘汰了,它只是被隐藏了。一个殖民官员以其国王的名义发话,一个传教士以上帝或教皇的名义发话。这两者能够而且确实认同给他们命令以力量的权威。理性主义者也有他们的权威,但是通过以客观主义者的方式发话,通过小心地不提及任何一个他们试图模仿的人,通过使他们采纳他们程序的决定,造成这样一个印象:自然本身或理性本身支持他们的观念。更严格地审视他们的程序表明,情形并非如此。看看结果,今天一个程序的成功常常被视为其客观有效性的标志。但是评估成功和失败取决于这些事件发生于其中的文化。因此所谓"绿色革命"从西方市场行为观点来看是一个成功,但对一个自满的文化却是一个阴郁的失败。而且在许多领域并不存在西方和本土程序比较有效性的"客观的"科学的研究。甚至医学也只能提供一些孤立的成功报道和非西方医学实践的同样孤立的失败的报道,但是完整的图像还远不清晰。

一个更高级的证据断言,尽管成功可能依赖文化,但是带来成功的法则的有效性却并非如此。人对电气化的态度可能有差异,但麦克斯韦方程及其结论的有效性却独立于这种差异。这个证据认为理论并不在应用中被改变。但是许多所谓"近似过程"排除了被已用理论所断言的东西,并用不同的断言取代它,因此承认不同的领域需要不同的程序,一个综合理论所要求的统一可能仅仅是拘泥于形式的。

一个甚至更为重要的回答是,自然的规律并没有被确实地发现独立于一个独特的文化。它需要一个极其特殊的深植于一个特殊的社会结构的精神态度,这个社会结构是与有时非常特异的预测、规划、审查和建立定律如热力学第二定律的特殊历史序列相结合的。这现在已被社会学家、科学的历史学家甚至被一些哲学家所承认。希腊人拥有数学和启动这类在 16、17 世纪发展起来的科学的智力,然而他们没有这样做。"中国文明在科学革命前约 14 个世纪在发现自然和用自然知识造福人类方面比之于欧洲要更为有效",然而这个革命出现在"落后"的欧洲。[①]一种特殊形式的知识的发现和发展是一个非常特定和不可重复的过程。现在使我们相信以这种特异的和依赖文化的方式发现(以及因此以依赖文化的术语阐述)的东西独立于得到它的方式而存在的证据在哪里?什么来保证我们能够从结果中分离出这个方式而不丢失这个结果?如果我们用其他概念取代一些概念,即使只有稍微的差别,我们便不能陈述这些结果,或者甚至不能理解它们;我们得到不同的结果和确认他们的证据,正如我们回到科学历史的早期阶段所看到的。然而"在这个世界里",这些结果在我们已经忘记如何获得它们很久之后,也应该被保留。

而且,现代客观主义者不是唯一把他们的幻想扩散到世界中的人。对古希腊人来说,希腊诸神独立于人的愿望存在和行事。他们只是"在那儿"[②]。现在这被认为是一个错误。按现代理性主义者的观点,希腊诸神是希腊文化中不可分割的部分,他们是被想象出来的,他们并不实际存在。为什么否认呢?因为荷马诸神不可能存在于一个科学的世界。为什么这个冲突习惯于消解神而不是科学的世界?按目的,两者都是客观的,并且两者都以依赖文化的方式发生。我听到的对此疑问的唯一回答是科学对象的行为比神更规律,而且能经仔细地检验和审查。这个回答认为以下论断将被证明,即科学的规律要更真实而神却不是。它也使得可达性和合规律性成为实在的标准。这的确使得害羞的鸟儿们和无政府主义者极不实在。没有其他的出路:我们要么把神和夸克称为同样真实的,但系于不同的环境,要么我们一起停止谈论事物的"实在"而代之以更为复杂的规范的方案(参见上面第六节的开头)。

在我们的文化中意见无需影响科学的作用,我也不会断言我们可以不要科学。我们不能。因为已经参与或允许了一个环境的构造,在其中科学规律是引人注目的(既在物质上,在技术成果中,又在精神上,在用来指导重要决定的观念中),我们,除科学家以外,西方文明的一般公民遭受它们的统治。但是社会条件是变化的,而科学随之而变化。19世纪的科学背弃了文化多元的优点;20世纪科学因为经受了一系列极端烦扰的革命惩戒以及社会学家和人类学家的推进,意识到了这些优点。同样支持科学的科学家、哲学家、政治家恰是通过这个支持改变科学并用科学改变世界。这并不是爬过其所有的裂缝渐渐发现其特征却不以任何方式影响它们的思维蚂蚁居住的一个静态的实体。它是一个动态的、多层面的、影响并反映其开拓者活动的实体。它一度是一个充满神的世界;接着它变成了一个单调乏味的物质世界,而且希望它将进一步变成一个更为和平的世界,那儿物质和生活、思想和情感、创新和传统为了一切利益携手合作。

注释

① 卡伦·布利克森(Karen Blixen)在谈到她在肯尼亚时的经历时写道(伊萨卡·迪尼森,《走出非洲》,纽约1972年,第54页):"对土著人不存偏见是令人吃惊的,因为你期望从这些原始人中发现禁忌。我相信,这要归功于他们熟悉不同的种族和部落,与这些充满生机的人们友好往来。后者是从东非被人带来的,一开始是通过象牙和奴隶的古老交换得来的,在我们这个时代是被定居者和大批的猎人带来的。几乎每一个土著人,一直到平原上的游牧小孩,总有一天要面对来自全世界范围不同民族的不同人们,从叙利亚人一直到爱斯基摩人:英国人、犹太人、布尔人、阿拉伯人、索马利人、印度人、斯瓦里人、马赛人和川口人。就理论的接受者发展趋向看,土著人更是一个世界性的人而不是市郊或行省的定居者或传教士,后者在一个单一的社团里成长,具有一套固定的观念。白人和土著之间的许多误解就起因于这一事实。

② 威尔森(E. D. Wilson)在《人类本性》(*On Human Nature*,剑桥,马萨诸塞1978年)一书第192页注中写道:"……宗教……作为一种重要的力量将在社会中持续很长一段时间。就像神话中的巨人安泰,他从母亲和地球中汲取力量,宗教不会被那些仅仅抛弃它的人们击败。科

学自然主义的弱点归因于这一事实:它没有如此重要的力量源泉。当解释宗教的生物学来源和激情力量(一个大胆的声称,它并不来源于威尔森的研究报告)的来源时,不能用现有的模式去描绘它,因为进化论否定了对个体来说是永恒的东西、对社会来说是天赋的权利(这当然是真的,但是没有这些因素,人们也能够活得很充实,天赋权利的缺席并不意味着精神成果的威信的缺席,唯物主义就是这样),并且进化论对于人类物种(是吗?)只提出了一种存在主义的意义。人本主义永远都不会享受到精神对话和自我放弃带来的巨大乐趣;科学家不能像教父一样虔诚地服务(但他们正致力于用无偏见的客观性取代这一作用和自我放弃)。所以,该是时候提问了:"是否真的存在一种力量,它能把宗教的力量扔进这项伟大的几乎没有任何力量源泉的新事业(唯物主义科学)的服务中去? 简而言之,是否真的存在一种方法,它能使得科学变得像宗教过去常常拥有、现在对许多人来说仍然如此强大的力量?"

③ 巴枯宁预言,"科学知识分子的统治是所有政体中最专政、最霸道、最傲慢也是最精英的"(S. 多尔高夫,《巴枯宁论无政府》,纽约 1972 年,第 319 页)。与我们同时代的作家们已经肯定了这一预言。丹尼尔·贝尔相信,社会威信的整个综合体将植根于知识分子和科学团体"[《后工业社会的注释(一)》("Notes on the Postindustral Society Ⅰ"),载于《公共利益》(*The Public Interest*),温特 1967 年],而加尔布雷思则坚持"经济生活的力量随着时间已经从过去与土地的联系、与资本的联系过渡到今天与知识和包括技术结构在内的技能的联系"[《新工业现状》(*The New Industrial State*),波斯顿 1967 年]。"知识分子和科学团体"日益拒绝外界的干预——他们说,他们在区别重要和不重要的事情以及判断成果的价值上是最有权威的。科学家和哲学机会主义者渴望成为极右派,并声称科学精神不仅能够保卫科学,而且能够捍卫我们整个人类的生存。

④ 利夫顿(R. J. Lifton)用死亡集中营里的医生们这一极端情形检验了这种"重合"现象[《纳粹医生》(*The Nazi Doctors*),纽约 1987 年,第十四章]。这种现象比他所示的更广泛。他的五位人物中的四位雇用了许多生物学家和社会科学家。五个人全都雇用了医学研究者,他们虐待动物,以便增长知识,也许还能增加人的寿命。"围绕着这些奋斗的全是教授的身份",利夫顿在讨论奥斯维辛的医生们时写道:"最强大的单一模式是事物的技术。正如一位 SS 医生告诉我的,'在奥斯维辛,伦理不作为一个词来应用。医生和其他人只说如何最有效地做事,做得最好的是什么'。"不需要一位 SS 官员来把效率和技术"甜头"置于人类的关心之上。当德国不可能制造原子弹的消息于 1944 年 11 月披露于世时,原子弹不再需要的思想在原子物理学家(他们被签约制造美国原子弹)中间形成。人类能被上帝饶恕,饶恕他们曾经准备制造它。毕竟,不是很多人主张即刻进行引爆。在成功的曙光就在眼前之时,闪电似的迅速放弃这样一个计划,对于那些为实现这个计划已经尽力了好几个月的人来说并非易事[罗兹(M. Rouzé)的《罗伯特·奥本海默》(*Robert Dppenheimer*),纽约 1965 年,第 68 页]。细节可以在理查德·罗德兹(Richard Rhodes)的全面研究著作《制造原子弹》(*The Making of the Atomic Bomb*)中找到。

此书表明,有些科学家,如玻尔和西拉德,认识到核武器将会毁了传统的政治思想,所以建议有所选择。玻尔意识到了危险,也认识到如此大的危险将导致较大的世界性的政治开放(罗德兹称这为"原子弹的补充")。今天,许多科学家朝着核武器积极地工作着。但也有另外的科学家,他们的研究提交给缓和政策。劳伦斯·利弗莫尔国家图书馆总裁对反对全面禁止核试验协定提出质疑,他指出:"武器设计专家将永远留在武器程序里,因为他们不能用实验证明他们的理论思想。"科学家需要继续玩科学游戏,通过最简单和最有效的方式否决和平及生存问题。相似地,星球战的目标通过表明人类知识必须增长而得到解答。在劳伦斯·利弗莫尔国家图书馆,处理星球战的特殊群体坚持奉献的年轻人已经失调的热情。他们把所有的时间和精力都花在科学上,那里没有女人,没有业余的兴趣。他们把所有精力集中在遥不可及的机械问题上……"西方文明整体上是以效率为价值,偶尔会使得伦理宗旨看起来像是"幼稚的"和"非科学的"。在文明和"奥斯维辛精神"之间存在着许多相似性。我不作总结,但是,文明的永恒未来是病态的。这并不比被大亨和显贵者如此自由地运用的"非理性"和"缺少科学基础"更加英明,当然也不会更具启发性。人类生活及其造成的问题的许多迹象是不能通过称呼而得到解决的,西方文明就是其中之一。

⑤ 支持早期中国针灸医生的人似乎来自这样的群体,他们反对用解剖和侵入的方法进行治疗和诊断,因为他们视人类身体为神圣的。

⑥ 分离事实、价值和理想当然是一种诡计。事实是由过程组成的,过程包括价值(在事实和合理地假定了某一世界规则——在一个荒谬的世界里,非传统法则是荒谬的——的原理的作用下的)及其变化。我用这个诡计简化了讨论。这限制了我的论证,因而对于客观价值的捍卫者来说应当可以接受。

⑦《科学和道德优先性》(*Science and Moral Priority*),韦斯特波特1985年。引文摘自第72、6、32、75页。

⑧ 所以,威尔森希望由反规则的表象引起的知识的刺激去建立科学。人性(被学究地建立的)作为反规则而被接受,非学究的思想和观点不被接受。

⑨ 对于"新知识是与生俱来的"这一认识的危险性,非科学文化也可以有一个比较清晰的构想。大量的谣言告诉我们,知识分子只是近来才认识到这一点,但不是没有提出过抗争——信息与它的起源环境相分离具有毁灭性的倾向,没有反响,自然的进程就不能改变。

⑩ 我的意思不是说,在本土社会一切都运行良好,外界援助从来不需要。寄生病害、疾病感染、资源短缺构成了大量问题,其中有些被西方医疗机构所缓解。没有完满的社会,正如没有完美的身体。但是,我所批评的作者走得太远了,他们不仅假定帮助是必需的,他们视它为理所当然,还认为在西方文明尤其是西方科学的发展方向上的任何一种变化都与改进密切相联。这当然是不真实的。

⑪ R. C. 莱温汀,斯蒂文·罗斯(Steven Rose),卡明(L. J. Kamin),《不在于我们的基因》

(*Not in Our Genes*)，纽约 1984 年，第 245 页。这些作者批评了社会生物学，他们批评它肤浅，不是因为它把理论置于个体决定的位置上，但是即使最深刻的理论也只能叙述它在过去具有多么特别的价值，它不能预言这些价值在新的、不能预见的环境里是如何发挥作用的。为了找到将来的结果，我们不得不转而求助于那些正在运用价值的人，我们不得不请求他们作出他们自己的判断。

⑫ 正如任何过程一样，程序是有些例外的。疾病蔓延和迅速扩散的发生可能要求那些掌权者以及认为他们具有应付这一紧急事件的知识人士作出迅速而残酷的行动。我的观点是，这样的情形应被当作例外处理。当地的会诊应尽可能充分地实施，在危险下降的时候应重新恢复。

镇压和大屠杀是另外两个例子，在那里干预也许是必需的。但是假定的救星们必须认识到，他们只能依赖他们自己坚定的信念，当他们的努力失败时，当事情变坏时，或者被他们的子孙进行道德舆论谴责时，这一非"客观"的价值将为他们带来解脱。我们谴责奥斯维辛，我们中有些人谴责杜鲁门选择把原子弹投放到广岛和长崎的决定，因为我们就是这种人，不是因为我们有一根直接连接上帝的线。

⑬ 在《自由社会中的科学》(*Science in a Free Society*)第 29 页，我呼吁一种在本书中所描述的"开放的交流"。"在集体地决定一个结果时，至少存在着两种方式"，我写道，"我把它们称作指导性的交流和开放的交流。在第一种情形中，部分或所有的参与者采用一种被严格限制的传统并只接受与该传统的标准相一致的那些反馈……而开放的交流是另外一回事，它受实用主义哲学指导。被政党们所采用的传统一开始是没有限制的，它随着交流的展开而发展。参与者深深地融入彼此的思维、感觉、知觉方式，发展下去他们的思想、认识、世界观可能发生完全的改变——在一个新的、不同的传统里他们变成了不同的参与者。开放的交流尊重参与者，不管他是个体还是一种文化。而理性的交流承诺只尊重理性论辩的构架内的人，开放的交流没有研究规则，尽管它可以发明它们；没有逻辑，尽管在它的过程中逻辑的新形式可能出现。"

有些客观主义哲学家现在相当接近这个观点。哈贝马斯承认[《哈贝马斯、自治与团结》(*Habermas*, *Autonomy and Solidarity*)，伦敦 1986 年，第 205 页]，当企图为"某一给定历史环境下的这类社会设计机构时"，哲学家必须加入到市民中去，"从一开始就在共享的传统界线内活动"。而且，"道德哲学家必须放下本质问题(道德问题)，自始至终去参与……或缝补规范理论的认识声明"。但是，他仍然认为"存在着道德概念的普遍核心"，这可以通过"一篇有价值的怀疑主义和有价值的相对主义的评论文章"表明，它们只是次要的、临时的文化外衣。毋庸多言，关于殖民主义、发展或帮助干预的实际争论将不会被这些信念所影响——所以我们可以把它暂时放置一边，希望由它引起的内在的哲学争论将变得足以让哲学家们抵御更大的事件的干扰。

⑭ 科学地满足音乐的结构或基础对于音乐爱好者的耳朵来说听起来常常是可怕的。当

然,今天技术的声音本身已经变成了衡量优点的尺度。

⑮ 附加的文献在注⑨中已经给出,见沃茨(M. Watts)的《寂静的暴力》(*Silent Violence*),贝克莱和洛杉矶1983年。

⑯《美国医学的社会转型》(*The Social Transformation of American Medicine*),纽约1982年。

⑰《医学及技术的兴起》(*Medicine and the Rise of Technology*),剑桥1978年。

⑱ 详见施赖奥克(R. H. Shryock):《现代医学的发展》(*The Development of Modern Medicine*),麦迪逊,威斯康星1979年,第319页。

⑲ 比较《伦敦图书回顾》(*The London Review of Books*),1983年2月12日—3月2日,第3页。

⑳ *The Youngest Science*,纽约1983年,第29页。

㉑ 见瓦伦斯坦(F. S. Valenstein)的《伟大而绝望的治疗》(*Great and Desperate Cures*),纽约1986年。

㉒ 我引自柯亨(M. Cohen)的《约翰·斯图尔特·穆勒的哲学》(*The Philosophy of John Stuart Mill*),纽约1961年,第258页,第268页注,第245页注。

㉓ 详细请参阅我的《哲学论文》第一卷,第144页注。我这里所讨论的方法论情形在诸如"基因牢牢地控制着文化"这样的陈述中不起作用(威尔森:《人类本性》,哈佛大学出版社,哥伦比亚,马萨诸塞1978年,第167页),这类陈述看起来似乎只是暗示对人类智慧的"客观"限制。如果基因确实控制着文化,那它也只有通过如下行为才能被发觉:就好像这些限制根本不存在。不存在割裂的观点,要不然,诸如此类的检验会阻止"客观的"意识(当然,"主观地看",人们不久就会厌倦无聊的选择)。参见我对巴甫洛夫的评论,在我的《哲学论文》第一卷,第六章,第九节和第五章,第三节。

㉔《解决问题的艺术》(*The Art of the Soluble*),伦敦1967年,第114页。

㉕ *A Slot Machine*,*A Broken Test Tube*,纽约1985年,第123页。

㉖ 卡皮扎(Piotr Kapitza)在剑桥时,在他的图书馆的正面装饰着一条鳄鱼,有人问他这是什么意思时,他回答道:"这是一条科学的鳄鱼。鳄鱼不能转动头,就好像科学必须在所有被迫害的犹太人的帮助下才能前进。"参见罗兹的《罗伯特·奥本海默》,纽约1965年,第12页。

㉗ 摘引自我的论文《什么叫合乎科学?》,载《科学划界问题》(*Grenzprobleme der Wissenschaften*),费耶阿本德和托马斯合编,苏黎世1985年,第385页,以及本书第187页。

㉘ 本源论思想令人厌恶,因为它接近宗教创世说。它被伟大的天文学家和自然科学家A. S. 爱丁顿称为"反感"(《自然》第127期,1931年,第450页)。霍伊尔在《在宇宙论和别处中的事实和信条》(*Facts and Dogmas in Cosmology and Elsewhere*)一书中反对,"遵循犹太—基督教神学的宇宙论者相信,总有东西创造了整个宇宙"。就我所看到的现代宇宙学的最新成果来看,《圣经》创世说里想象多于现实。但是这种想象的相似性不会成为研究的绊脚石。

互补性思想是由玻尔(Niels Bohr)在《原子物理和人类知识》(*Atomic Physics and Human Knowledge*,纽约 1963 年)中解释的。戴尔布鲁克的讲座《意识来源于物质吗?》(*Mind from Matter?* 布莱克韦尔 1985 年)第十七、十八章讨论了它的结果;彼得·费希尔用生物学解释了戴尔布鲁克对互补性现象(不成功)的研究;博姆(David Bohm)在《整体性及其暗含的规则》(*Wholeness and the Implicate Order*,伦敦 1980 年)中提供了一个他自己的解释。

需要运用主体性作为研究的一种结构,这一点由 K.洛伦兹在《人性的衰退》(*Der Abbandas Menschlichen*,慕尼黑 1983 年)一书的第四章中得到强调的。

㉙ 例子之一是尼达姆(Needham)关于中国科学和技术的多卷本的研究;尤其参考他关于中国医学的著作 *Celestial Lances*,剑桥,马萨诸塞 1981 年。关于"原始的"文化,请参看列维-施特劳斯的《野性思维》(*The Savage Mind*),这个领域还现存着很多文献。亚历山大·马沙克(Alexander Marshack):《文明的根基》(*Roots of Civilization*,纽约 1972 年);德桑蒂拉纳和冯·德肯特的《哈姆雷特的工厂》(*Hamlet's Mill*,波斯顿 1969 年),本书接受了更现今的对旧石器时期艺术、技术和天文的研究成果。

㉚ K.洛伦兹在他有趣而富于挑战性的书《文明人的八大罪孽》(*Die Acht Todsünden der Zivilisierten Menschheit*,Piper 1984)第 70 页中写道:大量的错误信念,如只有什么才能理性地把握,或只有什么才能用科学的方法被证明为是人类扎实知识的构成要素,都具有灾难性的后果。它促使"被科学地启发"的年轻一代忽视了知识和智慧的巨大财富,此财富是由每一个古文化传统以及伟大的世界宗教的教师构成。不管是谁思考它们,都是毫无意义的,当然是屈服于别人的,与生活在相信科学作为一个实体当然能够用理性的方法创造整个文化及其组成要素这个坚定信念同样是有害的错误。

彼得·梅达沃[《给年轻科学家的建议》(*Advice to a Young Scientist*),纽约 1979,第 101 页]写道:"理性主义回答不了许多简单和幼稚的问题,这些问题是人们喜欢问的:诸如经常被轻蔑地斥责为不是问题或假问题的关于起源和目的这样的问题,尽管人们足够清楚地理解它们并早就盼望着它们的答案。这些是知识分子的心病,理性主义者——如蹩脚内科医生面临着他们无法诊断和治疗的疾病——易于斥责其为'想象'。"我在这一节试图表明的是,有关科学价值的问题恰恰是这类"想象"的问题。

把所有这些与威尔森的认可(见注②)作比较后得出,科学唯物主义缺乏重要的理解尺度和道德上吸引人的世界观。也表明诸如康德这样的哲学家试图通过表明基本的科学原理是如何侵入人类本性因而扎根于生活中来拯救科学的世界观特征(Popper, our own mini-kant, and the proponents of an 'evolutionary epistemology', repeat the procedure on a more pedestrin level)。

㉛ 克里斯蒂安·贝(Christian Bay):《自由的结构》(*The Structure of Freedom*),纽约 1968 年,第 367 页。

㉜ 康德要求把人类当成一个结束而不是一个部分看待,这意味着"以如下方式行动:不管你

指自己还是别的人,你总是把人类看作一个结束,而从不看作一个部分《奠定道德的形而上学之基础》(*Grundlegung der Metaphysik der Sitten*,1786,pp. 66f.)。这个要求有一个特别著名的祖先。在 1500 年 6 月 20 日,西班牙的 Catholic Crown 正式推行自由,而不是对印度来说的奴隶制。R. 爱默里评论如下:"这是多么值得纪念的日子啊,因为它标志着尊严的首次认可归于所有人,不管是多么重要的人还是不文明的人,他们都是。从来没有一个原则被立法公布过,更不用说在哪一个国家实践过[引自刘易斯·亨克(Lewis Hanke)的《所有人类是一》(*All Mankind is One*),迪卡尔布 1974 年,第 7 页]。

㉝ 这些表明了解决一个因为有些批评者的普遍化倾向而导致的问题。"如果所有的传统都有平等的权利",这些批评者说,"那么,只能由一个传统掌权,这一传统将拥有与所有其他传统一样的权利——这使得 R3 毫无意义!"但是,R3 不是一个"需要"结果的原理;它是通过其应用以及通过与结果相分离而不"需要"任何东西的第一规则。

㉞ 援引自 A. D. 塞林科特的翻译本,企鹅书局 1954 年。

㉟ 差别性影响翻译。在第一种情形中,翻译必须运用精确的短语,例如,它必须明白无误地表明,人类是意指一群特殊的人,还是普遍意义上的人类,抑或一理想化的思想和判断。在第二种情形中,一种宽松和结论开放的翻译总是有效的。这些问题由冯·弗里茨在《普罗泰戈拉》(《希腊逻辑学文集》第一卷,斯图加特 1928 年,第 111 页注)一文中得到描绘。古特里亚关于哲学的评论(《希腊哲学史》,第三卷,剑桥 1969 年,第 188 页),以及查勒斯·卡恩的《希腊动词 to be 和存在概念》(《语言基础》第三卷,第 251 页注)以及《动词 be 在古希腊》(多德雷赫特 1973 年,第 376 页)已提出对于"Man measures what is so (is the case) that is so (that it is the case) etc."的翻译,尽管有多种争论。

㊱《古代医学》(*Ancient Medicine*),第十五章和第二十章,引自第六节后。

㊲《论艺术》(*On the Art*),第五章。

㊳ 琼斯(W. H. S. Jones),《希波克拉底》(*Hippocrates*),第二卷,洛布经典图书馆,剑桥 1967 年,第 263 页。

㊴ 参见艾伦伯格(V. Ehrenberg)的《阿里斯托芬的人们》(*The People of Aristophanes*),纽约 1962 年。

㊵ Kahn, *The Verb Be*, Dordrecht 1973, p. 363; cf. pp. 365, 369. For what follows see also Ch. 2 of Felix Heinimann, *Nomos and Physis*, Basel 1845 and Kurt von Fritz, 'Nous, Noein and their Derivatives in Presocratic Philosophy', *Classical Philology*, Vol. 40 (1945), pp. 223ff; Vol. 41(1946), pp. 12ff.

㊶ 蒂尔－克兰茨(Diels-Kranz),《片段》B9。根据莱因哈特(V. E. Alfieri, *Atomos Idea*, Florence 1953, p. 127),*nomo* 这个词在结构上与巴门尼德的 *nenomistai* 得到一致的运用,后者转而(Heinimann, *op, cit.*, 74ff)被理解为"被许多人习惯性地相信"(但是不对的)。

㊷ 希腊哲学中的短语"许多"经历了从休谟到亚里斯多德的发展(参考 Han-dierter Voigt-
lander,*Der Philosophe und die Vielen*,Wiesbanden 1980)。"没有人能否认",V. 爱伦堡(*From
Solon to Socrates*,Methuen,London and New York 1973,p. 340)写道:"句子 R5 及其翻译是清
晰和有意义的,它需要进一步的解释,更不要说观察……可能普罗泰戈拉在主观意识上走得太
远了……主要观点——一个清晰的、正面的,另一个眼下或总是强迫人的——是 *metro anthro-
pos*,是给予了人的中心地位。"我补充说:是给予被他的通常的日复一日的活动约束的人,而不
是抽象理论的发明者。

㊸ 这个解释是由 E. K. APP(*Gnomon*,Vol. 12,1936, p. 70ff.)提出的,冯·弗兰茨采用了
卡普的观点,在他的文章《普罗泰戈拉》中,他把普罗泰戈拉的陈述与《古代医学》的作者的抱怨
进行了比较,后者抱怨医学理论者用抽象的词来描述疾病和治疗,如冷、湿、干等,而对于被建议
食用特殊的食物(热牛奶? 温水?)以及感染病人的特殊疾病(痢疾)不置一词。认识到这种一致
性后,冯·弗兰茨指出,普罗泰戈拉的陈述"一开始并不是被设计来符合感觉论者、相对主义者
或主观主义者,而毋宁说是想面对陌生的爱里亚学派的哲学家(根据爱里亚学派,存在是没有部
分、没有变化的),或者赫拉克利特(根据他,只存在变化)等人,他们把公有制想法远远地置于重
实际的哲学家之后,正如《古代医学》的作者,他面对一所医学学校,它起源于普遍的哲学原理和
科学原理,附带经验主义医学,再模糊地加上"医学理论只有得到外行的理解才具有价值"如此
这般的话。也参见康福德(F. M. Cornford)的《柏拉图的知识理论》(*Plato's Theory of Knowl-
edge*),纽约,1957 年,第 69 页。"所有的反对都建立在'知觉'必须被延伸到包括记忆想象的认
识上。"

㊹ *The Constitution of Liberty*,芝加哥 1960 年,第四章,第 54 页。

㊺ 参见伯克哈特(J. Burkhardt)的《希腊文化史》(*Griechische Kulturgeschichte*),慕尼黑
1977 年,第四卷第 118 页。

㊻ 被影射的问题形成了一个大主题,对它我们只能慢慢地去理解。例如,越来越明显,有
些所谓的"第三世界"国家的困难可能是西方操纵理性的结果,而不是最初的土地贫瘠引起的,
也不是不会打理土地引起的。西方文明的扩张剥夺了许多当地人民的尊严及其生存意义。战
争、奴役、屠杀很长时期都是对待"原始人"的正当方法,但是人道主义者总是不比刽子手们过得
更好些。

㊼ 作为一个例子,可考虑许多方法,运用这些方法,弗洛伊德派、存在主义者、基因主义者、
行为主义者、神经生理学家、马克思主义者、神学家(意志坚定的天主教教徒;自由主义神学家)
都对人的本性作了定义,他们对这个主题作了大量不同的建议,如教育、战争、犯罪等。

㊽ 罗伯特·琼克(Robert Jungk)在一本非常有趣而富有挑衅性的关于核威力的书《新专
制》(*The New Tyranny*,纽约 1979 年)中报道,市民常常比科学家提供更好的相关文献,因为他
们具有不同而广泛的兴趣(例如,他们对其孩子将来能生活得好些感兴趣),他们有可能思考还

没有被科学家检验的结果。关于市民本能的作用,一个具体的例子在 R. 米哈姆(Meehan)的《原子和错误》(*The Atom and the Fault*,剑桥,马萨诸塞 1984 年)一书中得到了检验。

㊾ 有些现代的自由主义者给外国文化以特权,以便让他们参与国际性交流;认可西方医生,以便给他们看病;认可西方传教士(科学的以及其他宗教的),以便后者向他们的子女解释科学和基督教的疑问。但是,在和平的英联邦,其成员彼此学习,因而其知识和认识能不断地上升到新的阶段,它的思想不能被喜欢独处的裨格米人(举例)分享(C. M. 特伯尔,《裨格米人的教训》,载《严谨的美国人》(*Scientific American*)208(1),1963)。像卡尔·波普尔这样的理性主义者(《开放社会及其敌人》,第一卷,纽约 1963 年,第 118 页)对此不反对运用强迫:人类要走向成熟,不得不通过"帝国主义的某种形式"进行强制。我认为科学和理性的成果不足以辉煌地证明这样一个过程。

㊿ 考夫曼(Y. Kaufmann)在他的《以色列宗教》(*The Religion of Israel*)一书中描绘了以色列的文化环境(第六章)以及关于下列事实的评论:"尽管整个《圣经》文化是深刻转变带来的产物,但是关于转化的过程,《圣经》什么也没有说。""《圣经》对异教徒含义的无知",他写道,"是……理解《圣经》宗教的……基本问题。"尽管它也是表明下列这一点的"最重要的线索",即这个转变还没有导致异教诸神的力量的失去,只是导致他们的完全消失:"《圣经》没有否定过诸神的存在,它阻止他们。与哲学家攻击希腊流行宗教相比,与后来的犹太教和基督教的争论相比,没有迹象表明《圣经》宗教慎重地承担了压迫和诋毁神学的任务。

另一方面,圣保罗把异教诸神称为恶魔。

诺斯替教是一种复杂的宗教,它的理论和神学是人类心智最多彩的产物之一。巨大的裂痕把世界分裂成很多部分:参见格兰特(R. M. Grant)的《诺斯替派和早期基督教》(*Gnosticism and Early Christianity*),纽约 1966 年。

把现象上升为一些原理在部分物理学和行星系统的天文学里取得了成功,把它延伸到医学却是一个灾难。施赖奥克在评论企图把医学改变成为与行星天文学相一致的医学家时,在他的《现代医学的发展》(威斯康星大学出版社 1936 年,第 31 页)一书中写道:"附加他们无效的逻辑,系统论者展示了他们个人失败的特征。这些是自大、骄傲,往往是在作为艺术创造的系统里存在的,他们热衷于建立这样的系统,用来传播一种新的福音,向往着用它来反对所有的外来者。这些说明了有些医生满足于没有职业争论。很明显,如果一位哲学家是对的,那么其他人都是错的,而在这样的情形下去限制一个人的感觉是相当困难的。医学领域里的教条主义比起理论领域里的教条主义来具有更少宽容……"

(51) Kurt von Fritz, *Philosophie und Sprachlicher Ausdruck bei Demokrit, Platon und Aristoteles*, Neudruck Darmstadt 1966, 11. 也可参考 Bruno Snell, *The Discovery of the Mind*, New York 1960. 也可参阅扩展了的第四版 *Die Entdeckung des Geistes*, Göttingen 1975. 对此的解释可见 E. G. Forrest, *The Emergence of Greek Democracy*, London 1966.

㉜ 从他的思想与存在的身份看,这变得非常清晰。这一身份在古希腊是习俗,但巴门尼德首次把它当作理由去反对文化机会主义。

一个现代信仰的版本,即有些传统不比另外的更好,却具有完全不同的种类并单独给予我们知识。这个版本是在冯·德沃尔顿(van der Waerden)的《科学觉醒》(*Science Amakening*,纽约1963年,第89页)一书中被发现的。他描绘了不同的方法,运用这些方法,巴比伦和埃及数学家计算出了圆的面积。他问:"泰勒斯是如何区别计算的精确、正确方法和近似、不正确的方法的? 显然,通过证明它们,通过把它们纳入逻辑严密的系统中去!"

㉝ 《寻求结构》(*A Search for Structure*),剑桥,马萨诸塞1981年。带有解释的图片展览被出版在《从艺术到科学》(*From Art to Science*)一书中,麻省理工大学出版社1980年。古老的著作有:戈登·奇尔德(Gordon Childe)的《欧洲社会前史》(*The Prehistory of European Societies*),哈蒙斯沃思1958年,以及辛格(C. Singer)、霍姆亚德(E. J. Holmyand)、A. R. 霍尔合编的《技术史》(*A History of Technology*)第一、二卷,牛津1954年、1956年。

㉞ 埃摩顿(N. E. Emerton):《形式的科学再解释》(*The Scientific Reinterpretation of Form*),康奈尔大学出版社1984年。也可参考 C. S. 史密斯在 *Isis*, Vol. 76(1985), pp. 584ff, esp. p. 584 中的回顾:"人们能看到,今天的量子论和固态理论是关于物质和形式的重要性的一系列重要争论链中的一部分,物质和形式的重要性问题始于柏拉图和亚里斯多德,它从实践(经验主义的)上升到高度理论性概念,然后又回了过来。"

㉟ 它们是非常相似的"经验主义和无系统的"传统的一部分。对此,哈耶克在他关于自由的讨论中与(哲学的或科学的)系统创建者作了比较。《自由宪章》,第54页。

㊱ 蒂尔-克兰兹:《片断》B125。

㊲ 蒂尔-克兰兹:《片断》B26。

㊳ 这里"出现"一词不必被过于狭义地解释。例如,它不必被解释为暗示了一种素朴感觉主义。"在观念中出现"仅仅意味着:成为某一传统的部分。对以下意义的争论是由高尔吉斯在他的专著《论非存在》(*On the Non Existent*)或《论自然》(*On Nature*)中提出的。争论确立了:一个传统中独立地存在的存在是非存在。诡辩论者首次(在西方)意识到存在和观念之间的密切联系。

㊴ 细节和文献请参见我的《反对方法》一书的第十七章。宗教在15世纪雅典的作用在韦伯斯特的《雅典文化与社会》(*Athenian Culture and Society*)一书(加利福尼亚大学出版社1973年,第三章)中得到阐述。

㊵ 威奇克拉夫特,《阿赞德人的神谕和魔术》,牛津1973年,pp. 319f. 第二个标志来源于第270页。神谕对于"理性的讨论"有许多好处,它们不会令那些运用它们的人厌倦,它们会让会诊医生还没有说出的重要事情真相大白。另一方面,一个延伸的理性主义讨论可能是混乱的和令人厌倦的,它把参与者转化成一部机器。他们像神谕一样行动,但没有力量,他们坚信他们仍

然是命运的主人。

(61) 同样,哥白尼批评存在的行星系理论,因为它们承认"完全与数据一致"。《评论》,引自E.罗森主编,《三条哥白尼定律》(*Three Copernican Treatises*),纽约1959年,第57页。

(62) 埃伦霍夫特和密立根的这一情形在霍尔顿(G. Holton)的《物理学中的历史研究》(*Historical Studies in the Physical Sciences*)第六卷中被讨论,见R.麦考密克,L.佩伊森和R.S.特纳编,约翰·霍普金斯大学出版社1928年,第161－214页。摩根对萨顿－波瓦里(Sutton-Boveri)的遗传染色体理论的反对,见迈耶(E. Mayr)的《生物思维的增长》(*The Growth of Biological Thought*),剑桥1982年,第748页注。迈耶的书包含了许多方法的例子,运用这种方法,应用不同证据的不同研究传统将得出关于被他们含糊地视为"同一事物"的不同结论。因而,他反对把科学历史解释成一系列一致的范例。对它的引用来自彼得·费希尔(Peter Fischer)的《光和生物》(*Licht and Leben*),康斯坦茨1985年,第141页。也可参考福克斯－凯勒(Fox-Keller)的《生物的感觉》(*A Feeling for the Organism*),旧金山1983年。门诊统计学是在保罗·米汉(Paul E. Meehl)的《门诊统计学展望》(*Clinical vs. Statistical Prediction*)(明尼阿波利斯1954年)中阐述的。关于衡量人类价值的"客观"尺度的一个更广泛的讨论,请参见莱温汀(Lewontin)、罗斯(Rose)、卡明(Kamin)的《不在于我们的基因》,纽约1984年。也可参见古尔德(Gould)的《人不是衡量万物的尺度》(*The Mismeasure of Man*),纽约1981年,以及斯坦利·瑞斯尔的《医学及技术兴起》,剑桥1978年。包含一个关于直接检查人体的治疗者和喜欢"客观地"试验的理论家之间挑战性的对抗,见N.E.埃摩顿的《形式的科学再解释》,康奈尔大学出版社1984年;也可参见C.S.史密斯的《寻求结构》(麻省理工大学出版社1981年)第五章。

艾伦伯格在《人和生命》(*People and Life*)(1891－1917年回顾)第8页关于"法国大革命"如此写道:"作者传达给子孙后代的图景是形式化的,有时与真相完全相反……有时人们谈到'巴士底狱暴动',尽管事实上并没有人在那儿发动暴动——1789年7月11日在法国大革命中仅仅是一个小插曲。巴黎市民毫不费力地进入了监狱并发现监狱里只有小部分犯人。但就是巴士底的这次攻占变成了革命的国际性假日"(请对下列强调进行比较:特殊日子、特殊事件、"科学史"中的发现、诺贝尔奖的准备)。在被标准化的版本和"实际事件"之间的大量差异请参见乔治·派诺德(Georges Pernoud)和S.弗莱瑟尔(Fleissier)的《法国大革命》(*The French Revolution*,纽约1960年)一书。爱森斯坦在准备他的《波将金》(*Potemkin*)一书时非常清楚,历史不得不被改变以便变得激动人心和富有意义。拉克托斯认识到在科学中同样如此。

(63) 在古典达尔文主义者看来,机体论者通过他们的行为去适应被独立地给予的世界。"外部环境通过其自身的某种动力得到改变以及外部环境被机体论者所追踪这一简单的观点,没有考虑到机体论者对环境造成的结果……机体论和环境实际上是不可分割的,环境并不是一种结构外加生物,而实际上是这些生物的创造物。"R.莱文斯和R.莱温汀:《带方言的生物学家》(*The Dialectical Biologist*),剑桥,马萨诸塞1985年,第69、99页。详见本书第二章和第三章。

㉔ 休谟在《人类本性论》(*A Treatise of Human Nature*)第一册［迈克纳伯(Macnabb)编，纽约 1962 年，第 236 页注］中对这一情形描述如下："理性首先出现在拥有君王、立法、外加的普遍真理这些具有绝对权势和权威的地方，因此她的对手被迫躲在她的保护伞下，运用理性的论辩去证明谬误和无理，用某种方式产生她控制下的专利及其象征。这个专利一开始具有一个权威，与它的来源——现存的和即时的理性权威——势均力敌，但是因为人们猜测它与理性相矛盾，它的控制力渐渐减弱，同时它自身的力量也减弱，直到最终两者都消失殆尽。"

㉕ 当然，这是我的意图。许多读者将会在我的论证中发现错误。但是他们不能批评我假定了客观的原理，因为他们就是这么做的。我可能很糟糕地运用这些原理；我可能运用错误的原理；我可能从它们那里得出错误结论，但我打算运用它们作为修辞学的起源，而不是作为知识和论证的客观基础。另一方面，名副其实(对他来说)的理性主义者将不得不读我的"客观的"理由和模糊的结论。

㉖ 《论罪恶的根源》(*Über den Ursprung des Übels*，1750 年版)，第二卷，第 184 页。参见洛夫乔伊(A. Lovejoy)的《思想史论文集》(*Essays in the History of Ideas*)，巴尔的摩 1948 年，pp. 78ff, esp. 86f.

㉗ 正如波普尔的其他成果一样，他的错误并不是新近的，早在柏拉图和亚里斯多德那里，这种错误就已经被发现。柏拉图从他的论证之一出发，运用普罗泰戈拉的如下说法来反对普罗泰戈拉："他说，人人都想其所想。"他指出，很少有人乐意接受这个说法。大多数人依赖专家。对他们来说，真理是专家提供的。所以对于已经发表关于衡量真理和存在的尺度的意见的普罗泰戈拉来说，他必须承认他的说法是错误的。争论就此结束。这个争论包含从"being for"或"true for"到"being"和"true"，因而没有推论。

亚里斯多德在讨论非传统原理时列举了违反它的哲学家。他写道："普罗泰戈拉的话就像我们已经提到过的观点；他说人是万物的尺度，仅仅意味着看起来好像每个人确实如此。如果确实如此，它同样能推出是和不是、坏和好以及任何相反陈述的内容都是真的。"但是也不是绝对的，正如柏拉图清晰地说过的，普罗泰戈拉曾发现一个例外。

㉘ *Reason, Truth and History*，剑桥 1981 年，第 114 页。

㉙ 我在《自由社会中的科学》一书第 83 页中明确地拒绝了它。

㉚ 详见布莱克(Carmen Blacker)的《日本启蒙》(*The Japanese Enlightenment*，剑桥 1969 年)。其政治背景请参见理查德·斯托里(Richard Storry)的《现代日本史》(*A History of Modern Japan*)(哈蒙德斯沃思 1982 年)。

㉛ 尼达姆(L. Needham)：《传统中国的科学》(*Science in Traditional China*)，哈佛大学出版社/香港中文大学出版社 1981 年，第 3 页和第 22 页注。

㉜ 细节和更进一步的文献请参见我的《反对方法》一书第十七章，也可参见我即将出版的《理性的陈规》(*Stereotypes of Reality*)一书第四、五章。

第二章　理性、色诺芬尼和荷马诸神

　　理性主义正在征服地球上越来越多的地区。教育把它们不停地灌入"文明"国家的儿童们的大脑里,其发展照顾到了那些"原始的"和"落后的"社会,使它们可以从中受益。武器研究,是项国际事业并独立于政治关系,将理性主义引入权力的中心,即使最小的计划也必须适应科学的标准从而变得可以接受。这种趋势有一些优点,但同样也有严重的缺点。比如"发展",常常引起它现在所力图避免的匮乏,破坏了支撑着许多人生活的制度和文化。许多批评家在反对科学力量的更深入扩展时,脑中想到了这些缺点。他们考虑到生命的问题。他们希望消除饥饿、疾病和恐惧,但他们也意识到基于科学的技术的危险:他们为和平和与我们自己不同的文化的独立而努力,他们否认科学的理性主义可以达到这些目标。

　　对于当前的趋势还存在着另外的和更难以理解的批评家。他们几乎不曾降格讨论比如卫生和核战争的可能性之类的无产阶级的话题。他们对生命、女人、男人、儿童、狗、树、鸟的日常存在不感兴趣。他们关心的是特殊团体的权力,他们指出,这种权力作为科学扩张的结果而受到非难。比如现在的人文学科与自然科学相比没有什么价值,被称作

"神话"的那个东西已经失去了许多影响力。评论后随之而来的是一些建设性的建议:给人文科学更多的资助就能获得神话般的生活品质!

这个建议假定,在具有人造范畴的纯粹思想和神话或诗人的幻想之间有着显著的差别,后者将人类的生活作为整体来领会并赋予它意义。在这个假定中,批评家们忽视了这个差别本身就是一个理性的差别。他们批评基于首先被理性引入的范畴的合理性。荷马没有区分理性和神话、(抽象的)理论和(经验的)常识、哲学和诗歌。现代的难以理解的思想家们脑中的"神话"和"诗人的幻想"是否可能只是故弄玄虚? 他们想让过去的轻松岁月复活,想让生活丰富多彩吗? 一个人如不利用理性的方式去判别,他会对这个世界的现象和它所包含的信念和制度作出什么样的反应呢? 这些是当我面对爱时问自己的部分问题,一些学者表示他们对此想到的只是些旧事物。为了寻求答案,我翻看了一下历史并验证了针对传统的"理性的"批评是从什么时候开始进行的,他们的评论是如何得到的。我尤其分析了色诺芬尼所说的关于他那个时代的传统。

色诺芬尼是西方最早的学者之一。像他的许多后继者一样,他是一个自夸的喋喋不休的人。与他们不同的是,他有相当大的魅力。他并没有发表过什么结构精致的辩论——这是亚里斯多德称他有点笨拙并劝告读者们忘记他的原因——但说过许多令人印象深刻的隽语。他走遍了希腊和爱奥尼亚,吟唱着古老的传说,但他也批评和取笑它们。"他,一个6世纪的希腊人,敢把传统故事作为杜撰而抛弃!"H.弗兰克尔写道。[①]他仍用着古老的形式,比如叙事诗体和挽歌体。H.弗兰克尔提到的片段如下:

> 洁净的地面,洁净的手和杯子;新编好的花环被男孩戴在头上。
>
> 他人拿着用小瓶保存好的芳香的香脂,碗里有等待着我们

的极大的喜悦；

一种与众不同的酒，带着愉快的承诺，味淡而带着甜香，

就在那个罐子里。

而在中间，香料散发着圣洁的清香；

这里有清凉的水，满眼都是甜蜜和清澈。

看那些金黄色的面包，在那华丽的桌子上，

溢出大量的芝士和蜂蜜。

中间是一张放满了鲜花的祭坛，节日的欢歌在房中萦绕。

但首先做的是排列整齐的人们向神献上祭品，并说着应景的纯洁的话和一些故事。

然后，常规的祭酒和为力量的明智的行为祈祷。

（最重要的事，比其他事都在先的是）

酒是不限量的——免费供应。

只有老人们酒后需要一个奴隶扶回家。

我赞扬那个人，饮着酒，仍能记住他获得的成就和他应遵守的德行。

不要让他告诉我们泰坦神族和巨人们或甚至人马指挥的战役——我们父辈的幻想；

或市民的冲突——这是不常有的事。

但一个人应该总是向诸神表示尊敬。

这首诗有几个有趣的特点。首先，背景：这是一个有点克制的聚会，在那儿人们想到的是神并且不能喝得过量。一些诗人，像阿尔喀尤斯（Alkaeus），赞成为自己而饮酒，正如莱丁斯（Lydians）说的，"他们中的一些人如此堕落，烂醉如泥，既看不见日出也看不见日落"（雅典娜斯对第三片段末的释义）。色诺芬尼建议他饮酒的同伴要适度饮酒，这样只有

老人需要奴隶扶回家。他们把这个片段归功于这些精确的判断：生活在公元前 1 世纪阿塔拉的医生雅典娜斯注意到它们与医学的关联，并在他的关于饮食学的书中引用。

　　第二个有趣的特点是谈话的内容。它们与战争或叙事诗的主题无关，而是关于参加者的个人经历——"他们获得的成就和他们应遵守的德行"。依据色诺芬尼，这些事既没有被荷马(他即使在民主的雅典也是正式教育的基础②，也没有被现代体育运动的爱好者们所推进：

　　　　让他飞速奔跑以击败他人；

　　　　让他以五种方式在奥林匹亚之神的树林里胜出，这里靠近圣水；

　　　　让他搏斗，或掌握拳击这项痛苦的职业或参加可怕的比赛，

　　　　像潘克雷逊一样为人所知——在邻居们的眼中伟大将是他的荣誉。

　　　　在战斗和比赛中，他将得到冠军。

　　　　他可以吃任何他想吃的东西，而且由众人出资；

　　　　人们将用礼物淹没他，永久财产是他应得的，就算他是用马圈的地，

　　　　他，一个比我低等的人。

　　　　因为我的智慧远远优于人们和飞奔骏马的野蛮的力量。

　　　　不，这种把看上去坚强的力量置于有用的成就之上的风俗是不理智并不应被鼓励的。

　　　　拥有一个优秀的拳击手、一个五倍的竞争者、角斗的胜利者，

　　　　或一个在所有参加比赛的职业选手中绝对是最受赞扬的赛跑者，

　　对城市来说能获得的东西很少。

　　城市从在比萨举行的比赛那里只能获得短暂的喜悦，因为
胜利不能填满市镇的仓库。

　　"这些人（运动员）贪食的方式并不使我们吃惊"，雅典娜斯写道（他
也保留了这一片断），"比赛中所有的参加者被邀请吃很多并进行很多的
练习"。把他们树为榜样并尊敬他们，对城市是没有什么用处的，色诺芬
尼说道。

　　然而，色诺芬尼不仅仅反对当时的文化趋势。根据许多当代思想家
的观点，他也揭示它们的基础并批评它们。首先他批评了认为存在与人
类相像并且残忍、易怒、像叙事诗中的英雄般叛逆的、影响历史的神这一
想法。这个批评，据他的现代仰慕者所说，导致了理性主义的出现。这
是真的吗？色诺芬尼对传统思维形式的批判真的像许多哲学家们相信
的那样尖锐和丰富吗？他们真的是要迫使我们放弃关于神人同形并在
这个世界中起作用的旧观念吗？

　　色诺芬尼的"论辩"，正如我们所知，非常简短。它包含如下内容：

　　每件人类痛恨、咒骂并试图避免的事，如偷窃、不贞和以谎
言欺骗他人，

　　都被荷马和赫西奥德恭敬地赋予了神……

　　但人类认为神是天生就存在的，他们穿着衣服，有声音和
形体。

　　可是，如果牛、狮子或者马有手，就像人类一样；

　　而且如果它们能用手绘画并这样创作——

　　那么马在画它们的神时画出的将是马；而牛给出的将是牛
的样子和情形；

因此,每一物种都会把神画得和它们自己的长相相似。

埃塞俄比亚的神——黑色的皮肤和狮子鼻。

色雷斯人——金发碧眼的人。

以下是一些现代作者关于这些文字的说法。古特里亚所著的《希腊哲学史》③第一卷提到"破坏性的批评"。M. 伊里亚特算得上一个非常聪明的绅士,赞扬"色诺芬尼的敏锐的批评"④。还有卡尔·波普尔,把色诺芬尼作为他最重要的先辈从乡村挖了出来,他把这一片段作为"一个发现,认为希腊关于神的故事不能被当真,因为他们把神都描绘得像人一样"⑤。他也谈到了"批评"。

色诺芬尼对神的真实观点,或他的"神学",被包含在以下文字中:

只有一个神是最伟大的,神和人中最伟大的那个,不论外形还是洞察力都与人类并不相似。

他常常一动不动地保持在一个位置,就好像飘忽不定是不适当的。

他视觉完备,知识完备,听觉完备。

但光有洞察力没有什么效果,他纹丝不动。

描绘这个古代的教义所具有的效果是非常有趣的。我们引用了埃斯库罗斯的关键语句⑥,并且我们有菲雷奥斯(Phleios)的蒂孟(Timon)的评注,他是怀疑论者皮浪(Pyrrho)的学生⑦,他写道:

色诺芬尼,半自夸地说,他揭穿了荷马的诡计,塑造了一个神,它绝非人类的,与他的所有种族同等,缺乏痛苦和情感的,相比于思想更善于思。

蒂孟称色诺芬尼的神"绝非人类"——他(它?)确实非人类,不在于神人同形论已被遗弃这个观点,而在于某些完全不同的观念,认为这些神的某些人类的特性,比如思想、视觉或规划,都被大大增强,而另一些相平衡的特性,比如宽容、同情或痛苦,都被除去了。"他常常一动不动地保持在一个位置"——像一个国王或一个贵族,对他来说"飘忽不定是不适当的"。我们得到的不是一个超越人类的存在(是否因此而被赞美?),而是一个比稍有些邪恶的荷马诸神曾渴望成为的更加可怕的怪物。对于这些荷马诸神,人们还能够理解;人们会与他们讨论,试图影响他们,甚至会处处欺骗他们,人们通过祈祷、祭祀、论辩来阻止针对他们的不受欢迎的行为。在荷马诸神和他们守卫(和经常扰乱)的世界之间存在着私人的联系。色诺芬尼的上帝仍有着人类的特征,但被一种奇特的方式夸大了,不允许有这种联系存在。看到许多学者以这么高的热情来接受这个怪物,把这当作通往神学的"更高尚的"解释的第一步,这是很奇怪的,至少对我来说有些可怕。但反过来看,这种态度也是非常可以理解的,因为所保留的人类的特征都是许多学者所乐于拥有的:纯思想通过意念移物、超视觉、超听觉(为了听到智者的闲谈?)以及没有感觉而产生效力。

我总结得出:色诺芬尼嘲弄传统的神是因为他们神人同形的特征。他提供的替代品是一种仍旧神人同形的创造物,但非人类,此外,顺便说一句,他对他正在谈论的东西没有什么想法(从我所说的关于非人的神这些话可以看出他对此一无所知)。这被波普尔称为"一个发现,认为希腊神话故事不能被当真,因为他们把神都描绘得像人一样"。

现在我回到评论的段落,我的问题是:对于分享了他们所统治区域的财产的地域性的神的观念,我们所涉及的是不是批评,或仅仅只是拒斥?回答是后者。如果我们能假设以下两点,拒斥就转变为批评:

(A) 从一种文化转换到另一种文化中的神的概念(或者通常说,真理和上帝的概念),并不是在任何地方都有效的,或者反过来说,一个对神的恰当概念(或对真理和存在的恰当概念)必须在任何地方都有效。

(B) 批评的接受者要承认(A),至少含蓄地承认。只有这样嘲弄才会击中它的目标。否则反对者总是会说:"你们不是在谈论我们的神,我们的神是宗族的神,他照顾我们,与我们相似,按我们的习俗生活,但有着超人类的力量。你们所谈论的是你们自己创造的并用来度量另外所有神的有智慧的怪物,但这对我们没什么作用。"嘲弄甚至会被逆转,就像蒂孟的描述所显示的,这种相反的嘲弄会指出:"你,色诺芬尼,是嫉妒荷马的声誉,所以你希望创造一个你自己的神,比其他所有的神都巨大,它的行为更加彻底,它甚至比你都更有智慧。"

许多现代作者由于制定假设(A)而赞扬色诺芬尼,在他们中间不是所有人的赞扬都是真诚的,因为不是所有人都相信世界由神的力量所指挥。这些作家脑中所想的不是一个超人,而是像自然规律、普遍真理或相同的质料之类的更抽象的东西。略去色诺芬尼的普及这一面,我们仍须指出,不是所有的人都承认命题(A),在色诺芬尼之前和之后都存在着明确否定它的作者和整个文化。因此波塞冬(Poseidon)说:

> ……由于我们是瑞亚(Rheia)到克罗诺斯(Kronos)所生的三兄弟,宙斯,我和统治亡者的哈得斯(Hades)。在我们中所有的事物以三种形式分割,每人得到他的领地。当签被摇动后,我抽了灰色的海洋永久居住;哈得斯抽了迷雾和黑暗的那支签,而宙斯被分到了在白云和清新的空气中的广阔的天空。但土地和奥林匹斯山是三个人所共有的。因此,我与宙斯有不同意见。让他处于宁静和强大,就好像他对他的第三份保持满意一样。

根据这一段,自然界就像政界一样,被再分为受制于不同(自然)规则的区域。康福德对这段话作了评论并解释了其中的措辞。⑧*Moira*,这里被译为"份",意为"部分""被指派到的部分"——这也是"天命"或"命运"最原初的意思。波塞冬的反对表明神和人类一样有他们的*Moira*:每个神得到了一个被很好限定的部分作为他活动的区域。这些部分不仅互相分离,而且性质上也不同(天空,水,黑暗),并暗指着元素。正是这些元素创始了附带有特定性质的区域,只有后者才转变为能够遍布宇宙的物质。被分给神的区域也决定了他的身份(*time*)——它决定了他在准社会系统中的位置。这种身份有时也被称为他的特权(*geras*)。在区域之内,神的统治是毋庸置疑的,但这必须在他没有逾越边界或者没有另外遇到愤怒的反抗(*nemesis*)的前提下。这样世界大体上被视为一个由不同神性统治的不同区域的集合体:(B)是不正确的。

荷马的世界其集合的特征没有被限定于太大范围——在它的最小部分中可以被找到。这里没有将人的身体和灵魂锻造成一个整体的概念,没有描述的手段能使画家对这种和谐给予视觉的表达。概念的和视觉的人类都像布娃娃,由相对独立的要素凑到一起(上肢、下肢、躯干、颈、带着仅仅处于位置的什么都不"看"的眼睛的头部),就像一个处理那些可能在其他地方发生的事件(想法、梦、感情)的转换站一样起着作用,与特定的人类产生短暂的融合。我们意义上的行为并不存在于这个世界;一个英雄并不想引起某一特定事件并使之发生,他发现自己被卷入一系列这样而不是那样的行为之中,他的生活也相应变化了。所有的事,动物、马车、城市、地理的区域、历史的顺序、全部的种族,都以这种"附加的"方式呈现——他们是没有"本质"或"实质"的集合体。

世界观的相似是真的。在宗教中我们有具有机会主义特征的折衷主义派,他们毫不迟疑地把外来的神加给那些准备好的接受者,假定他们的存在许诺了一些利益;同一故事的不同版本同时存在(这被希罗多德上升为一个原则),甚至"现代的"和已差不多干瘪的爱奥尼亚派哲学家(泰勒斯、阿那克西曼德、阿那克西美尼)的观点也不与传统作斗争。这里没有融贯的知识,即对世界和其中的事件没有一致的叙述。这里没有超越具体细节的广泛的真理,但这里有许多信息的片段,以不同的方式从不同的来源获得,得益于好奇而被收集。呈现这种知识的最好方式就是列表——最古老的科学工作就是关于专门研究的一些领域中的事实、部分、巧合和问题的列表。神具有完备的知识,这并不意味着他们的眼光能穿透表面并察觉到隐藏在后面的一致性——他们不是理论物理学家或生物学家,但他们有最完整的列表任由支配。甚至有效性的早期概念都赞同这种情况:*nomos* 来自 *nemein*,在《伊里亚特》中这个词有分配或归于某个区域的意思。[⑨]

总而言之,(A)和(B)不适用于荷马的世界;色诺芬尼反对这个世界观,但他没有给我们任何反对它的论辩。

现在让我回到那些在色诺芬尼之后进行写作的人。我们注意到一些最有智慧的作者不是忽视他,就是与他走不同的路。受到色诺芬尼"强烈影响"的埃斯库罗斯,一方面给予神更大和更神圣的力量,从而使他们减少人性;另一方面他又让诸神参与城市(雅典娜城,位于奥瑞斯提亚的最后部分,领导着一个包括雅典市民的议会并与他们一起参与投票)的活动,这样又使他们与人类的关系更加接近。埃斯库罗斯的神与荷马诸神相比表现得少一些任性、多一些责任,任性和责任再次以城市的标准来度量;这使他们比荷马和赫西奥德的神更加接近人类的行为方式。当然,埃斯库罗斯的神仍是旧的神,他们中有许多,决不止一个,是色诺芬尼式的强大的怪物。

然后,索福克勒斯使荷马诸神的任性复活了。他试图解释人类的命运好与坏是被分配的这一看上去非理性的方式,将之归因于同样任性和

非理性的神的行为。希罗多德,他的句子结构和他对待同一故事的互相
矛盾的版本的宽容,已在形式上反映了集合观,支持了经验主义论辩非
凡影响的存在。他的关于社会法则和风俗的分析使用了一个有效性的
区域性观点。它可以总结如下:

> 风俗、法则、宗教信条,就像国王一样,处于被限制的区域。
> 他们的统治依靠双重的权威——他们的权力(那些他们相信的
> 权力)和合法的权力这一事实。

　　普罗泰戈拉把这个观点从法则和风俗扩展到与人类有关的所有的
事,"本体论问题"也包括在内。这是普罗泰戈拉的相对论。
　　普罗泰戈拉的相对论否定了把色诺芬尼的嘲弄转变为论辩的两个
假定,因而赞同荷马世界观的基础原则。这表明普罗泰戈拉和希罗多德
的追随者不是懒惰的游手好闲之辈,他们已经达到了他们的城市、他们
的国家或他们无边的区域的极限,于是停止寻求普遍真理或有效性的普
遍标准,继续满足于收集区域性的观点。他们的哲学是对于他们祖祖辈
辈居住的世界的确切的反映,并仍旧指引着他们同时代人的思想和感
觉。是其他什么原因使柏拉图式的亚里斯多德通过给出列表不断地一
见人就让他们回答"什么是知识""什么是善""什么是勇气"之类的问
题⑩?但是,如果世界是相对独立的区域的一个集合体,那么任何关于普
遍性法则的假定都是错误的,对于普遍规则的要求是专横的。只有野蛮
的暴力(或者诱骗)能够使不同的道德观屈服,以使它们适合于单一的伦
理体系的规定。而事实上,自然和社会的普遍性法则这一观念的产生与
一场生死攸关的战斗有关:这场战斗给予宙斯超越泰坦神族及其他所有
神的力量,使他的法则变成了万物的那个法则。
　　关于普遍真理和普遍道德的观念在西方思想史(和西方政治活动)

中起着重要的作用。它常常被视为一个尺度,必须用它来判断理论观点和实践成果,而且它给予了文明向世界的每个角落的不断扩张以极高的地位。这种扩张在某种具有讽刺意味的程度上揭示了扩张文明的暴力起源:西方的成就罕人问津,西方殖民者从未被邀请用他们先进的观念和高尚的习俗去庇护原始人(或者中国人、日本人、印度人)。有评论说,当与这种几乎不可避免的发展相比较时,相对主义哲学家是没有什么意义的。这种评论当然是正确的,但它仅仅证实了哲学所处位置的声望是权力(或欺骗)的结果这一(相对主义)观点,而不是以下论辩:自然现象的地域主义从未被哲学家或科学家们所克服,而社会现象的地域主义被暴力所在地镇压或者破坏,按照道德的推理这并未显示出什么不适当。

关于这段叙述的第一部分,我们必须认识到单是关于物质世界的统一的观点也并不存在。我们有在限定区域里有效的理论,我们作出完全形式上的尝试,试图把它们浓缩成一个唯一的公式,我们有许多无根据的主张(比如主张所有的化学可以被还原为物理学),不适合于那些公认的框架的现象被禁止发布,在被许多科学家视为唯一真正基础科学的物理学中,我们现在至少有三种不同的观点(处理宏观的相对论,处理中间领域的量子理论和处理微观的各种质点模型),没有概念上的(不仅形式上的)统一的约定;感觉位于物质世界之外(身心问题仍未被解决)——从最开始,普遍真理的推销者就欺骗人们接受,而不是为他们自己的哲学作出清楚的论辩。我们不要忘记正是他们,而不是那些传统的代表,攻击了引入论辩作为唯一普遍仲裁者的那个人。他们赞扬论辩——他们经常地违背它的原则。色诺芬尼的嘲弄是这种双重言论的最早的、最简短的和最清楚的例子。

在社会领域中情况更糟。这里我们有的不仅是理论的失败,也是人类尊严的失败。只有少数知识和工业发展的赞同者把地球上存在的观点和文化的极大的不同当作一个问题,几乎没有哪个政治家、殖民者或开发者作好准备为那些他们可以通过暴力获得的东西辩论(有例外——但很少)。这样,"文明"社会的日益同一并不说明相对主义的失败,它只说明权力可以除去所有的差别。

我用一个例子来总结,这个例子说明了当今的一些人接受色诺芬尼的基础假定(假定 A 和 B)是多么缺乏鉴别力。这个例子不是理论或哲学观点,而是米洛茨(C. Milosz)的一首诗。这首诗非常自然,在一些句子里可以看到它的错误。这是否意味着人们已经停止了对那些影响他们生活的事情的思考,那些空洞的人为凑在一起的语句,甚至比常识更有力? 色诺芬尼有着奇特的观点——但他表现出了智慧(和幽默)的迹象。我在下面的句子中并未发现这种迹象:

咒语

1   人类的理性是美丽而无畏的;

    监狱、带钩的铁网、捣烂的书、

    流放的惩罚都不能战胜它。

    它用语言树立了普遍观念,

5   并指引我们用大写字母书写真理和正义,

    用小写书写谎言和压迫。

    它把"应该是什么"凌驾于事物的现状之上,

    它是绝望的敌人,希望的朋友。

    它不知道犹太人和希腊人,奴隶和奴隶主的区别,

10 后者给予我们全世界的财富来使用。

    它从被歪曲语言的卑鄙的争论中

    留下了朴素和透明的语言。

    它说阳光下每件事都是新的,

    松开过去捏紧的拳头。

15　哲学和诗歌是美丽而且年幼的，

　　她在善中结盟。

　　就在昨天，自然庆祝了她的生日。

　　独角兽和回声把这个消息带给山峦。

　　她们的友谊是光荣的，她们的光阴无限。

20　她们的敌人已经把自己送向毁灭。

"毁灭"(20)恫吓了那些非区域性理性的反对者，这种理性试图使用"全世界的财富"(10)而没有任何"被歪曲语言的卑鄙的争论"(11)，也就是，没有民主的讨论。这是真的，但不在米洛茨的预想之中："毁灭"确实除去了所有那些阻碍了西方文明扩张的适应得很好的小社会，尽管他们试图用"被歪曲语言"来保护他们的权力。从另一方面来看，高贵的理性不是"无畏的"(1)；预言家、推销员、政治家把它踩在脚下，理性的所谓的朋友们歪曲它，使之适合自己的意图。过去的科学把有用的和可怕的礼物送给我们——但没有运用一个单一的不可变的而且"战无不胜的"代理机构。现在的科学是些商业企业，按照商业规则来运转。大型学院中的研究不是由真理和理性指引，而是由最有回报的潮流来指引，今天最大的愿望日益转向金钱——这意味着军事事件。我们的大学教的不是"真理"，而是有势力的学派的意见。不是理性或启蒙，而是牢固的信仰(对于宗教或马克思主义)成了希特勒监狱中最强大的保护力量，正如爱默里发现的。"大写字母书写"的"真理"(5)，在这个世界里是个孤儿，没有权力和影响力，对于米洛茨所赞赏的生物来说，幸运的是，在这一名义下，只能导致最悲惨的奴隶制度。它不能忍受有分歧的意见——它称之为"谎言"(6)；它把自己置于人类真实生活"之上"(7)，以带有极权主义意识形态特征的方式要求从"应该是什么"(7)的高度重建世界的权力，也就是与它自己的"战无不胜的"(1)准则相一致。它拒绝承认许多观点、行为、感情、法则、制度、种族特征,是这些把一个民族(文化、文明)与其他的区分开来,这些单单给了我们人民,也就是有面孔的生物。

这种态度破坏了美国印第安文化的成就,甚至对它们不屑一顾,这种态度在"发展"的伪装下正破坏着非西方文化。自信和自我满足是对真理和理性的一种信仰,对它来说,民主主义讨论只是"被歪曲语言的卑鄙的争论"(11)——非常无知的:哲学决不与诗歌"结盟"(16),既不在柏拉图说明"哲学与诗歌的古老战争"的古代,也不在从科学中寻求真理,诗歌被还原为感觉的表达的今天。普通大众试图为自己和后代创造一个更好的、更安全的世界,这种理性[这是小写的理性而不是大写的理性(5、6)]与这些无知的、无理性的权势的梦幻是不尽相同的。不幸的是,常识是太平常的手段,无法给学者们留下深刻的印象,因此他们很久以前就放弃了它,取而代之的是他们自己的观念,并试图相应地更改政治权力。我们必须限制他们的影响,把他们从权力的位置上除去,把他们从自由市民的主人变成他们最顺从的仆人。

注释

① Fränkel,*Wege and Formen Frühgriechischen Denkens*,1968,p. 341.

② 见韦伯斯特的《雅典文化与社会》,加利福尼亚大学出版社 1973 年,第三章。

③ Guthrie,*A History of Greek Philosply*,第 1 卷,剑桥 1962 年,第 370 页。

④ Mircea Eliade,*Geschichte der Religiösen Ideen*,第 2 卷,赫尔德 1979 年,第 407 页。

⑤ Karl Popper,*Auf der Suche nach einer besseren Welt*,慕尼黑 1984 年,第 218 页。

⑥ 参考 Guido Calogers:*Studien über den Eleatismus*,达蒙斯塔德 1970 年。

⑦ 引自 Diogenes Laentius,有少量改动。见 Sextus Empiricus,*Hypot.*,224—A35 in Diels/Kranz.

⑧ 康福德:《从宗教到哲学》(*From Religion to Philosophy*),纽约 1965 年,第 16 页。

⑨ 细节和更多的引言见作者所著《反对方法》第十七章,伦敦 1975 年,以及作者即将出版

的《实在的陈规》。

　　⑩ 关于这一点见多佛尔的《希腊流行的道德》(*Greek Popular Morality*)，伯克利和洛杉矶1978 年。

第三章 知识与理论的角色

一、存在

我们生活的世界包括了大量的事物、事件和过程。这里有树、狗、日出;这里有云、雷雨、离婚;这里有正义、美丽、爱;这里有人、神、城市及整个宇宙的生活。列举和详细描述无聊的一天中发生在某一个人身上的所有事情是不可能的。

不是每个人都生活在同一个世界。森林看护员周围的事件和在森林中迷路的城市人周围的事件是不同的。它们是不同的事件,不仅仅是同一事件的不同表象。当我们移居到另一文化或某一久远的历史时代中,这种区别就明显了。希腊诸神是一种生动的再现;"他们在那儿"[①]。今天他们已经找不到了。"这些人是农民",斯密斯·波温(Smith. Bowen)写到她采访的一个非洲部落时说[②]:"对他们来说植物和人一样重要和熟悉。我以前从未到过农场,我甚至不确定哪个是秋海棠、大丽菊或牵牛花。植物,就像代数,有看上去相似但实际上不同,或者看上去不同但实际上有相似的特点,所以数学和植物学都使我感到迷惑。我生平第一次发现一群人,在这里 10 岁儿童的数学并不比我高明。我自己发现这个地方每一棵植物,无论是野生的还是栽种的,都有名字和用处,这里每个男人、女人、儿童都毫不夸张地知道上百种植物……（我的向导）并不知道不是语言而是植物使我迷惑。"

　　当探险者遇到的事物不仅陌生而且与他们的思考方式格格不入时，困惑就大大增加了。多变的语言假定事物有属性并互相存在某种关系：雪花随风而转，它覆盖在大地上，或在暴风雪中形成雪幕。同一事物——雪——在背景的多样化中变得复杂。从另一方面来看，特拉华州的印第安人就像那些每一种雪景使用不同的画笔、不同的颜色和不同的笔画样式的画家那样对待世界。③他们不仅没有注意到"雪"，他们甚至不能想象"它"存在。"在我们似乎已经彻底利用并完全开发的词语或一些语言中，爱斯基摩人又创造了新的词组，其发明尤其是为了达到应付每一种情况的挑战这一目的。关于语言的结构，爱斯基摩人总是随意地创造……词语在某一刻由舌尖产生。"简单的谈话要使用 10,000 到 15,000字。说话就是诗，而诗是很平常的——这不是特别的天才和单独培养的人所独有的。当我们从一种语言转移到另一种语言时，时间、空间、实体都变化了。按照努尔人＊，时间并不限制人的行为，它是行为的一部分并跟随它的节奏。"……努尔人……无法用语言表示时间，即使它是一种真实的东西，它流逝，可以被等待，可以被节省等等。我认为他们未曾经历过抢时间或必须使用抽象的时间段与行为相调和的类似感觉，因为他们所记载的主要是自己的行为，这些行为通常都是十分从容的……"④对于霍皮族人，只有当远处的事情结束了，它才是真实的，对于一个西方商人，只有当他参与了现场，事情才发生了。在这个世界中，文化的展现不仅包含了各种事件，还以不同的方式包含它们。

二、知识

　　生活在一个特定的社会里，每个人都需要知识。大量的知识在于注意并解释一些现象的能力，比如云、航海时地平线的现象⑤、森林中声音

　　＊　苏丹境内和埃塞俄比亚边界上的尼罗特牧民。——译者注

的类别,被确诊了的病人的行为等等。个体、部落和整个文明的持续生存就依靠这种知识。如果我们不能识别人们的面孔,理解他们的手势,对他们的心情作出正确的反应,那么我们的生命将各自死去。

这种"沉默的"知识⑥只有部分是可以被清晰地说出来的,如果是这样,相同种类的知识需要把相应的行为与词语联系起来。知识被包含在施行特殊任务的能力之中。舞蹈家的知识蕴含于肢体中,经验主义者的知识蕴含于手和眼中,歌唱家的知识蕴含于舌、喉和横隔膜中。知识存在于我们谈话的方式中,语言行为所固有的灵活性包括⑦:语言知识是不固定的,它含有能削弱其特定基础的元素(模棱两可、同源语、类比说明的方式)。

语言和感觉相互作用。对于可观察事件的每一描述都有被称为客观的一面——我们承认这"适合"于特定情况——和主观成分:使描述符合事实的这一过程改变了事实本身。描述的缺乏容易使特点无法突出,用描述来强调的轮廓变得更加显著。当描述第一次被采用时变化是明显的;当它的使用成为常规时变化就消失了。熟悉"事实"的明显的客观性是不经意的训练的结果,该训练得到基因配置的支持,而不是深刻洞察力的结果。⑧

对于语言来说,真实的东西对于所有表示的手段来说都是真实的。漫画有一个客观的内核——这是我们认出它的目标的方法——但它也引诱我们从某特殊团体或某个有特殊看法的人的眼中主观地看待它的目标(比如柯柯什卡*的画)。观看的新方式强硬到如此的程度,以至于没有它认识就变得没有可能——现在这已是实在的一部分,或者反过来说,最初的"实在"只不过是另一种"主观"却普遍的观点。小说、寓言(有或没有明确的寓意)、悲剧、诗歌、礼拜仪式的事件,比如圣弥撒、概念的论述、科学的辩论、博学的历史、新闻广播、文件等,发动或加强了类似的发展,或者赋予其内容:事件以特殊的方式构建和编排,结构和编排在普

---

　* 柯柯什卡(1886—1980),奥地利表现派画家,善用强烈、颤动色彩造成刺激效果,主要作品有《风暴》《我们为什么而战》。——编辑

及中增进。它们变得常规,学者们对这些常规变得永久感兴趣,通过显示并说明它如何导致重要的结果(大部分知识的理论是对目前或初期常规的不断的防御)向它提供"基础"。影响深远的实践和观点得到了最初适合它们的"实在"的支持。

在历史、政治和社会科学中,这种转变是非常值得注意的。法国大革命的社会历史与那些集中于国王、将军、战争的故事仅仅名字相同。"作者们传达给子孙后代的图景是形式化的,有时与真相完全相反……有时人们谈到'巴士底狱暴动',尽管事实上并没有人在那儿发动暴动——1789 年 7 月 11 日只不过是法国大革命的一个插曲;巴黎市民毫不费力地进入了监狱并发现那里只有少数犯人。但就是这次占领巴士底狱成了大革命的国庆日。"艾伦伯格这样写道。而卢里亚注解说:"处于重要的社会动荡是一种特殊的经历。对于历史学家来说,这种事件代表了原因和影响的发生;对于新闻记者来说,代表了吸引人的花边新闻。在伟大的小说家手中——米兰的瘟疫对于曼佐尼(Manzoni),或者莫斯科大撤退对于托尔斯泰——人类生活的大动荡成了揭示极端情况下人们状态的灵感。但对于不属于这些文学阶层的参与者来说,这些重大事件又将自己解释成小事件的合成体,小事件相当于问题的不断解决又不断产生。"⑨关于"文学阶层"是如何从发生在(对他们来说)平凡的人的生活中的混乱(并对他们没有吸引力的)事件中创造出"重大历史发展",及小人物是如何在这过程中变成重要历史人物的,并没有很好的方式来描述。

当某一手段成为普遍政治(或科学、宗教)运动的部分时,从不同手段得出的"实在"间的冲突变得更为明显。最近关于华沙民族暴动的讨论就是一个例子。参与者和左翼或国家主义的评论家称之为英雄人民的爆发。对于参与但没有分享这些意识形态的马雷克·埃德尔曼(Marek Edelman)博士来说,暴动在事情荒唐的继续中没有意义地起伏。伽利略的实验是另一个例子。在历史中这是一个小事件。伽利略许下了一个承诺,后来食言并试图用谎言来掩饰。他寻找并找到了一个折衷的办法。伽利略继续写作,还继续向意大利境外走私违禁品。他与布鲁诺相比多了些幸运,少了些果断,当然还少了些勇气。但现代的科学家需要一个英雄,并把科学知识看得和曾经出现过圣体的教堂一样神圣,他们把惴惴不安的骗子的苦难变成巨人们的冲突。

知识可以是稳固的,也可以处于流动状态。它可以以所有人分享的公众信念的形式得到,也可以存在于特殊的个体之中。它可以以强记下来的一般规则的形式存在于人们个体之中,或作为以富有想象力的方式对待新情况的一种能力而存在。汉谟拉比法典和德拉古法规已被写下,摩西法典在很长时期内是普通口头传统的一部分,它可以在发生需要的任何时刻被引用,美国印第安语语法的"规则"及"会议中坐在石凳上的长者"(《伊里亚特》18,503f)的判决是对应于特定的问题而发明的。就算必须依据书面的指导方针和过去案例的现代法官也需要直观的知识来给出他的判决。

写作这一发明创造了新的知识形式并引发了有趣的争论。写作的早期形式与说话无关。它们是计算的助手和记录商业事务的手段。[⑩]用写作来保存大量种类的信息遭到了柏拉图的批评。"你知道吗,斐多?"苏格拉底说(《斐多篇》,275d2ff):

> 写作是一件奇怪的事,这使它和绘画相类似。画家的作品放在我们面前就好像它们是活的,但如果你提出问题,它们却保持威严的沉默。写下来的单词也一样,它们似乎要和你说话,就好像它们有智慧,但如果你出于得到教导的渴望,询问关于它们所说的任何东西,它们永远只会继续告诉相同的东西。一样事物一旦被记录下来,这篇著作,不管它是什么样子,就会四处扩散开来,不但落入那些理解它的人手里,同样也落入那些无关的人手里;它不知道怎样向合适的人而不向不合适的人演讲。当它被错误对待或滥用时,它常常需要父母来帮助,而不能防守或自助。

根据这种叙述,获得知识是一种包括老师、学生和双方(社会)状况的过程;知识作为结果只能被那些参与其中的人所理解。写下注释帮助他们记住他们所参与的舞台。无法重现这个过程的话,它们对于局外人而言是没有用处的。过后,当哲学变成理论的教条,论文和研究报告的重要性逐渐增加时,知识的历史成分就后退到背景之中了。知识被定义为一种可以从写有字的纸中摘录出来的东西。[①]今天,人们想当然地认为一条特定信息的历史和理解它的内容无关。卢里亚在已被引用和批评的一段文字中写道:

> 科学的麻烦在于研究结果的主体和现在可获得的归纳:时间限制贯穿科学发现的全过程。我把科学的发展视为自我修正是出于这样的感觉,即只有那些幸存的元素成为了知识活跃主体的一部分。由克里克和沃森解出的 DNA 分子模型代表了它自己的价值……关于 DNA 模型得出过程的故事也许非常动人,但与科学的可操作内容并没有什么联系。

大多数科学哲学家同意并在发现和证明的背景之间加入了他们不同的愿望:发现的背景诉说了特定知识的历史,证明背景解释了它的内容和接受它的理由。只有后者的背景涉及了科学家(在他们后面清扫的哲学家)。而柏拉图学派关于知识的观念(正如上面《斐多篇》的引文所解释的)又再次崛起。大部分现代数学、物理、分子生物学、地质学中都依赖于一种口头文化,它包括未公布的结果、方法和猜测,并赋予已经出版的东西以意义。在领头的研究中心举办的各种专题讨论会不仅仅为书和研究报告的内容增加了信息,它们还解释了这些内容并表明这些内容不能独自成立。理论数学比起其他学科来更大程度地成为柏拉图认为的唯一真实的知识形式,即“生动的对话”。哲学中的“解释学”学派尽管远不如柏拉图表达的清楚,而且比之更加冗长,也试图表明即使最“客观地”写下的陈述也只能通过讲授过程中的品德而得到理解,它限制读者以标准的方式来解释标准的词语,并且当没有思想家共同体以以下方式争论时,这种道德将崩溃:并不存在逃脱历史和个人关系的方法,尽管存在制订这种逃脱计划的强大的机构。

三、知识的形式

知识整理事件。知识的不同形式产生不同的整理图式。列表在近东(苏美尔人、巴比伦人、亚述人、早期希腊人)知识的成长中起了重要的作用。[12]单词的列表由诠释者所收集,他们使近东语言与那一带常见的(外交)阿卡德语言相联系。他们在适当的限定语(契形字体的分类符号)下聚集词语,得到了相关事物的简单分类:科学的早期形式完全是为了诠释者的便利而创造出来的。规则、描述、个体和问题列表为立法者、航海者(沿着航线的港口结合海岸的描述的列表)、旅行者(旅行指南)、宗谱学者(他关于英雄和国王的列表领先于历史叙事的复杂形式)、教学教师(巴比伦人关于数学问题及其求解和有用的提示的列表)提供服务。早期哲学家对博学者的频繁的反对及苏格拉底由他关于勇气、智慧、知识和道德的本质的提问得到的最初的回答表明,列表不是短暂的鸽笼式的分类架,而是希腊常识的基本成分。[13]

列表在一维上分类。植物学家、动物学家、化学家(元素周期表)、天文学家(赫罗图)、观相家、基本粒子物理学家的分类图表[14]是多维但静止的,许多本地人的图表好像也是这样。普通的序列是用故事来描述的。简单的故事涉及植物、动物或人类生活的简单过程[医学的历史由希波克拉底全集中的《预后性症状》(Prognostics)开创]。复杂的故事被古人用来把天上的变化(包括岁差)与妊娠周期、兽群奔走、鸟鱼迁徙、植物生长、月相及大规模的社会变迁联系起来。[15]他们保留了知识并开启了社会事件;他们集理论太空社会生物学与社会黏合剂于一身。[16]

故事被用来解释那些被后人转变成抽象属性的特征。荷马史诗通过显示他们在具体事例中是如何做的来"定义"基本的社会关系(比如古人和古典希腊的四德:勇气、虔诚、公正和智慧)。狄俄墨得斯是英勇的

(《伊里亚特》5，114f)；他的英勇偶尔有些失控；于是他行事就像一个疯子(330ff；434ff)。不是作者而是听众(或现在的读者)作出了判断并从中推论出英勇的限度。智慧得到了同样的对待。奥德修斯常常行事聪明并举止得当，他被选中与像阿基里斯那样多变的星说话，他被委以重任。但是他的智慧也会改变面目，变成狡诈和欺骗(《伊里亚特》23，726ff)。这个例子说明了什么是英勇和智慧；他们并没有像对待逻辑定义一样把它们固定住。

这样引入的概念不是抽象的实体，它们没有与事物分离。它们是事物的某些方面，与颜色、敏捷、步态的优美、专门技术及对武器或文字的操作处于相同的水平。它们与环境相适应，它们在环境中前进并随之改变。[⑰]在希波克拉底全集中的经验手册里记载的一种疾病以同样的方式下了定义。"它们不是'疾病实体'，即可以从患者的身体中分离出来的抽象事物或过程，它们是这个身体的特征。它们通过检查被发现并在事故中被描述，它们和身体一起变化，然后检查的医生改变诊断。[⑱]故事被用于中世纪，然后再次被用于启蒙时期，用来教导人们忠诚，并教给他们大智若愚的方式，以这种方式谬误(或不合理)可以将自己潜入他们的生活。有时，故事被写下来并附有插图，在另一些场合，它们被当场创作、演出并以口头惯例传下去，但它们也可以被细致地筹划并确切地上演(莱辛和席勒的道德戏剧)甚至被演唱出来，就像关于礼拜仪式的戏剧——一种早期戏剧形式——一样。

戏剧的描写仍然更加复杂。他们揭示并增强了我们社会生活的特点，这些特点在日常谈论时似乎并不引起什么问题。因而某些古代悲剧作者表明，基本的价值是不融贯的，而且道德上的冲突不可避免。感情流露是具体的，观众被引向冲突并感受到了它的力量。还有一些人试图以一种与现存政治制度相容的方式来解决冲突。根据亚里斯多德，适当地被构建的悲剧揭示出人类存在的普遍法则，并带着比历史的尊敬更多的哲学的尊敬(《诗歌篇》1451a38 b6f)：社会法则被埋葬于细节之下；历史学家根据自己的兴趣或只是为了方便来安排细节，而剧作家看破了特

117

定事物这一层,找到了普遍性的东西,并加入观众的心里。他是探索者、社会历史学家,所有这些都集于一身。布雷斯特要求用(它的)历史相对论来描述普遍的东西:舞台行为将呈现一个真实但可变的过程,而且它将以一种告诉观众如何能或如何可能实现变化的方式呈现该过程。[19]

种类繁多的故事——短篇小品、中篇小说、寓言、旅行报道、对不可思议的事物的描写——丰富了早期希腊的文学。希罗多德利用所有这些故事来使他的历史叙述适应他所遇到并想描述的事件和模型。他的一些后继者则避免故事,他们耸耸肩表示轻蔑。很明显,历史是那么崇高的学科,是不可以用与神话和传说相同的方式来表现的。但故事又再次流行起来。对于一些现代作家来说,故事是唯一一种能适合人类思维及行为的复杂性的形式。[20]如果在我们的时代中加入雕刻、绘画、素描、漫画、科学的插图或者磁带、电脑制图、数学公式、唱片、电影和剧本,我们会发现大量的事件、信息类型和命令规则,他们呈现出各种各样的知识。

四、哲学和"理性主义的兴起"

为那种被当作西方理性主义而为人所知的东西作筹划并为西方科学打下智力基础的社会集团,拒绝这种表面多样性。他们否认世界像他们时代的手工艺品和常识所表明的那样丰富,知识像他们时代的手工艺品和常识所表明的那样复杂。他们在"真实世界"和"表象世界"之间进行区别。当他们呈现问题时,真实的世界是简单、一致、服从固定的普遍法则,并对于所有的人都是相同的。人们需要新概念(后来被称为"理论的概念")来描述这个真实世界,为了解释它与其他部分是怎样相联系的,就产生了新的学科(认识论和后来的科学哲学)。非常有趣的是,这个"不真实"的其他部分要归因于"大众",也就是平常百姓和(非哲学的)工匠。[21]从最初开始,声称具有洞察力的那些知识分子对于普通人来说就是没有用的。

在发展他们的观点时,"哲学家们"(一个迅速用于这些团体的名字)进行建设,也进行破坏。就像以前的侵略者和征服者,他们想要改变他们所进入的领土。但与前人不同的是,他们缺乏体力,因此他们使用语言而不是武器来达到他们的目的。他们的工作(从笛卡尔和伽利略到我们自己的诺贝尔奖获得者的科学家的工作)绝大部分在于论战、讥笑,及如果有可能的话除去那些虽然被很好地建构的、成功的并对很多人有利的但并不符合他们特别的标准的观念和行为。

　　他们中几乎所有的人都称赞统一(或更好地说是单调),并指责丰富多样。色诺芬尼否定传统的神并引入了一个唯一的无个性的神妖(god-monster)。赫拉克利特向博学者表示不屑——丰富和复杂的信息由常识、工匠和他们自己的哲学前辈聚集起来,他坚持认为“智慧是一”。巴门尼德反对变化和性质上的不同,并假定一种稳定而且不可分割的存在物作为所有存在的基础。恩培多克勒用一个简短、无用但普遍的定义来代替关于疾病的本质的传统处方。修昔底得斯批评希罗多德的风格多元主义并坚持统一的原因说明。柏拉图反对民主的政治多元主义,否定像索福克勒斯这样的悲剧作家认为(伦理的)冲突用“理性的”方式可能无法解决这一观点,并批评那些以经验主义的方法探索天空的天文学家,他建议把所有的学科建立在唯一的理论基础上。作家、教师和校长的整个团体领导了一场“旷日持久的论战”(柏拉图:《理想国》607b6f)来反对那种思考、说话、行动和安排公共和私人生活的传统的、不确定的并且相当无秩序的方式。

　　在试图评估这个论战的过程时,我们必须避免混淆特殊团体的利益和世界的普遍命运。欧洲哲学,正如怀特海所说,成了“柏拉图的一系列的注释”,但欧洲的历史和文化[包括歌手法利纳里(Farinelli),维也纳喜剧作家纳斯托利(Nestroy),希特勒和我的姨妈艾玛]当然不是。相同地,虽然也许“论战”充实了一些专家的心灵(和古文献),但也坚定地抛下了大多数人。有一些地方甚至没有“论战”。色诺芬尼的神妖在阿基里斯这里留下了踪迹,但对索福克勒斯来说,历史太不理性了,不可能被理性的神创造出来(希罗多德似乎持相同观点)。大众的宗教仍然没有改变。

　　哲学家也未能习惯于利用理论概念。柏拉图派笔下的苏格拉底由他的问询得到的回答表明,当人们已准备好接受数字(《泰阿泰德篇》,148b6ff)和蜜蜂(《美诺篇》,72b6f)相同之时,他们错在把它扩展到了复杂的社会关系如知识或价值中。[22]巴门尼德发动了学术论战(芝诺、柏拉图的《巴门尼德篇》和《智者篇》),但他的观念的公众影响更多地在喜剧领域而不在知识领域(参考柏拉图的《优苔谟斯篇》,其诡辩来自巴门尼德关于思维和存在的证明,B2,5ff)。甚至巴门尼德的信徒也发现他的原则太极端,无法接受。[23]反对者否定整个方法。"虽然当人们看到论辩,舆论就会顺从",亚里斯多德写道,"但当人们考虑到实践时,就仍然相信它们,看来这好像就在疯狂的边缘。事实上没有疯子这样站在外面以至于猜想冰与火是一体的"[24](这一假设暗含在爱奥尼亚自然哲学中,并被巴门尼德明白地表示出来)。用写作来表达观点的工匠在很早以前就提出了类似的反对(见《古代医药》,第十五、二十章)。石匠、铁匠、画匠、建筑师和工程师看上去保持沉默,但他们留下了建筑物、隧道等各种艺术作品,这些作品显示出他们对空间、时间和物质的知识比哲学家的思索产生的东西更为先进、丰富和详细,哲学家的思索还有遭受内部的困难。因而理论的方式不仅无用,而且与它自己严格的高标准相矛盾。

　　从现在开始我将称早期哲学家渴求的知识为理论知识,称体现了理论知识的传统为理论传统。被替代的传统我将称之为经验主义的或历史的传统。理论传统的成员用普遍性确认知识,把理论当作信息的真正支撑物,并试图以一种标准化的或"逻辑的"方式加以推理。他们想在普遍法则的规定之下产生知识。按照他们的看法,理论确认那些流动的历史中永恒的东西,从而使它不符合历史。他们引入了真正的即非历史的知识。历史传统的成员强调特定的东西(包括特定的规律,比如开普勒定律),他们依赖于列表、故事和旁白,用例子、类比和自由的联想及适合他们意图的"逻辑的"规则来进行推理。他们还强调多重性,及由多重性达到的对逻辑标准的历史依赖(history-dependence)。

　　两种传统之间的关系可以由以下方式概括:

（A）历史传统和理论传统凭其自身的条件成为传统，它们有自己的法则、对象、研究常规和相关信念。理性主义未向那些混乱和处于无知状态的地方引入规则和智慧，它引入了一种特殊的规则，这种规则由特殊的步骤建立并与历史传统的规则和步骤不同。

（B）理论的方式在自身及改变暗含于手工艺中的历史传统的企图中都遇到了困难。⑳这些困难大部分现在仍然存在，它们没有被解决。在宗教中还存在着依赖于神学的抽象概念的神学家与渴望和神有更个人关系的群众之间的冲突。在医学中还存在着从"客观"的角度判断疾病的身体理论家，与主张疾病的知识预先假定了它和患者及患者的文化产生相互作用的临床医生之间的冲突。㉖当我们通过心理学从医学转到社会学、人类学、历史、哲学时，问题就更多了。㉗数学，对于柏拉图来说是理论知识的典范，似乎回到了前理论数学家的实践的和"主观的"哲学：越来越多的数学家和许多计算机科学家把数学视为一种人类的行为，也即一种历史传统。理论被应用，但以一种自由的和实验性的方式。而科学与人文之间的冲突只不过是柏拉图"古老的论战"的现代版本。所有这些对抗证实了论点（A）。它们表明知识先于理论，这种知识不断发展并完善，具有强大的持续的力量。它们表明当"理性主义"这种内在于理论方式的哲学进入场景时，并未能完全成功地缩减存在的知识形式的数量，而且一种完全的缩减带来的更多只是破坏而不是好处。关于相对论和限定整个学派的怀疑论的现代争论表明，理论传统甚至没有成功地找到一种关于他们自己基本主张的适当的表达。辩论叫道："我们需要一种新的理论！"这在任何研究者或整个规章制度不知道该做什么的地方都可以听到，因此这种呼声最多只是一种由不可靠的论据支持的党派路线，而不是知识的必需条件。

（C）然而，这并不是麻烦的终点。因为我刚才提到的困难和辩论，当与西方文明向全世界的持续扩张相比时就萎缩得无关紧要了。我在介绍中简短地描述了这种现象。我还提到了基于科学的技术扮演的重要角色。这样，虽然理论传统看上去在争论以及在没什么权力的边缘地带(哲学、社会学、人类学)受到打击,但实际上,也就是在最有价值的地方赢得了这场论战。让我们看看这个胜利意味着什么!

五、论理论的解释

巴门尼德描述了两种步骤,或他所称的"探究的方式"。第一种步骤"远离人类的脚步",导致"恰当的和必然的"东西。第二种步骤基于"习惯、天生的经验",也即基于传统的获得知识的企图,它包含"人类的观点"。按照巴门尼德,第一种步骤独自建立了能替代所有传统的真理。⑧许多科学家仍然相信科学能做相同的事。

这种信念混淆了观念的性质及其论题。依据巴门尼德,像"(存在)是"[(Being)is](这可被看作永恒原则首要的和最基本的叙述)或"它是类似的"(it is homogeneous)这样的叙述被假定描述了保持未受人类影响的实体的内在结构。这是它们的论题。同样地,科学叙述被认为是描述事实和不以人的意志为转移的规律。然而,这些叙述自身必然是不独立于人类的思想和行为的,它们是人类的产物。它们被极小心地加以表述,仅仅选择环境中"客观的"成分,但它们仍然反映了个体、群体和它们所来自的社会的独特性。即使最抽象的理论,虽然在意图和表述方面是非历史的,但在应用方面是历史的;科学和它的哲学前身是特殊历史传统的部分,而不是超越所有历史的实体。

因而我在上一节描述的走向同一的古老趋势虽然得到了哲学家的支持,但并不是由他们发动的,而且并没有导致脱离历史。就像我在第一章第六节中解释的,这是一个无所不包的历史发展的一部分。哲学家把这种发展解释为迄今仍被无知和表面情况隐藏的实在的渐显。他们说,实在一直存在,但没有被正确地认识。他们甚至相信全凭自己和仅用他们惊人的心灵力量已经发现了它。对于他们,常识和早期传统的丰富多样不是一种同样丰富的实在的证据,而是错误的变化多端性质的证据。巴门尼德代表了一个极端的例子:实在只有一种属性,这种属性就是存在。

在发展这一理论时,巴门尼德不仅跟随趋势,而且得到了一个发现(可能是他自己的发现)的援助,这一发现说明由简单概念组成的叙述能被用于建造新的故事种类,这很快被称为证据,故事的结局"追随"它们的内在结构而且不需要外部的支持。[⑳]这一发现似乎表明,正确的知识的确能被用来以一种独立于传统的方式判断传统。这是我前面提到的一个错误:简单的观念可以以简单的方式连接,这一事实并不改变它们的本质;比如,它并没有把它们从人类行为的范围移走。因此,新观念的力量并不在观念及其联系以及从中产生的真理中,而在于那些对越来越多的社会的和概念的统一留下深刻印象的及相比于类推更喜欢简洁的结构的人的习惯中。像巴门尼德这样的人,对于浅薄的经验主义的问题没有过多的兴趣;那些没有意识到他们漠视社会根源的人们,称这类东西为不真实的。

作为对巴门尼德的反对,他的追随者和一些天真的科学实在论者——对科学的更为复杂的仰慕者承认甚至强调,科学理论是人类的创造,而且科学是众多传统中的一个。但他们又补充说,它是唯一成功地理解和改变世界的传统。他们说,理论在这对成就中起到了重要的作用。它们揭示了令人困惑的丰富多样的印象和观点背后的客观规律,他们提供了对预期变化的攻击点,他们还可观地减少了将要记忆的事实的数量。P. B. 梅达沃写道[㉑]:

> 当科学发展时……特定的事实在对于稳步增加的解释的力量和范围的一般叙述之内被理解,并因此在某种意义上被其消灭——因而事实不再需要被明确地知道,也即不再需要逐字拼出并记住。我们被逐步解除了对奇特事例的责任和对特定的人的专制。

因而,如果我们关注于一些事实——总的特点由科学选择——我们可以忽视其他的。

这个简单并相当受欢迎的叙述与科学的实践和人道主义者的原则都发生了冲突。社会的法律既没有也不应"消灭"特定的人的特质，也即个别人的特质。法律没有消灭它们是因为每个个体都拥有即使法律的最广泛的集合也无法达到的特征。此外，人们将怎样承认彼此为不同的呢？而且法律也不应该"消灭"它们，因为这将违背许多西方国家珍惜的个人自由的理想。这种理想并不普遍，现在存在着这样的社会，在那里人们试图"使个人表达的各个方面格式化到这样的一种程度，即个体特质的和特性的任何事仅仅因为在身体上、心理上或出生以来他就是他自己，所以默认了他在连续、不变的盛装游行中所分配到的位置，思想也是这样"。但这只意味着发生的任何"毁灭"是本地习俗而不是普遍法则的结果。或用一种不同的表达：社会理论，虽然努力超越历史，但只成功地成为了历史中不被了解的一部分。

同样的考虑也适用于自然科学。我们可以赞同，木星轨道的预测只需要木星和相关星体的质量、速度和位置。但这并不意味着木星已被天体力学并入或"消灭"，并且停止作为一个独立实体而存在，或不再包含超过那个理论的断言的信息。木星还具有非力学的性质，其中的一些被非力学的规律联系起来："自然规律"在感觉上最多只能被视为抽象概念，顺着这种感觉，亚里斯多德把数学视为一种抽象概念（第八章）；但抽象不可能"消灭"任何东西。

自然规律不仅是抽象概念，理论的非历史本质的辩护者说道：像质量、距离、速度这样的特征（在经典天体力学中的情况）以一种独立于选择它们的那些人的利益的方式被联系起来。这把它们与根本不导致联系或导致微弱的和偶然的联系的其他特征（比如颜色、气味）分离开来。这表明我们正在涉及真正的性质，不仅仅涉及我们求知欲的偶然的目标。一个对实在感兴趣的研究者接受了这种性质，忽视（或"消灭"）了情况的剩余特征，并在消灭的过程中运用理论来指引自己。

这一论证想当然地认为，合规律的或由规律联系起来的事物，与个别的和特质的人相比，属于存在的不同层次：它是存在世界的一部分，并独立于研究者的思想、愿望和印象而发展,并因此是"真实的"。如今这个假定不是研究而是形而上学的结果,形而上学分离了自然和人文,使前者严格、合规律和不可进入,使后者任性、易变并受到微弱骚动的影响。形而上学很久以前就不流行了,但它的认识论的影子仍以(科学)实在论的不同版本的形式与我们同在。这影子可以通过以下方式受到批评:通过指出把实在与合法性联系起来就意味着以一种相当武断的方式定义它。易怒的神、害羞的鸟、易烦的人将是不真实的,而完全的幻想和系统错误将成为真实的。

我们必须考虑到,各种观点习惯于赋予实在某些特征,而否认其他特征,不但没有形成一个一致的整体,而且互相之间及与支持它们的证据之间相冲突(他们想要建立实在这一事实)。对这个问题的通常回答是"通过近似"可以达到融贯。在一些情况中,这个答案是正确的(比如经典力学和广义相对论的关系),在另一些情况中是不完全的(量子论与化学的关系——这里量子论不只是被缩减了,像在标准的近似程序里一样,而是被特有的化学性质的新原则所补充),而且在更进一步的一些情况中是毫无意义的(只有通过反对它们的一些基本特征并宣称它们"不真实"或"不科学",植物学和形态学才能与分子生物学联系起来);"实在"科学据说限定并习惯于"消灭"我们世界中较无序的成分,它不断地被重新定义,使之适合如今的潮流。③宇宙现在被普遍认为是有历史的,规律据说作为它的一部分出现,而且我们只能为那些根据现在的信念对生活和意识来说是必不可少的规律找到证据。就这些情况而言④,我们必须怀疑,即使以某种程度的准确性描述了世界的特定阶段的基本规律也不是绝对正确的。"世界只给我们一次",马赫⑤写道,这意味着那些暗含了非历史规则的叙述是理想化的叙述或"手段",而不是对实在的描述。

想使科学成功地成为实在及其成分的尺度,这一企图还有其他的原因。正如我在第一章第九节中指出的,成功和失败是依赖于文化的概念:"绿色革命"从西方市场实践的立场来看是成功的,但对于那些对自我满足感兴趣的文化来说是一个沮丧的失败。

当我们忽视应用并取而代之地处理观念的理论有效性时，这个论点仍然在发挥作用。麦克斯韦方程的有效性独立于大众关于电的认识，这是真的，但它并不独立于包含它们的文化。它需要非常特殊的精神态度，这种态度嵌入了有时与非常特质的历史顺序相关联的非常特殊的社会结构，来预言、阐述、检查和建立科学家如今正在使用的规则。现在，这一点被社会学家、历史学家和科学哲学家所接受。现在，说服我们相信那些从这种高度特质的并与文化的方式产生出的东西存在并且与之独立地有效的那个论点在哪里？是什么保证了我们可以从那方式中分离结果而不丢失结果？它只需要对我们的技术、思考方式和数学稍加修改，我们可不再像我们现在这样推理。然而我们现在视为有效的这个现状、事实和法则的对象都被假定独立于我们的思想和行为而存在"于世界之中"。

为了支持他们的断言，"实在论者"过早地使用了叙述、理论或手段的论题和手段自身之间的区别。他们说科学的叙述是历史进程的结果。这个过程碰巧确认了世界的独立于这个过程的特征。正如我在第一章第九节讨论的，这个证明路线也可以被应用于希腊诸神。这里没有方式例外：我们要么称夸克和神是同样真实的，但要区分背景，要么完全停止谈论真实的事物。

请注意，这种解释并没有否认科学作为技术和基础神话的提供者的有效性，它只否认了科学的客体而且只有它们是"真实的"。它也没有主张我们可以不需要科学，这个解释暗示了我们不可以。已经进入并发展了一种环境，在其中，科学的规则摆在我们面前，也就是说，科学家，还有西方文明的普通市民，如今都受它们的规则的支配。但社会环境变化了，科学也随之变化。19世纪，科学否定文化多样性，20世纪，被哲学的和实践的失败（包括"发展"的失败）和带着明显"主观的"成分的理论的发明所磨炼的科学，已不再反对它了。那些想用他们的努力增加科学力量的同一批科学家、哲学家和政治家，用它来改变科学和"真实"世界。

"这个世界",我在第一章中提到,"不是由到处爬满的思维蚂蚁构成的静止的实体,这些蚂蚁逐渐发现它的特征,而并没有以任何方式受到影响。这是一个影响并反映它的探险者的行为的动态的和多方面的实体,它曾经是一个充满了神的世界;然后变成了一个单调的物质世界,但愿它将更进一步地变化成为一个更加和平的世界,在那里物质和生命、思想和感觉、创新和传统将为了共同的利益而合作。"

这些观察可以总结为下面的第四点:

(D) 理论的传统在意图上而不是在事实上反对历史的传统。试图创造一种不同于"纯粹"历史的或经验主义的知识,他们成功地找到了形式(理论、公式),这些形式似乎听上去是客观的、普通的和逻辑上严密的,但它以一种与所有这些性质相冲突的方式使用和解释,我们拥有的是一种新的、由一种相当大的错误意识独自带来的历史传统,这种传统似乎超越了人类的感觉和观点及人类的生活。在这一点上它显示出了与同样改变了常识世界并使它们接近于一种精神世界的真实的宗教系统的巨大相似。得到了强大的历史力量的支持,"我们世界图景的机械化"(Dijksterhuis)不能简单地被争论出局,它需要强大的反击力来实现一个变化,这些反击力存在着,它们部分地被西方文明的好胜所动员,部分地在文化自身中被创造。我们希望它们能克服伴随着它的巨大成功而来的危险和障碍。

注释

① 冯·维拉莫维茨－默伦多尔夫(Von Wilamowitz-Möllendorf),《古希腊的信仰》(*Der Glaube der Hellenen I*),达姆施塔特 1955 年,第 17 页。也可参看奥托(W. F. Otto)的《希腊诸神》(*Die Götter Griechenlands*),法兰克福 1970 年。

② 斯密斯·波温,《回到笑声》(*Return to Laughter*),伦敦 1954 年,第 19 页。

③ 这种"凝聚"(Humbold)或"复合构词"(Duponceau)的语言表现现实的方法的进一步例子参看缪勒(Werner Müller)的《印第安人的世界观》(*Indianische Welterfahrung*),斯图加特 1976 年。引文出自第 21 页。关于语言学分类的有用的评注可见袁仁潮(*Yuen Ren Chao*)的《语

言和符号系统》(*Language and Symbolic Systems*)第七章,剑桥 1968 年。

④ 埃文思－普瑞查德:《努尔人》(*The Nuer*),牛津 1940 年,第 103 页。关于霍皮族请参看 B. L. 沃夫(B. L. Whorf)的《语言、思维和理性》(*Language, Thought and Reality*),麻省理工学院出版社 1956 年,第 63 页。

⑤ 赫德(J. G. Herder):《我的 1769 年日志》,《全集》(*Sämtliche Werke*)第四卷,柏林 1878 年,特别是第 356 页注,评论了手手对个别的观察加以系统化的方式,引起了混合着经验主义者和迷信者的兴趣。关于土著人显示出的"对广泛观察的专心和对于关心和联系的系统化的日录",参看列维－施特劳斯(Lévi-Strauss)的《野性的思维》,芝加哥 1966 年。引文出自第 10 页。

⑥ 参看波拉尼(M. Polanyi)的《肃静的维度》(*The Tacit Dimension*),花园城,纽约 1966 年。背景参看同一作者的《私人知识》(*Personal Knowledge*),伦敦 1958 年。萨克斯(O. Sacks):《把妻子误当帽子的男人》(*The Man Who Mistook his Wife for a Hat*),纽约 1987 年。包含的案例研究表明,当某种严肃的知识不再有效时会发生什么。

⑦ 关于这一点参看第十章。

⑧ 启发性的例子在带有现象学倾向的心理学家的研究中可以找到。比如在卡茨(D. Katz)的开创性的论文《色彩的表现方法》(*Die Erscheinungsweise der Farben*),载《感官心理-生理学杂志》增刊第 7 期,莱比锡 1911 年。论文探索了作为普通观察者感觉到的颜色的性质,并引入了似乎有浓度的光谱色(比如天空的颜色)和被限定在清楚界定的表面的表层色(如苹果的颜色)之间的区别。这个研究不是没有困难。许多观察者制造出模糊的并没有实际用处的报告。"观察者必须作好准备",卡茨说道(第 41 页)。观察者通过接收"正确的"描述(或它的近似)来作好准备,但被作为问题来掩饰。问题唤起了描述相关连的现象:产生的"客观性"有着"主观的"原因。像这样的转换发生在所有观察的学科中,并为它们定义现实。关于艺术,参看埃伦茨威格(A. Ehrenzweig)的《艺术的潜规则》(*The Hidden Order of Art*),伯克利和洛杉矶 1967 年;科学史中相关的时期在兰普尼斯(W. Lepenies)的《博物学的终结》(*Das Ende der Naturgeschichte*)中得到讨论,慕尼黑和维也纳 1976 年。

⑨ 艾伦柏格的《人和生命》,1891—1917 年的期刊,伦敦 1961 年,第 8 页。还可参看他对于在俄国十月"革命"中列宁格勒的情况的描述。关于构成"法国大革命"事件的相似报告;参看派诺德和普瑞斯尔的《法国大革命》,纽约 1960 年。

第二个引文出自 S. E. 卢里亚的《追踪器,破试管》,纽约 1985 年,第 26 页。华沙暴动在诺曼·戴维斯的《幸存者的声音》("*The Survivor's Voice*")中谈到,见《纽约书评》1986 年 11 月 20 日,第 21ff 页。关于一般情况的学术上的评论见休斯(Stuart Hughes)的《作为艺术和科学的历史》(*History as Art and Science*),纽约 1964 年。

⑩ 资料在《历史和荷马的伊里亚特》(*History and the Homeris Iliad*)中的第五章,伯克利和洛杉矶 1966 年,查德威克(J. Chadwick)的《对线性 B 的解释》(*The Decipherment of Linear*

B)的第七章,剑桥大学出版社 1958 年。一般的调查见 I. G. 哥尔伯(I. G. Gelb)的《写作研究》(*Astudy of Writing*),芝加哥大学出版社 1963 年。

⑪ 柏拉图有意识地选择了跨越戏剧、叙事诗、科学的论述、抒情诗和启发性语言的对话来作为呈现他的观点的方式。传统的希腊教育和研究运用了所有这些形式(知识和情感,人文和科学,真理和美丽之间尚不存在区别)。17 和 18 世纪,书信起到了很重要的作用。伽利略在给特殊人采用慎重格式的信件中描述了一些他最重要的观点。这些信被复制并传开。Father Mersenne 是关于笛卡尔哲学的信件的中转站。牛顿关于颜色理论的早期论文是给皇家科学院的秘书奥顿伯格(Henry Oldenburg)的信件;论文引起的论战由通过奥顿伯格交给牛顿的或通过他从牛顿那里返回的信件指挥。一般的论述[伽利略用三种文字写的《对话》(*Dialogo*)和牛顿的《光学》(*Opticks*)]向广大群众介绍新的发现。两个例子中个人因素都不少。只有少数现代科学家和哲学家对体裁问题作出有意识的决定——而且他们不需要作这类决定,因为大多数科学期刊都有被很好限定的编辑政策。

⑫ 冯·索顿(W. von Soden):《苏美尔-巴比伦科学的成就和界限》(*Leistung and Grenzen Sumerisch Babylonischer Wissenschaft*),重印于达姆施塔特 1965 年。

⑬ 关于道德问题列表的作用参看多佛尔(K. J. Dover)的《柏拉图和亚里斯多德时期的希腊大众道德》(*Greek Popular Morality at the Time of Plato and Aristotle*),伯克利和洛杉矶 1974 年。细节和进一步的著作见我的《反对方法》第十七章,伦敦 1975 年。

⑭ 参看列维-施特劳斯的著作,《野性思维》,芝加哥 1966 年,及关于家族关系的众多的分析。列维-施特劳斯强调了初期分类图表的效率,事实上它们远远超出了实际需要:"土著也对那些对他们没有直接用处的植物感兴趣,是因为它们与动物界和昆虫界的重要关联",也就是说它们适合综合的理论图表。"甚至儿童也能时常从树的性别的概念和观察木头的外观、树皮、气味、硬度和类似特征来确定树的种类。""几千个印第安人从未用尽南加利福尼亚沙漠地带的自然资源,在那里如今只有很少的白人家庭设法生存。他们生活在一个充裕的地方,因为在这个看上去似乎完全贫瘠的地方,他们熟悉不少于 60 种可食用的植物和另外 28 种有麻醉、刺激或药用性质的植物"(引自第 4 页注)。

⑮ 细节见德桑蒂拉纳(de Santillana)和冯·德肯特(Von Dechend)的《哈姆雷特的工厂》,波士顿 1965 年,和马沙克的《文明的根基》,纽约 1972 年。德桑蒂拉纳和冯·德肯特关于岁差的讨论在 p. 56ff. 。关于古代知识(with literature)的天文学背景的观点在赫吉(D. C. Heggie)的《巨石文化时期的科学》(*Megalithic Science*)中得到检验,伦敦 1981 年。凡·德沃尔顿成功地重建了"存在于公元前 3000 年到 2500 年间的新石器时代的,从欧洲中心传播到大不列颠,到近东,到印度和中国的数学科学。"见《古代文明中的几何和代数》(*Geometry and Algebra in Ancient Civilizations*),纽约 1983 年,第 xi 页。杜尔(Hans Peter Duerr)在 *Sendna*(法兰克福 1984 年)中讨论了知识(被西方观察者人为的分离)与社会生活其余部分的交错方式。

⑯ 这个联合一直存在至今。科学主题和专业学校一起被共同的信仰和实践所拥有。一个新近的例子是所谓的吞噬组及其对(分子)生物学的影响。参见凯恩斯(J. Cairns),斯滕特(G. S. Stend)和沃森主编的《吞噬与分子生物学》(*Phage and the Origins of Molecular Biology*),冷泉港图书馆,纽约 1966 年,以及彼得·费希尔的《生物和光》,康斯坦茨 1985 年,第 141 页。评论说这个组不愿意(或无能力)考虑用不同短语构成并且通过不同方法获得的结论。

⑰ 关于价值的早期的经验的解释,它们被理论的不断替代,对诡辩论思想中的实用性的反复强调,以及在柏拉图看来理论的回归,所有这一切都在韦尔利(F. Wehrli)的精美小朋子《希腊思想的主要方向》(*Hauptrichtungen des Griechischen Denkens*,斯图加特－苏黎世 1964 年)中得到阐述。也可参考斯内尔(Bruno Snell)的《心灵的发现》(*The Discovery of Mind*,1962)和我的即将出版的《理性的陈规》一书。

⑱ 关于"疾病的本质"与作为一个人可观察到的疾病表象之间的区别,请参见特姆金(O. Temkin)的《乔纳斯的双面脸》(*The Double Face of Janus*,约翰·霍普金斯大学出版社,巴尔的摩 1977 年)一书第八章和第三十章。"引领临床医学基础"的杜赫斯特(K. Dewhurst)[《托马斯·西德纳姆医生》(*Dr. Thomas Sydenham*),加利福尼亚大学出版社 1966 年,第 59 页]的托马斯·西德纳姆把专致于"事物的外观"视为一名医生的职责[《著作》(*Works*)第二、六十卷,R. G. 拉瑟姆编],而"比其他的英国人更有助于使西德纳姆的思想引起外国医生关注"的约翰·洛克(杜赫斯特,*op. cit.*, p.56)则解释了在知识发展的过程中知觉是如何变化的。

⑲ 矛盾遍布于索福克勒斯的《安提戈涅》(*Antigone*),请参见纽斯鲍姆(M. C. Nussbaum)的《上帝的脆弱》(*The Fragility of Godness*,剑桥大学出版社,1986 年)一书第三章。对矛盾的强调是柏拉图反对悲剧和宗教传统的理由之一。参见他的《尤西弗罗篇》一书。一个"政治解决"的试图请参见埃斯库罗斯的《欧墨尼得斯》(*Eumenides*)。布雷歇特(Brecht)在许多地方解释了他的观点,引自他的《戏剧研究小技巧》("*Kleines Organon für das Theater*"),《全集》(*Gesammelte Werke*),第十六卷,第三十六节,法兰克福 1967 年。

⑳ 马丁·路德维奇(Martin J. S. Rudwick)在《伟大的德文郡人的论辩》(*The Great Devonian Controversy*,芝加哥大学出版社 1985 年)中提出,甚至(科学)思想通过叙述比通过"概念的说明"能更好地得到促进。他运用 19 世纪地质学史上的一个著名的文献片段,表明科学论辩太复杂以致不能被逻辑学家把握。O. 萨克斯(*op. cit.*, p.5)报告说,根据卢里亚,神经性机能障碍"通过一个故事——一个患有根深蒂固的右侧偏头疼的男人的详细历史——被最好地引介"。这对于所有的临床医生,直至希波克拉底来说都是老掉牙的故事。

㉑ 举例来说,巴门尼德反对"人类的方法","他们中的许多人"被基于很多经验的习惯所指引,"随波逐流,装聋扮瞎,不受干扰,也不做决定"。在普通人和艺术家、医生、军事家、飞行员的生活中起重要作用的诸如"这是红色的"或"那个运动"此类的陈述总的来说排除了真理的领地。

㉒ 按照柏拉图,泰阿泰德和美诺似乎犯了一个简单的错误:苏格拉底求助于一件事物,这

里是知识,那里是价值,等等。但是这个反对者只有在这种条件下其反对才成立:一个词只能意味一件事物。它也假定了对于"知识"只存在一个词;但是短语 Theaet. 145d4－e6 已经包含 4 个不同的字母。最后,美诺(和泰阿泰德)振振有词地说,对于很多人来说显而易见的是,我们正在犯不只是一个肤浅的错误。我们确实如此:概念结构和概念解释的整个传统是多么危险啊!

㉓ 原子论者恩培多克勒和阿那克萨戈拉接受巴门尼德的存在观念,但力图有所变通。为了做到这一点,他们引进了许多在数量上有限或无限的事物。每个事物或多或少地具有巴门尼德的属性:留基伯和德谟克里特的原子是不可分的和永恒的,但在数量上是无限的;恩培多克勒的元素是数量上有限的、永恒的,不可分成部分,但可进一步分成物质(因而恩培多克勒的四种元素热、冷、干、和湿区别于任何已知的物质);而阿那克萨戈拉假定了所有物质都是永恒的。

㉔ *De generatione et corruptione* 325a 18ff.

㉕ 数学和天文学拥有他们对哲学家来说的物质——例如,柏拉图建议从模型而不是从经验主义的观察来发展天文学——的思想遭到了 O. 纽根堡(O. Neugebauer)[《古代的精确科学》(*The Exact Sciences in Antiquity*),纽约 1962 年,第 152 页]的反对。也可参见他对早期古希腊天文学的说明,见《古代数学天文学的历史》(*A History of Ancient Mathematical Astronomy*),柏林,海德堡和纽约 1975 年,第二部分。

㉖ 根据加伦的 *De sanitate tuenda*(Ⅰ,5),健康是一个条件,"在这一条件下我们既不必忍受病痛,也不会妨碍日常生活的作用"。但是日常生活的作用被不同的人们不同地经历,而这些人们从一种文化转变到下一种文化。参见 O. 特姆金的《乔纳斯的双面脸》,pp. 441ff。

㉗ 人类学家已经转而放弃哲学,早期科学家曾企图克服它。参见马库斯(G. E. Marcus)和 M. J. 费希尔的调查《作为文化批评的人类学家》(*Anthropology as Cultural Critique*),芝加哥大学出版社 1986 年。《哲学之后》(*After Philosophy*,B. 贝恩斯,I. 博尔曼,麦卡锡编,剑桥,马萨诸塞 1987 年)此书书名似乎表明,作为一种特殊主体的哲学(它具有方法和它自己的主体事物)行将过时,但它仍然在为它的生存而奋斗。

㉘ 这一点在他关于思想和存在的辨析中变得很清晰。这个辨析在古希腊被暗示过;巴门尼德模糊地运用它与他那个时代的共识作斗争。强调事实反对猜测的科学家也相信他们能建立一个独立于传统的真理。

㉙ 巴门尼德的诗歌包含了一系列论辩,结果导致增长与衰退、部分与再分以及运动的否定。每一个论辩都始于被否定的断言,开头为"它不是",而拒绝其基本的重要性。巴门尼德的论辩把如下这一点看成是理所当然的:把"有别于……"和"它不是……"相等同以便在存在和不存在之间只有唯一"真正的"区别。

㉚ 《解决问题的艺术》,伦敦 1967 年,第 114 页。

㉛ 萨克斯的一位病人(他称之为 P 博士)非常热衷于确认和检验他的想象、抽象的模式和他的先验图式的特征,但他不能确认个人的脸部特征。萨克斯写道:"通过一种喜剧的和可怕的

分析,我们在神经病学和心理学(我加上我们的社会学和政治学)上的认识与可怜 P 博士没有什么区别。"

㉜ 格尔茨(C. Geertz)在《地方的知识》(*Local Knowledge*,纽约1983年,第62页)中阐述了在巴厘人的社会里社会强制的作用。

㉝ 详见汉斯·普赖马斯(Hans Primas)的《化学、量子论及还原论》(*Chemistry, Quantum Theory and Reductionism*,纽约1982年),以及南希·卡特赖特(Nancy Cartwright)的《物理规则是如何行骗的》(*How the Laws of Physics Lie*,牛津1983年)。

㉞ 这是所谓的"人类学原理"的一个版本。更详细的讨论请参见巴罗(J. D. Barrow)和蒂皮勒(F. J. Tipler)的《三个古代宇宙哲学原理》(*The Anthropic Cosmological Principle*),牛津1986年。

㉟ 《机械学的发展》(*Die Methanik in ihrer Entwicklung*),莱比锡1933年,第222页。

第四章　创造性

一、作为模仿的科学与艺术

在柏拉图的《蒂迈欧》中，一个被称作上帝、主宰或父亲的人，通过试图使无序、无形状的材料符合一个精确而详细的计划创造了世界。就像一名工程师那样，上帝"劝服"材料依照图纸产生出"最优秀、最完善的复制品"。复制品与图纸越相像，他的成就就越大。

古荷马史诗中包括特定的讲演（诸如战前将军对士兵作的报告）和典型事件的描述。当相似的情况出现时，这些讲演和描述就会被逐字逐句地照搬上来。古荷马诗人对同样往事用新的或创造性的表达不感兴趣。他们对一种给定的情况需要最好的原型，找到后，一旦情况出现，就会立即套用。

用不同的手段，艺术的重复、复制或模仿实在的想法是古代模仿理论的核心，即运用模式化的媒介作为他们构建的基础。柏拉图在他的《理想国》第十册中对艺术进行了辛辣讽刺，他接受这一理论，批评艺术家在模仿错误的实体（物理的物体或事件而不是二者都遵循的原则），在模拟技巧部分,搞欺骗(诸如透视图)以及煽情。他提出质疑:"爱诗的人受诗的熏陶而愉悦,使她不仅显得聪明,更会使政府和人类生活安定受益。"亚里斯多德接受了这种挑战,他的答案包含在他宏大的《诗学》中,那里仍保持着模仿的框架结构。他说悲剧确实是模仿;然而它不是像历史一样模仿具体的历史事件,而是模仿历史的内在结构,因此,它是"比历史更哲学的"(《诗学》ix 章)。悲剧是理论,历史仅仅是记述。有许多轶事,如画出谷类吸引鸟,画出马引得真马面对它嘶鸣,一幅幕画竟能欺骗艺术家,还有数不清的关于米隆雕刻出的牛具有活灵活现欺骗性的譬喻……表明,在古代,模仿的观点不仅仅是哲学的见解,同时也是常识部分。[①]

我们再回过头来看看文艺复兴时期的思想。列奥纳多(Leonardo)*认为:"与再创造的事物最相似的画是最具有价值的,而且我认为这就驳斥了那些想改进原作的想法。"[②]阿尔贝蒂(Leon Battista Alberti)提到最近发现的透视法规则时,定义一幅名为《金字塔交叉剖面》的画,由从眼睛到物体存在的延伸线形成。[③]阿尔贝蒂的定义把画变成视觉上的金字塔的交叉剖面的确切复制品:"我认为,画家的职责是:无论给他的是墙体还是嵌板相似的观察平面,他通过用线描、用颜色的浓淡,使得在某一距离、某一位置看上去他的作品都很轻松,似乎有质量有生命感"[④]。很晚以后,到了 19 世纪,一些画家试图使自然自身产生复制品,"代替她自己无与伦比的铅笔,因为复制一件东西几乎是无望的同时又是非常烦人且错综复杂的"。这最后导致了摄影的发明。[⑤]

以上简略的概括评述已经表明,模仿不仅不是模棱两可的,而且包括一系列选择,其中之一就是产生复制品的材料选择。模仿者必须考虑材料的价值,这可能取决于自然之法,也可能是习俗的结果(文章中使用

---

   * 指列奥纳多·达·芬奇。

的标准短语、语法、语言中的字词,在剧本中的节拍、音符、手势),也许是发明和基于他们的传统的结果(索福克勒斯把第二个演员加到剧本中,欧里庇得斯又加了第三个)。选定材料后,模仿者必须选定他要模仿的方面。按照亚里斯多德,历史学家和悲剧作家二者都是模仿,但模仿的却是不同的东西。悲剧作家也许会进一步地在无个性的逼真的行动中与同样逼真的行动——却是个性控制的——之间作出选择。[⑥]即使在绘画方面,亚里斯多德对模仿家比如宙克西斯(Zeuxis)* 和柏里诺特(Polygnot)的作品作了区别:宙克西斯的模仿品无个性,但欺骗到了极点;柏里诺特的却没有忽略其个性。模仿是一个复杂的过程,这一过程包括理论和实践知识(材料与传统),可以被发明所修正,同时模仿者进行一系列的选择。

有一种哲学观点,使科学成为一种模仿范式。模仿是亚里斯多德感知理论的一部分,如果不受干扰,感知会以自然形态给人的感官留下印象。模仿位于思想的深处,在古代广泛传播,而且流传至今。科学的任务是"拯救现象",即用可获得的模式尽可能正确地把它们描述出来(如在托勒密天文学中的本轮、均轮;经典物理学中的微分方程)。在培根看来,模仿起到一种作用,他把思想比喻成一面不平整而不干净的镜子[⑦],在得到事物真实的影像前先得清洁和弄平镜面;在公众的印象中无偏见的科学家得避免臆断,集中精力如其所是地述说它。然而看待科学和艺术的任务还可以用迥然不同的方式得出其他观点。

按照这些观点之一,巴门尼德的说法是:描述实在是科学知识的任务。这听起来像是模仿的。然而,巴门尼德补充说,实在是隐藏在具有欺骗性的现象之后并且需要神的力量将之引出。这里我们对于科学和艺术的作用方式有第二种陈述。

---

* 古希腊画家,传说他的画生动逼真,所绘葡萄曾引来鸟儿啄食。——编辑

二、作为创造性事业的科学与艺术

在古代,科学和艺术模仿的思想,科学和艺术是理性判断的范畴的思想,以及科学和艺术能够传授下去的思想,是按照"诗不能从知识中创造出来,而只能根据某种自然神话的基础和上帝的召唤来创造",就像先知和神殿中的歌唱家一样。[⑧]说到诗,柏拉图认为:"由于苦思冥想的强烈驱使,一种稚嫩的、从未触动过灵魂的狂想就复苏了。当这种狂想抓住你的灵魂,通过在歌中赞美古老的故事以及伴我们而来的其他诗的形式,使我们心灵快乐而且受到教育。无论是谁,相信仅靠技巧和苦思就能使他成为一名完全的诗人,那么他就永远不能达到目标;在狂热的诗人产生之前,诗人和诗的理由都已经不存在了"(《斐多篇》245a)。在他的第七封信(参照 341 页)里,柏拉图解释了思想知识是如何"在老师和学生之间经过长期交流后,在对共同的问题探求中,突然,就像火石点燃的亮光一闪,(思想的知识)在灵魂中诞生了,并迅速丰富起来"。

这几段认为:理解或构建一件艺术品的过程包括超出技能技术知识和天才之外的一个要素。一种新的力量控制了灵魂并指导它在某种情况下朝着知识的方向,另一种情况下朝着艺术作品的方向发展。如果认为这种力量就像是神的召唤或是创造性的狂想,不是从外部到达个人内心,而是个人自身原始存在的并由此传给世界(或是艺术的、知识的、技能的形式),那么,我们就得到了我要在本文中批评的那种创造性观念。

为使我的批评尽可能具体,我将聚焦于它喜欢的一个特殊的论证。也为了使我的讨论更明了,我将试着说明个人创造性在科学中的作用。如果这种清晰而详尽的讨论也不成立,那么产生于更模糊领域的花言巧语也将一起失去效力。

三、爱因斯坦关于创造性检验的论证

爱因斯坦在他的论文《关于理论物理学方法》《物理学与实在》和《理论物理学的基础》[再版于《观念与意见》（*Ideas and Opinions*），纽约1954年，参考书目中有这本书]中，解释了为什么科学的概念和理论是"虚构"和"人类思想的自由创造"，并且解释了为什么"仅靠对经验感性解释的直觉，就能得出科学的结论"。爱因斯坦认为：

> 设定"真正外部世界"的第一步是关于全部物体概念的构成以及各种各样的物体的概念构成。我们或直觉或随意地从感觉经验的大多数中抽取出某些重复产生的感觉印象的复合体（部分地与感觉印象相连，而这些感觉印象又被解释为其他感觉经验的标志），把它们合并成一个概念——这个概念是全部物体的概念。逻辑地考虑，这个概念与所指的感觉印象的总体是不一致的，然而它是人类（或动物）思想的自由创造。另一方面，这个概念拥有其意义和只适用于我们结合于它的感觉印象的全部的正当理由。
>
> 在我们思考（这取决于我们的愿望）的过程中，可以从以下事实中发现第二步，我们把全部物体的概念归于一个意义，这个意义在很大程度上独立于最初产生这个意义的感觉印象。当我们把全部物体归结到"一个真正的存在"时，这就是我们的意思。如此概念的合理性广泛依赖于这样一个事实：根据概念及两者之间的精神关系，我们能够从感知印象错综复杂的关系中为自己定位。这些概念和关系，尽管是自身的精神创造，但较之独立的感觉经验本身显得更强烈，更不可改变，而且它是

不完全保证作为任何事物的特征,而不是幻觉结论的特征。再则,这些概念和关系,真实物体的设定,总的说来,"真实世界"的存在的设定,其正当性仅仅在于它们与感觉印象相连,它们与感觉印象之间形成了一种心理联系。(p.291)。

接下来,我们介绍爱因斯坦的理论。理论在很人程度上是思辩的,理论不仅是"不直接与感觉经验的复杂性相连"(p.294),甚至不是完全由观察者决定的——拥有不同的基本概念的两个不同基本理论(比如经典机械论和广义相对论)可能适用于同一领域和同样的观察情况(p.273)——它们也许与被发现时所了解的事实有冲突。理论的原则和概念因此看来完全是"虚构的"(p.273)。然而,它们却被认为是对隐藏的又是客观真实世界的描述。它需要一种强烈的信仰,一种深厚的宗教色彩,在建立理论时信仰这样一种联系和巨大的创造影响是必不可少的。

这种关于物理知识增长的描述遭遇到许多困难。按照爱因斯坦的观点,通向实在过程的起点就是很不真实的。历史上本没有对应于"第一步"的阶段,个人的成长也没有;当受"错综复杂的感觉印象"所困扰,我们"随机而任意地"挑选特定的经历片断时也不存在阶段。即使小孩对无色无声的东西也不接受,他们喜欢有丰富内容的东西,诸如微笑和友好的声音等等。成人的感知世界所包含的内容从桌椅到歌剧表演、彩虹及星星,这些实体的大多数以客观的面目出现,并独立于我们的愿望——我们必须推动它们,挤榨它们,切割它们,以产生物理变化;仅仅有态度和物理位置的变化是不够的。诸如无色无声的感觉印象(比如与有色彩的事物相反,再比如人的声音)在我们的感知世界中扮演无关紧要的角色,它们是在必须仔细检测(例如,使用还原屏)的特殊条件下出现的;它们是后来的理论构造,不是知识的起点。除此之外,它们在以下情况下也会无助于我们：当一个人陷入"错综复杂的感觉印象"中不可能开始构造物理对象时，他完全没有方向，不能思索最简单的问题时。他不会是"有创造性的"，他就仅仅是瘫痪者了。

现在让我们假定这种不可能的情况已经发生，并且通过给出的感觉材料，我们已经"在精神上并且是武断地"成功构造了一个真实物体世界。爱因斯坦故事的后面几个阶段正确吗？不正确！

的确，一个真实的物质世界与一个感觉材料的集合不是逻辑上等价的，尽管这些感觉材料是经过精心安排的；然而，由此也不能得出世界是由个人创造行为而构建的结论：当我走路时，我正走的这步不是逻辑地包含于我刚走过的那一步——然而如果说走路是步行者创造行为的结果是很愚蠢的。我们再从无生命的自然界举一例：正在下落的一块石头落点的后一位置不是逻辑地依照前一位置；然而，没有一位个人创造性的辩护者会喜欢说石头正创造下落。皮亚杰非常详细地描述了儿童是如何通过阶段性无意识的创造性结果仅服从"进化规则"⑨而形成他们的知觉过程的。我们行为的某些特征也许是由此逐渐形成的[例如，科沃德·洛伦兹(Konrad Lorenz)在对幼鹅的研究中，对模式的认知及其附属物作了非常美的描述]。因此，尽管有其自身的逻辑真空的存在，但并不表明需要人的创造行为来弥补。

从常识转到科学，我们会遇到全新的概念：科学理论极少是用日常语言来表达，他们都已数学程式化，不同的理论使用不同数学定律中的术语；形式主义与概念和常识不熟悉的直觉相联系。关于预见，基本的术语和理论不仅仅由已确知的事实而定(这一点在前面几段已经解释)。由此我所审查的论证得出了这样的结论：没有相当大的创造尝试，就不会发生新语言和与其相联系的理论的发明。这个结论可以接受吗？我认为不可以，我再次解释其原因。

我的第一个理由是概念的发展不必成为那些使用概念者意识行为

的结果。例如,抽象概念"有""上帝",部分或全部是由色诺芬尼和巴门尼德首先使用的,后由芝诺进一步丰富,它们被更加具体的想法无计划地逐渐侵蚀。这种侵蚀始于《伊里亚特》,到公元前 6 和 5 世纪就明显了。哲学家们根据侵蚀的概念去构造而不去原创概念。消解影响了诸如"看"这样的行为概念,诸如"荣誉"这样的社会概念以及诸如"知识"这样的认识论概念。所有这些概念原先包含着态度、面部表情、情绪、情境等具体的细节。例如,"看"的概念就包括看人时所感觉到的恐惧在内,并认为这是此概念所不可分离的部分。在"知识"的概念中包含获得和推动知识获得的行为。[⑩]

接下来就会有不同的想法,概念的复杂性和实在性至今仍表明不可能把我们在世界的存在方式降低到可观察的即"客观的"概念形式。然而,主要概念的数量和复杂性减少了,细节问题消失了。"词汇变得贫乏了,成了单调的空壳"[⑪]。哲学家们从复杂含混、不明确的概念转向简洁明了而确定的概念的变化中兴旺起来,并以此宣称,也即从那以后,知识的概念唯一,上帝的概念唯一,存在的概念唯一是必要的。因此,一个复杂而详尽的世界图景——古荷马史诗中构造的世界图景——被一个完全不同的、更简单更想象的世界图景,也就是苏格拉底(包括原子主义者)和后来的柏拉图所构建的世界图景所代替,从构建中获益的人更有意地参与进来(后来,亚里斯多德歪曲了早期思想的重要特性,并因此得到了令人钦佩的对常识所作的假设和抽象的哲学)。当然,在整个过程中不时出现一些小的"发现",但是它们并不重要,并且在没有重要的非创造性变化的支持下,它们就是无用的。最具科学想象力的科学哲学家之一马赫以下面的方式在数学的发展史中描述了一种类似的情况[⑫]:

> 人们常常把数字称为"人类精神的自由创造"。当我们看到这已完成的强大的数字大厦时,这些话语中所表达的对人类

精神的钦慕是非常自然的。然而,通过追溯其直觉性的开端以及产生这些创造性需要的环境,能更好地帮助我们理解这些创造。也许人们随后就能意识到,最初形成的结构是由物质环境无意识地生物性地作用于人类,并且会意识到只有证明了它是有用的,其价值才能被认可。

我对抽象且不寻常的概念是个人创造行为的唯一结果产生质疑的第二个理由是,即便是对新颖普遍原则的有意识的和有意图的表述,在不求助于创造性的情况下也可以得到解释。我举例来表明我的意思。马赫在《机械论》(第 9 版,莱比锡 1933 年)的第一章第二节提到并分析了斯蒂文关于斜面上静止均衡态物体的讨论问题(在等高的斜面上等重的物体运动与斜面高度成反比——我下面称之为定理 E)。要证得定理 E,斯蒂文设想悬挂在有两个平面的楔形物上的一条链子,他认为这条链子或运动或静止。如果链子运动,就会一直运动下去(链子的每一位置就其他位置来说都是不变的),然而,绕楔形物一直运动是荒谬的(定理 P),斯蒂文认为,链子因此而处于均衡态。而且由于链子是对称的,当截断链子的下面部分后也不会破坏其平衡态时,我们就推得了定理 E,斯蒂文就是这样做的。

马赫认为,诸如 E 这样的定理既可以通过实验由此推导,又可以通过"原理"诸如 P 作用下发现。他说,尽管实验是被外部环境(摩擦)歪曲了的,它们常常不同于"精确而固定的比例",它们"令人生疑",而且从实验得出普遍规则的方式是"跛脚的""不清楚的"和"千疮百孔"(p. 72)。归纳法导致了遗憾的结果。另一方面,从原则上讨论,"有更大的价值",而且我们无矛盾地"接受"它们。它们拥有的权威来自"直觉",例如,根据斯蒂文的直觉,链子是不可能永远运动下去的。这是对"仅与最强的概念能力相关联的最强的本能使人成为伟大的科学家"的科学驱动力。

比较马赫和爱因斯坦,对科学中原理使用的分析是很有趣的。爱因斯坦饶有兴趣地读了马赫的文章,并在许多方面受到了他的影响。按马赫的方式,他没有以通常的方式去描述实验的结果,即从特定的相对论开始研究,而是始于对相对论原理及恒定光速原理的研究。在他的一生中,他一直嘲笑那些专注于"测量准确性"的科学家,认为他们是"充耳不闻的聋子"[13]。和马赫一样,他认为显而易见的特定事实无需实验的支持。例如,麦克尔逊-莫雷实验在他的相对论的结构中就起着非直接的作用。"我想我当时仅是想当然地认为这是真的"[14],当要准确地向他提出这个问题时,他这样回答。"因为这无关紧要",马赫就斯蒂文的情况写道,"是否一个人真的做了实验,假如成功是超越问题的话"。斯蒂文做了思想的实验。马赫说:"而这不是错误——如果认为是,那我们都有份。"

马赫对"本能"的应用似乎使我们接近了爱因斯坦的"人类思想的自由创造"的观点,然而两者之间的差别还是很大的。由于爱因斯坦没有分析创造的过程,而喜欢把它们与其宗教态度相联系,马赫马上补加了合格证:"这使我们用虚构的方式使科学中的本能因素变成新的神秘主义。代替实践的神秘主义使我们不得不想下面的问题:本能知识是如何起源的,它包含的内容是什么?"他的回答是,没有仔细考察相关的经验事实就形成了研究者程式化的普遍原理的本能,是所有人主观地长期使用这一过程的结果,无论是科学家还是非科学家。当行为因此而改变,且变化结果包含在人之思想过程中时,许多期望就消失了。当我们在日常生活中经历某事失败的次数和拥有证实某种不可能性(比如一条链子永远运动的不可能性)的次数远远多于科学家有意识所做的实验次数时,我们完全有理由纠正甚至停止这样的实验,在本能的帮助下发现原理。当然,斯蒂文的讨论只有在两个方面才可以开始,斜面问题和关于永久运动的本能知识;斯蒂文必须"看到",一个问题能被另一问题所解决。但科学发现的描述告诉我们,这种"一起带来"仅靠自身发生,意识的介入不是帮助解决问题而是干扰。因此,马赫在爱因斯坦(普朗克以及其他人)仅认为是"人类思想的自由创造"的地方给出了解释的梗概要素。爱因斯坦基于其观点建立的现象,又为其所用,因此这些现象还不能被证明是个人的创造性行为,我们必须进一步深入分析。

四、作为个人创造性思想基础的人的观点

我现在要谈我的第三个评论,也即最后一个关于创造性的内容。仅当我们以某种特定方式考察人时,谈及创造性才有意义:他们开始因果链条,而不仅仅为其附属。当然这是当今西方最好"受教育"者的看法。他们不仅形成了这种看法,而且认为理所当然。对人类还能有什么其他的期望呢?人有责任心,作出决定,思考问题,解决问题,并且根据可获得的解决办法采取行动。从我们的儿童时代起就被训练实践,对它们承担责任,并对我们不喜欢的东西予以谴责。这种设想就是政治、教育、科学及个人关系的基础。然而,它不仅是唯一可能的假设,依赖假设的生活不是生活存在的唯一形式。人类关于他们自身、他们的生活、他们在世界中的作用有(文化上不同于已有的)非常不同的想法,他们在思想的导引下行动并取得成效。我们仍然崇拜并试图模仿。

我们再次引用荷马史诗为例。一位古荷马英雄发现他面对着各种选择。因此,阿基里斯(Achilles)在《伊里亚特》第九本第 410 行中说[15]:

> 由于我母亲忒提斯女神告诉我,我有两种面对死亡之期的命
> 运。如果我在 T 城战斗而不回家,我的光荣将永存;如果我回到
> 我热爱的家乡,我的光荣将不复存在,但我可能会长命百岁。

斯内尔指出,类似上文是不能如所说的那样对阿基里斯的选择作出解释的。我们很乐意说他最终从两条道路中选择了自己的那条,并随着进展给出了解释。他现在了解他需要什么:"……在荷马时期,我们很难发现个人的决定,即行动的人类所做的有意识的选择——一个面对诸多可能性的人从不会这样想:这种选择取决于我本人,取决于我想做什么。"[16]而且也不会是其他的。荷马时期的人仅作那些不是整体需要的有意识的选择和创造性的行为。如我们后来所见到的几何术和古时的普通思想一样,古荷马人是一个各部分联系松散的整体系统,他们如转运站般平衡而松散地联系。比如梦、思想、感情、神的介入等事件。没有精神的中心,也没有创始或"创造"特定因果链条的"灵魂",甚至身体都不存在逻辑一致性。令人吃惊的是,连关节都是后来希腊雕刻家加上的。但是这种减少个性的整体性比植根于环境中的个性的补偿要多。尽管现代观念把人从世界中分离出来,使相互作用问题转变成了一种不可解决的问题(如心脑问题)。古荷马武士和诗人已不再陌生而分享了许多要素。他也许在个人责任、自由意志和创造性意义上是防御者,在这个意义上说他也许没有"行动"或"创造"。然而他不需要这种分享他周围变化的奇迹。[17]

说了这些之后,我就要开始讨论我的主要观点。目前,个人创造性被认为是一种特殊的天赋,并鼓励其增长,而缺少创造性的人则被认为有严重缺陷。这种态度仅当人类成为自我控制的主体从自然中分离出来,拥有他们自己的思想和意志后才有意义。然而这种观点已产生可怕的问题。有理论上的许多问题(心脑问题和更技术性的行为问题;外部世界的实在性问题;量子力学中的测量问题等等),实际的问题(如何看待作为自然和社会的人和行为,谁的成就正威胁着自然界和人类社会,谁将复兴残余的世界),伦理学问题(人类有权按照他们的思维方式去塑造大自然和不同于他们自身的文明吗?)。

这些问题与我们前面已描述的关于概念从复杂而具体到简单而抽

象的转移是密切相关的,尽管早期的概念把依赖视为理所当然并用各种方式来表达它们,作为最初的理论科学家的自称,"哲学家"这个概念和17世纪的改良是客观的,也就是与创造概念的人和产生要领的环境相分离,因此在原则上就不能对世界中相互作用的丰富多样的模式作出公正的判断。在主体与客体、人与自然、经验与实在之间以及作为这些观念的"革命"结果的深渊之间架起桥梁是一个奇迹——创造性导致的神奇的思想之堡(哲学的或科学的)就是这样的奇迹。因此现存的最理性的世界观仅当最非理性的事件即奇迹参与时才能起作用。

五、重返整体性

但是并不需要奇迹。当我试图分析表明爱因斯坦的观点时,爱因斯坦把创造性运用于产生结果(外在于观察者的客体;比某一时期的共识概念更抽象的概念),这些结果要么是自然进程(个人或群体)的短暂阶段,要么是在这一阶段的极小改变。爱因斯坦忽略发展以及使之成为可能的人(或群体)的那些因素,从一个抽象的实体来思考主体,虚构情境,进入其感觉的迷宫。的确,他需要一个等价的抽象和虚构过程,创造性就与真的人及其工作结果重新建起了联系。在他的模型中需要奇迹发生,而在抽象程度不高和弯曲的头脑们(古代幻想的生物学家,非行为的心理学家)和普通的研究者所描述的真正世界里却不会发生。如果用这样的世界取代模型,那么个人创造性的幽灵就会如恶梦般消失。很不幸,这件事仍没有结束。

理由是当虚构的理论与自然缺少联系时,就不需要与我们的信仰以及文化发生联系。与此相反,它们倒经常提供奇怪的动机和破坏性行为。非现实主义政治不仅没有崩溃,而且影响着世界,它们导致战争和其他社会和阶段的灾难。一旦占了统治地位,它们是不能仅靠争论就被赶下台的。如果在相反的背景下，即使最好的争论听起来也像在诡辩——科学就是这种情况，在政治和支撑民主国家的普遍意义上更是如此。我们确实还需要争论——然而我们也需要一种态度，一种信仰，一种哲学或想呼吁（倡导）的这样一个机构，拥有相关科学和政治的机构，它们把人作为社会和自然的不可分离的部分而不把他们作为独立的建筑师。我们无需新的创造行为去为我们寻觅这样一种哲学和它要求的社会结构。这样的哲学（宗教）和社会结构至少在我们的历史书中已经存在了，因为早在很久以前，当思想和行动仍然是一种自然增长的结果而非直接反对这样一种增长趋势的建构努力的结果时，它们就出现了。有许多"古老的"文化，如荷马史诗、中国的道教文化，它们对这种创造性奇迹的诚挚尊崇使我们自叹弗如。

我们不能凭它们与"科学"或与"现代形式"有冲突就对它们的观点加以拒斥。没有坚不可摧的实体，"科学"也可以认为是与事实有冲突，"现代形势"是破坏我们对和平与幸福最基本愿望的大灾难。科学家们自己已经开始批判这种人类的分离主义观点，这种观点认为存在一个"客观的"世界和一个"主观的王国"，并且武断地使二者分离。因此，马赫指出，早在一个世纪以前，通过研究就认为这种分离是不正当的，最简单的感觉远不及抽象，任何意识行为都被生理过程牢牢掌握。K. 洛伦兹讨论了这样一种"主观的"因素部分地成为研究的科学，而最高级的科学学科——量子物理学——迫使我们承认，在自然和用于检验自然的机构（包括思想）之间不可能划出一条明晰的界线。若考虑社会方面，我们仅需牢记 15 世纪文艺复兴时期艺术家的态度：他们以团队形式工作，领工匠的报酬，受雇主的领导。团队工作在科学中已经扮演着重要角色，它过去是而且仍然是科研机构如贝尔电话实验室的楷模，这样的机构能很好地帮助我们在探索更美好世界的过程中有所发明（如变压器）。所有需要归还给某一行业实践者的能力、行为实践者的谦虚，尤其是行业实践者的人性的,就是要承认科学家也是公民(即使是在其专业领域之内),因此应乐意接受他们的公民同伴的监督和指导。一些自恃拥有天才创造性的人认为,他们能重新创造出符合他们的事物。科学地讲,这种自负不仅导致了可怕的社会问题、生态问题和个人问题,同时也具有非常令人怀疑的语气。我们应重新审视这一点,充分利用它所代替的较平和的生活形式。

注释

① 参见帕诺夫斯基(Erwin Panofsky)的论文集《思想》(*Idea*),纽约 1986 年。

② *Trattato della pittura*,路德维奇编,1881 年,约第 411 页。

③ *Della pittura*,引自 J. R. 斯潘塞的《阿尔贝蒂论画》(*Leon Battista Albertion Painting*),纽哈文和伦敦 1966 年,第 52 页。

④ 斯潘塞:《阿尔贝蒂的画》,第 89 页。

⑤ 塔尔伯特(H. F. Talbot)的《摄影、散文及幻想》(*Some Account of the Art of Photographic Drawing*),纽约 1980 年,第 7 页。

⑥ 按照亚里斯多德的“现代”(其中包括欧里庇得斯),以第一种方式进展,“而几乎所有早期人类”(包括埃斯库罗斯和索福克勒斯)在性格方面比行为更具成效。

⑦ 《新工具》(*Novum Organum*),格言 47;也可参见格言 115 和 69。

⑧ 柏拉图:《苏格拉底的辩护》(*Apology of Socrates*),21d。

⑨ J. 皮亚杰:《儿童的现实构造》(*The Construction of Reality in the Child*),纽约 1954 年,第 352 页。

⑩ 详细细节发现于 B. 斯内尔的《前柏拉图哲学知识概念的表达》(*Ausdrücke fürden Begriffdes Wissens inder Vorplatonischen Philosophie*,1924 年),以及同一作者的《心灵的发现》,哥廷根 1975 年。

⑪ 冯·弗里茨:《德谟克里特、柏拉图、亚里斯多德的哲学和语言表达》(*Philosophie und Sprachlicher Ausdruck bei Demokrit*,*Plato and Aristoteles*),达姆施塔特 1966 年,第 11 页。

⑫ 《认识和错误》(*Erkenntnis und Irrtum*),莱比锡 1917 年,第 327 页。

⑬ 《美国物理学杂志》(*Am. Journ. Phys.*),第 31 卷(1963),第 55 页。

⑭ 《玻恩与爱因斯坦的信件》,纽约 1971 年,第 192 页。

⑮ 见哈得马德(J. Hadamard)的《数学领域的心理学发现》中的例子,普林斯顿 1949 年。

⑯ 斯内尔:《全集》(*Gesammelte Schriften*),哥廷根 1966 年,第 18 页。

⑰ 详见我的书《反对方法》第十七章,伦敦 1975 年。

第五章 哲学、科学和艺术中的进步

一、两种进步

圣奥古斯丁在他的《上帝之城》（*City of God*）第 12 册的一个著名段落中,对人的悲惨处境作了鲜明的描述①:

谁能描述,谁能构想人类遭受痛苦惩罚的数量和严重性? 我们遭受到着抢掠、拘捕、锁链、监禁、流放、拷打、失明、镇压者纵情享乐的淫威,以及许多其他恐怖的邪恶事件。外部对我们的身体构成的危害也数不清——天气骤冷骤热、狂风暴雨、洪水泛滥、闪电、惊雷、冰雹、地震、房倒屋塌;还有来自犯错误、害羞或牲口的恶癖的:来自水果中的毒、水中的毒、空气中的毒、动物的毒;也有疼痛或致人死命的野生动物的咬伤;也有被疯狗咬伤后的狂犬病的发作,因此即使是那些对主人一直最温和的动物,也会变成比狮子和巨龙更可怕的动物。人偶然感染了这种瘟疫后,就会变得疯狂,甚至他的父母妻儿都把他看得比野兽还可怕！人们一出门就会面对各种不可预测的灾难。即使身强力壮的人回到家门口，在台阶上一滑，也可能摔断了骨头且永远不能治愈。该不会有比在椅子上坐着更安全的吧？然而艾利这名牧师偏偏从上面掉下来，摔断了脖子——愚钝是抵抗魔鬼攻击的保护吗？几乎没有人这样认为，即使受到过洗礼的幼儿，的确童心未泯，有时也会很痛苦，甚至上帝也允许这么做，并因此教导我们叹息生活的不幸，企盼幸福生活的降临……

还有很多这样的描写。圣奥古斯丁说，这就是对"原罪"的"公正处罚"。但是，慈仁的上帝也给了人类两件礼物：生殖力和发明，其中发明已在各个领域取得进展(同上书，第852页)：

难道不是人类的天才发明和应用无数在某种程度上是必需的而又是华而不实的令人吃惊的技术，使得不仅仅是多余的，甚至是危险的、具有破坏性的发明的思想力量非常活跃，并预示着在自然界中的一种无穷无尽的财富可以发明、研究、使用这些技术吗？也许有人会麻木地说：人类在纺织业和建筑业、农业和航海业中取得了多么神奇的进步啊！陶器、油画、雕刻上的花纹多么无休止地变化呀！大剧院展览的杰作是多么神奇，没有见到的人怎么也不会相信的。人类发明的捕捉、杀死、驯养野生动物的工具多么有技巧啊！伤人的工具也是如此，有多少种毒气、武器、毁灭性工具被发明出来，而同时保护和恢复人类健康的工具也被无限地发明。为引起食欲，用来满足味觉的调料是多么丰富多样啊！有如此多的方式用以表达和领悟思想，其中说和写占了第一位！为了阐明思想，好口才

需要多少修辞啊！一首悦耳的歌有多么大的价值啊！有多少
种音乐器械被设计出来！人在测量上是多么有技巧啊！能发
现星辰的运动和联系是多么睿智！即使人类不能详细描述自
然，只能尽力给出一个普遍的概况，然而谁又能说得清在自然
上花费了多少呢？总之——即使已被证明是异教徒和哲学家
的天才误解和错误的保护，也不能充分地断言。

在一个同样著名的段落《艺术家的生活》(*Lives of the Artists*)中，
瓦扎里指出：

> 艺术的逐步发展是其固有的理所当然的特性，从朴素开
> 始，直到最后到达尽善尽美的顶峰("企鹅经典系列"，第85
> 页)。

并且，他用如下方式描述了关于这种进步的最高成就(同上书，第83
页)：

> 古老的拜占庭模式被完全抛弃了——第一步是由契马布
> 埃(Cimabwe)，接下来是乔托(Giotto)——这样就被一种新的
> 模式取代了；我喜欢称这为乔托的自我模式。在这种画风中，
> 完整的素描被忽略掉，盯人的眼睛、脚尖、尖手、无影子以及其
> 他拜占庭式的荒谬处理也是如此。这满足了优雅的头脑和精
> 美的色彩。乔托尤其指出他的画更有吸引力，在头部开始显示
> 出某些生气，并且通过勾勒折叠幕布使它们更具真实性；他的
> 发明在某种程度上具有了透视缩短的艺术效果。而且，他是第
> 一位表达感情的画家，因此人们从他的画中识别对恐惧的憎

恶、愤怒和爱的表达。他使一种过去一直是粗糙而尖刻的画风
进化到了精美的模式。

这两段包括了两个重要然而不同的进步思想。

圣奥古斯丁描述了人类是如何通过形成新的技巧、模式、刺激思想
的方法和感知甚至是谬误来不断丰富科学和艺术,以及这些技巧、模式
等数目是如何不断增长的。无论何地,艺术和科学都会因其发明、发现、
突破而受到表扬——暗示了这种量上的或累加的进步思想——因为人
们认为发明、发现、突破是被明确界定的确切事件,它们的积累能加速知
识的进展。量的思想出现于古代,今天已非常流行。

另一方面,瓦扎里提出了一个质的解释。进步,如他所理解的,不仅
仅是数目的增加,同时也是事物(技能、思想、艺术作品)特性的改变。

质的观念在历史上也扮演了一个重要角色。它是不同时期有不同
质的生活②的古代故事的基础,它推进科学的发展,影响艺术,目前被广
告机构用于施加影响("Alpo 狗粮——新的改良的!")。

在科学中,质的进步观念角色常常是通过关注量的细节来提示的。
然而科学上关于精确性和数量性(事实或预言)的争论总是被卷入质的
假设中,这些假设尽管有许多经验上的困难。一直持续到 20 世纪的原
子论和形式理论之争,是一个典型的例子。原子论经常与事实和有道理
的(高度确证的)理论相冲突。在持这种观点的人的思想里,物理过程能
被分解为包括物质微粒运动基本过程的思想更强烈于似乎危及它的事
实和测量。因此这一理论一直存在。按照哥白尼的观点,他的理论不比
对手的预见性更多、更好③,却是对天体结构理论的更好描述。牛顿反对
上帝智能化的观点(如笛卡尔和斯宾诺莎)以及在上帝及其他创造性之
间强调个人的关系。他假设在上帝和物质世界之间有持续的和积极的
相互作用,而莱布尼兹把上帝变成了手艺高超的建筑师,对美妙世界设

计、创造,使它按照不变的规则来发展。观察和实验在这场涉及物理学、技术和宗教的争论中作用不大。④爱因斯坦承认质能理论在经验上的成功,但批评作为其基础的概念和与这些概念相关的世界观。偶然间他做得更深入,他嘲笑对于"几乎无效的证实"的广泛兴趣,并强调他的观点的内在合理性。⑤在所有这些例子中(并且似乎是在所有主要的科学代替中)质的假设起到了决定性的作用,尽管这种作用常被忽略。

二、它们的不同性质

乍一看这两种观点似乎有不同的性质,并按照不同的方式起作用。

在其最简单的形式中,量的观点似乎是"绝对的"或客观的:关于某种事物数量的观点差异不能通过文化和目的的差异来解释。我们应承认某些或全部党派都是错误的——对事物的每一组合仅有一个适合的数目。是这样的信仰促使柏拉图喜欢数而不喜欢艺术作品。

> 除非进行计算、测量、称重,否则看起来较大、较小、较多、较重就不是普遍的,这难道不是因为测量、计数和称重已被证明是排除错误和假象的最好手段吗?(*Rep*. 602d4ff)

同样的信仰也存在于现代科学对数的推动之后,然而数字是由计数得来的。计数假设,由许多部分组成的(狗、戏剧表演、小说、观察者)复杂实体被认作单元,而不同人(或不同文化)以不同方式构成单元。天上有多少星座呢?这取决于我们用什么图案把一群星统一为一个单一形状以及这个形状的部分如何与整体联系。在我们的银河系中有多少星呢?这又取决于你检测物质时的光谱范围:在某一范围看似两颗不同的星在另一区域可能就是一个简单的点。

这种说法毫无意义:"但一定有确定的数,并且我们不得不找到这个数。"因为问题是,"什么东西的确定的数"——并且这个"什么东西"是随着定义、所持观点态度及理论假设等的变化而变化的。偶尔,甚至被严格限定的实体的数目也取决于我们的方法。耶稣去过迦百农之后,还有多少人在哪? 这由你对基督的信仰而定。如果你认为耶稣是一个人,就会得到一个数字。如果你假定如幻影学家所认为的,基督仅仅是一个显象,一个幻觉的肉身,你将会得到一个不同的数。也许还存在另一个数,如果你把他视为一个神,不掺杂一点点人类的成分。在给定的时空范围内基本微粒的数目取决于用来发现他们的相互作用的特性。抽象的数(它们之间似乎是明显分离的)和事物的数(这取决于刚刚描述过的量的环境)的一个持续混淆使我们相信,数的判断比质的、结构的、价值的判断更具"客观性"。

然而,质量进步的观念是相对的观念:被一些人加以称赞的特性在另一些人看来应是被抛弃的。如果所有的传统消失并仅仅保留下了一种传统,那么,这个传统的判断当然就是唯一判断——但它们仍然是相对判断,就像"较大"在仅拥有一个主体在内的世界中保留一种关系。我将从艺术的角度例证质的进步的特征。

三、艺术的进步

瓦扎里赞美自然状态,赞美柔和的颜色和组成部分,以及他从乔托那里发现的透视法。这些都是进步的标志——只不过除了这样一种人,这种人无意识地或者习惯性地接受这样的观点:一幅画必须是通过运用在 15 世纪就已获得的技术语言所体现的可见物理特征,或者必须对处于较好位置的观察者的视觉印象的复制。例如,对于阿尔贝蒂来说,它们就是进步的标志,他在其关于绘画的论文中写道:

154

> 画家的作用是：无论给出什么样的背景，他都是用线条去描绘、用色彩去渲染他所观察到的任何物体的类似程度，因此在离开中心物的某个距离和某个位置，物体显得凹凸起伏，看起来有质量、很生动。⑥

在另一篇文章中，阿尔贝蒂对几何方法作出了更清楚的描述："图画是从眼睛到被描绘的物体轮廓的交集。"

但是阿尔贝蒂描述的也是瓦扎里赞美的元素：透视法、自然状态、柔和的色彩、特性、情感——对于想利用绘图或雕塑来表达绝对或精神成就的艺术家来说，这些都是障碍，而不是改进。永久的和独立于环境的东西无法被变化的和与"某个离开中心物的距离和位置有关的东西捕捉到"。"自然状态"如躺着、站着、走着、四处观看，都是特定的和变化的状态，当颜料沉浸在特殊的光线中并且从一种特殊的气氛中去看时，"柔和的色彩"才会出现，情感产生又会消失，最后，透视法不能给我们一个实物，而只能说明对一个或许并不显著的个体来说，它看起来是怎样：任何一个懒汉都可以从一个很远的距离把皇帝看成和一只蚂蚁一样小。对力量、永久性和客观性感兴趣的艺术家已经意识到这些缺陷，并且已形成了不再遵从极端的视觉实在论原则的特殊方法。

埃及艺术史是一个极好的历史事例：一种早期的十分复杂的自然主义风格被一种严格刻板的形式所代替，这种形式几个世纪都没有改变。但是自然主义的技巧并没有被遗忘。它们用于日常生活图景，而且在阿孟霍特普（Amenophis）四世长老统治期间重又出现于各个领域中（见我的《反对方法》第十七章）。这说明"自然的图景"随着更为现实主义的评论而出现，就像在实验室中一样，我们在此也可以观察代表性风格和方法是怎样随着设计艺术品的目的而改变。

表明某些显然是原始的程序可能是目的驱使的结果而不是忽视或

缺乏才智的另一个例子是早期基督教艺术史,地下墓穴的绘画似乎受到两个目标的引导:修饰和讲故事。构造故事的材料就是图画——不过这些图画的作用更像早期中国字中的图画,而不像警察局中罪犯的小照。个人的表述、透视法、柔和的色彩都很缺乏,这不是因为我们处于"初始阶段",而是因为向一个表示"脸"的符号索求这些特性或要求表示"房子"的符号按照透视规则来构成是毫无意义的(同埋,对用来解释视网膜和大脑之间的神经中枢而设计的人体图要求个人情感也是毫无意义的)。即使是个人肖像(圣人、主教、皇帝),如填写了正确名字的雕塑或图画(盘子上或硬币上),也往往带着惯常的表情,这是因为其共同目的是:

> 要表达这种思想,即通过在肖像中表示出这个人所拥有的所有必要特性来说明所描绘的人是真正的巴兹尔教士、领事、权贵或主教:他拥有高贵而严肃的特征,帝王的风度,他做出正确的姿态,他把某种标志拿在手里或者穿着适合他社会地位的衣服。例如,当我们看到圣西奥多作为一个士兵形象的塑像时,我们会受到误导,说那是一个拜占庭士兵的塑像,与其他拜占庭士兵相似。但是,我们应该说的是,那是根据拜占庭士兵而设计的圣西奥多的雕像。[⑦]

一种视觉实在论者就这种观点提出的问题在希腊剧中作出了清楚的描述,该剧以约翰的仿造能力而知名,并且被哲学家归于公元前 2 世纪小亚细亚。该剧向我们讲述了约翰的一个学生来客米德司(Lycomedes)是怎样暗中请一位画家到约翰的家里开始给约翰画像的。由于从未见到过自己的脸,约翰发现了这张画像但并没有认出来,还以为是个白痴。来客米德司拿来一面镜子,约翰比较了镜子中的像和画像说:

就像主耶稣基督在世一样，这幅画像的确像我，但是，我的孩子，它不过是像我们的肉体形象。因为如果曾在此描绘过我的脸的画家想把它画到画中，他所需要的不只是你看到的色彩和纸板……还有我的形体的位置、年纪、青春以及所有用眼睛看到的东西。

然而你——来客米德司应该成为我的一个好画师，你拥有他通过我而给你的色彩，他自己在画我们所有的人，甚至也画耶稣，他知道体形、相貌、姿态和我们的精神类型。但你所做的是天真的、不完全的：你对死人画了一张死去的画像（同上书，第 66 页）。

换言之，视觉实在论丢掉了生命和灵魂。

伪约翰的评论得到了感觉心理学家的支持，感觉心理学揭示了通过一个物体的自然主义的图景而传递的信息是通过多余的信息承载的，这些多余的信息干扰试图对其结构的把握：

瑞安（Ryan）和施瓦兹（Schwarz）[8] 比较了四种代表方式：（1）照片，（2）造型画，（3）线条画，（4）相同物体的卡通画。这些图画用简洁的提示方法表达出来，并且主体必须使画中的某部分相对位置特殊化，例如手指在手上的位置。这种提示从过于简洁的某点开始增加，直到足以获得确切的判断，带着这一发现：卡通画以最简短的提示得到正确的认识；轮廓画需要最长的提示方法；另外两种差不多一样，并且处于这两个极端的情况之间。[9]

我们可以推断自然主义的透视图对面部描述的细节似乎延误了认

出"性格""灵魂"或所刻画的个体的"实质",并且这种性质或实质可以用某种方式表达自身,这种方式不仅是隐秘的,甚至可能是视觉实在论接触不到的。参考文献的最后一部分会得到如下支持:自然的进一步发现和感觉的发展。A. 埃伦茨威格在他的书《艺术的潜规则》[10]中写道:

> 格式塔心理学预言,一旦对这个世界睁开眼睛,(先天失明的人)注意力就会立即被吸引到展示……基本模式(例如球形和圆形,立方体和正方形,锥体和三角形)的形式中……这是观察格式塔原理作用形式的绝好的机会! 自动地把视觉领域组织成看到的与截然不同的背景相反的精确形态! 这些预言都不是真的! 冯·森顿[11]收集到的病历说明了病人在突然面对这个复杂的视觉世界时遇到的难以置信的困难。他们许多人……对其目标感到疑惑,难以把握,某些人在重患盲疾并且重新沉浸于他们熟悉的触觉世界时,会感到彻底的解脱。
>
> 他们既没有显得有多么灵敏,也不擅长挑选基本的几何图形。为了把三角形与正方形相区别,他们必须一个个地"数"角的个数,正如当他们还看不到时通过触摸所做的那样。他们常常伤心地面对失败,他们当然没有格式塔理论所预言的简单而显然的格式塔的轻松意识。模式的简单性在他们的学习过程中只起到很小的作用。心理分析学家听到对于实际的而不是抽象的形式产生的很强的性欲是最强烈的刺激和最有效的引导,一个女孩作为感情动物首先要辨别她喜爱的人。最近的一个例子表明,医生的脸是从视觉领域的普通模糊物中挑选第一个无形状的小圆点。

因此视觉实在论至少从一个人的实在中转移两次：由细节构成，并依赖于物体的形状而非其情感的影响。最初的艺术家，现代画家如毕加索或柯柯什卡的虚构剧的作者，以及许多基督教早期的艺术家，似乎比他们的实在论批评家更理解这种情况（另一方面，后者或许受到逐渐充满我们生活的疏离的影响）。

阿尔贝蒂所描述的也即瓦扎里赞美的基本元素——透视法、自然状态、柔和色彩等等——或许都是障碍而非成绩，当我们考察颜色的作用时，这一点就会很明显。瓦扎里批评道，亮色——天堂的佛青色、光环的金色光辉、衣着的耀眼的红色和绿色——在中世纪艺术中扮演着重要角色：有意地反自然主义，他们使画中的光成为尘世之外之物，正如研究色彩的现代历史学家描述的事物一样。[12]苏加(Abbot Suger)在思考他教堂中主圣坛上的宝贵的石头时描述了这种"类推的"或反自然主义的奢侈物的"先驱"的作用。[13]

> 当——在这个上帝之屋的美妙中我高兴不已——许多上了色的石头的可爱线条把我从对外部的关注中唤起，有价值的思考引导我对神圣特性的多样性作出反应，把物质的变为非物质的。这些神圣特性是：随后在我看来似乎我看到自己在思考，就好像在既不完全存在于肮脏的尘世又不完全存在于纯净的天堂中的宇宙的某个奇怪的领域；并且，通过上帝的优雅，我能通过一种类似的方式从这个较低级的世界被送往较高级的世界。

我的结论是，艺术史给我们提供了各种技巧和用于各种理由以及根据目的的变化而调整的再现手法。诊断贯穿所有理由和目的过程的企图就和试图阐释格雷的解剖学图解以及把乡村道路上的十字架视为仅仅是发展的一个阶段一样愚蠢。瓦扎里时代的一些画家,尤其是瓦扎里自己,没有留意方法的差异。由于缺乏历史观点,他们没有认识到与之相关的目的的变化。他们认为他们自己追寻的新的目标一直是绘画的目标,因此,他们把朝这些目标迈进的每一步解释为进步,而把远离目标的每一步解释为衰败——一个存在于对实在论观点感到不满的基础上的简单错误(对这个错误的一个有趣的视觉证明是圣坛的发展:最初圣洁的头部是在金色的光环中,然后慢慢变成椭圆,直到最后又变成了农神萨图思头上名副其实的圆环。也存在一种"材料主义的"视图,其中椅子的环形靠背表明坐在上面的人的圣洁)。

四、哲学

乍一看,哲学中的情况似乎与艺术中的情况有很大差别。哲学是思想的范畴,而思想似乎是客观的且独立于形式、表达、情感。首先,这本身就是一个哲学的原理。还有一些其他的观点,比如宣称思想通过与思想家联系而获得内容的克尔恺郭尔的观点就是非常主观的,并且是不可能产生"结果"的——也就是说是对于一个易逝的人性观点的进化的永久不变的征兆。克尔恺郭尔写道:

> 客观思想把一切都变成结果,并帮助人类行骗,通过把这些复制出来,并通过老一套方法复述出来;而主观思想把一切都放在过程中并省略了结果,部分是由于这属于他使用的方法和由于作为存在的个体,他一直处于去存在的过程中,这适用于每一个人,他不允许自己受欺骗而成为客观的,非人类地将自己等同于抽象中的思辨哲学。[14]

按照克尔恺郭尔，我们有一种选择：我们能开始客观地思考，产生结果，但不再作为有责任的人而存在，或者我们能避开结果，并保持"持续地在形成过程中"：生命不同形式具有不同的哲学。玻尔详细研究了克尔恺郭尔的思想⑤，他不喜欢固定不变，甚至不喜欢精确和得到严格确证的事实和观点：

> 他再也不会试图概括任何已完成的画，但会耐心地复习形成这一问题的各个发展阶段，从某些明显的矛盾开始，逐渐得出解释。实际上，他从不把在任何情况下得到的结果看作比起初更深入的探究。考虑到某些研究的前景，他会放弃通常对简单性、优雅甚至一致性的考虑……⑩

因此，玻尔的文章通过调查历史，对现存的知识状况加以评论并对未来的研究作出建议，着重加入了历史材料，并且以基本概括为其典型特征。

其次，抽象思想的重要变化是质变，而不论是思想还是艺术品，质变是内在相关的。的确，我们或许把哲学解释为艺术，就像是绘画、音乐或雕刻——其差别在于雕刻是用石头或金属，绘画是用色彩和光，音乐是用声音，哲学是用思想，把它们联系起来，再分解，把这些虚无缥缈的材料建成梦幻的城堡。我在前面对(西方)前哲学思想到哲学思想的形成过程的简述表明，这种解释确实看似有理：尽管受到社会发展的较大程度的影响，从古罗马的世界观到巴门尼德的哲学的转变导致了一种我们能够重新进行选择的形势：我们可以接受这种新的单调性，并调整我们的生活以适应它，或者视之为"通往疯狂行为的下一扇门"(亚里斯多德)，并继续依赖于常识。理论科学遵循的是第一条路；历史，包括自然历史在内，艺术，以及人类学企图选择第二条路。再者把所有的哲学放在单一的发展进程中也没有意义。

五、科学中的情形

艺术和哲学已努力过,而且某些艺术家和哲学家仍在努力克服相对主义。他们没有成功,并且他们无法从自然情况中获得成功:对质的偏好并没有固有的次序。理论科学试图通过对质的进展作出主观判断来建立这样一种秩序:导致大量的成功预言的思想是"客观的"较好的思想。[⑰]假定努力获得成功,那么科学就可以刻画为那种无需色彩、金属、声音、石头而只需思想的艺术品,不仅讨论进步而且以一种一定能被所有人认可的方式产生进步。我从四方面对这种思想进行批评,从而得出我的结论。

第一,号称是科学特征的质与量的综合本身是一种质的思想,因此不是绝对的。如果我有个朋友,那么我会想了解他的一切,但我的好奇心会因我对他的隐私的尊重而受到限制。某些文化也以同样尊重而友好的方式看待自然。因而,他们的整体存在是安排好的,这种存在无论是在物质方面还是精神方面都并不糟糕。实际上,是否由更多的干扰过程引起的变化结果一点也不能对生态问题和我们今天所面对的无处不在的疏离负责,人应该质问自己。但这意味着只有当从生命的特殊形式内部来判断时,从非科学到科学的转化(按照简单选择表达高度复杂的发展)才是进步的(还应该提到,被科学家实践的真正的科学与构成进步主张之基础的巨大"科学"怪物无关)。

第二,保证预言的增长的条件常常导致质的问题,这些问题又会产生关于增长的实在的严重问题。现代科学拒斥质,但在其观察报告中又有赖于质:每一种观察报告都涉及心脑一体问题。这不会影响认为理论只是计算手段的科学家;但对于科学实在论者来说是个难题。包括贝克莱、休谟、马赫在内的一些思想家对待这个问题很严谨,大多数科学家要么没有意识到这一点,要么把它视为一个无关紧要的哲学之谜放在一边。这说明他们对自然知识领域加以限制,并仅仅对于发生在这一范围内的事物或相对于这些事物来确定其重要性。亚里斯多德不满意于这种易得到的花招。

第三,从一个理论到另一个理论的转换偶尔(并非总是)涉及所有事实的变化,因此把一个理论事实和其他理论事实相比较不再可能。从古典力学转变为特殊的相对论就是一个例子。相对论这一特殊理论没有在古典物理学事实中加入新的非古典材料,并因此增加了其预见力量,它不能表达古典事实(尽管它能为其中某些东西提供近似的实在模型)。我们必须照其原样重新开始。全部定律(例如古典动力学和固体动力学理论)作为这种转变的结果消失了(它们仍作为计算手段)。库恩教授和我运用了"不可通约性"这一术语来描绘这种情况的特性。从古典力学到相对论,我们不计原来的事实,也不加入新事实,我们重新开始计数,而且因此无法谈论量的进步。

第四点,也是最后一点,科学中质的元素,或者说是相当于同一件事的知识的某一分支的基本思想绝非由那个分支中的事实材料单独地决定。通过这一点我不只是想表明,给定任何事实的集合总是存在与该集合一致的一系列理论,而且要说明即使是对一个被高度证实的、"科学合理性的"(不论这在判断时意味着什么)理论的驳斥也可能取代这一成功的理论:研究会从该理论中获得证据,并把证据用到名气不大的竞争理论中,同时利用使竞争理论显得不合理的证据来使成功的观点不再可信。因此,物体自由下落理论很长时间一直支持地球静止的说法。经验告诉我们,运动需要一个动力,当这个力停止作用时,物体静止不动,如果我从塔顶丢一块石头,并且如果地球是运动的,那么它不再随地球运动,而是滞后并且应该描绘出一个倾斜的轨迹。石头垂直下落——因此地球是静止的。伽利略用他自己的高度思辨取代了亚里斯多德的运动规则——需要动力,否则就不运动,并不得已把有利于亚里斯多德的证据用于他的观点中。他没能在这一点获得成功——那时摩擦理论和空气斥力理论以及整个气体动力学都不存在,但是他开始了一个由认为地球不动的观点逐渐缓和而转变为哥白尼的观点。伴随着19世纪光的波动说和经过整个19世纪反原子主义阶段而保存的微粒说的融合也有类似的发展过程。实际上,我们可以说,在可变的质量观点——不论什么时候只要新思想出现,它就被重新定义——和争斗的手段(实验步骤、数学技巧)之间的较量绝不会真正结束,并且支持斗争的任一方都不能说明是"被客观地误导"。

但是,或许会因为别的原因而退出,如缺少耐性、缺少资金、坚信所选的方法就是正确的方法,或是对最便捷的方法的偏好。[18]这样一种选择尽管不是武断的,但也不是"客观的"支持,例如,观点独立性,而且,它会影响很多人。西方社会学的主要方面就是这种主观选择的结果。在民主制中,具有重大影响的主观选择掌握在公民手中,当然,公民并不总是比科学家清楚(尽管许多比专家有远见的公民能发现任何专业都没有涉及的领域)——但是在我们现在讨论的情况中他们也并非更无知。他们或许不知道所有支持通常得到认可的科学信条的详细证据,而且他们或许完全不清楚基于该证据的复杂的论争,但要求他们决定的不是这种支持的特性和力量,而是决定不受欢迎的选择重新回来的时机——对这一点科学家同样蒙在鼓里。他们只是猜测,如果他们以熟悉的方式继续这场斗争,他们就不可能会输,但是当对方等到他们过去曾享有的经济援助时,他们不知道会发生什么。然而,所谓的科学权威,如当未来的研究遇到障碍时,对研究结果的运用有赖于一些决定,这些决定的正确性只能通过这些决定所排除的一种典型的极权主义思想的特性而得到检验。对于这一点的详细材料可以在第一章第二节注释㉒、㉓中找到。

关于该文讨论的评论

　　该文章的较早版本宣读于1983年8月15—19日在瑞典利丁哥举行的第58届诺贝尔专题讨论会（由巩特尔·斯滕特教授主持——我没有参加）。讨论会的主题是科学进步及其社会条件；包括这篇文章在内的会议记录由帕加蒙（Pergamon）出版社于1986年出版。简短的讲座和最后的总结产生出一系列批评意见。在下面的内容中我将就其中几点进行评论。

　　对于不可通约性，有人提出"像'运动''速率''加速度'一类的概念是精练的，因此在前几个发展阶段提出的问题可以在后面的阶段找到答案"。在某些情况下是这样，其他情况下则不是。正如我在第八章所写的，从伽利略传下来并得到霍尔曼·韦尔认可的"古典"概念并非是对亚里斯多德的概念的精练，而是相当程度的简化。而且，确实产生了的精炼过程仅涉及运动的某些（并非全部——我的评论，首先是持续性）方面。运动的其他类型是看不到的。

　　也有人指出在古典和现实概念之间有很多关系。这一点是对的——但是这些关系是一种纯粹形式的类型。对我来说，重要的是接受对关系的推测时，我们必须承认古典概念已不再适用（诸神和分子具有某种共同特性——都可数——但这并不意味着诸神能够缩小到或被列入机械唯物主义原理中）。"存在某种持续性"——不错，如果看得不是过于仔细，尤其是满足于形式的关系。实践科学家看得不够仔细。而进步的神话是哲学家主张的，他们坚持精确性，他们必须承认科学的发展包括许多不连续性。

　　还有人指出，质的概念不是自身不是关系的，并举例说，冰块放到浴室内就会融化(质变过程)。的确——但我所说的进步这一质的概念,包括进化在内,总是关系的。

对于我在文章末尾的说法,即认为科学应受公众的控制,存在几种批评意见。"费耶阿本德对于应如何组成和选择这些委员没有作出解释"是反对意见之一。的确,对于重点在其他问题上的本文来说,这只是题外话。如果我详细解释,我就会说那不是我的事,我讲的是委员会的结构和作用,而那应该是那些引进和运用委员会的人所考虑的事:民主措施是为此而定的,是为特定的目的而采用,并服务于特定的人,因此其结构不能而且不应该由毫不相关的理论来决定(第十二章的第五、六节)。李森科(Lysenko)疲惫的灵魂也被唤醒以保护科学不受公众控制。但李森科事件不是发生在民主国家,而是在由特殊群体(保守的科学家和政治家)而非全体公众来决定科学事件的集权国家中,布鲁诺也不是被民主机构而是被专家们烧死的。而且,李森科对他那一时代片面遗传学预言提出了很好的反对意见。

是的,对印象主义、表现主义和立体派等等存在强烈的抵制行为。问题在哪儿?只要没有形成制度化,则这种抵制没有害处,而制度化的抵制破坏了民主机构,除了较老一点的学院。当然,对科学的民主监督会排除掉某些科学家喜欢的东西,但请注意,在目前的形势中,科学家排除了非科学家喜欢的东西。只是不可能使每个愿望得到实现。在这种情况下,考察所有受到某个特殊计划、思想、观点影响的所有人的意见似乎是明智之举,而不是只考虑那些杰出人物的意见。并且,专家当然也不应排除在外,他们有充足的机会表达他们的建议,解释为什么实现这些要花费这么多的钱。至于我自己能否在这种环境中生存这个问题,让我们拭目以待。

我对"进步"作最后评论。一位批评家说,"于我来说似乎很显然,我们对这个世界所知道的比巴门尼德和亚里斯多德时代的人知道的要多"。好,这听起来很有道理——但这位批语家谈到的"我们"是指谁呢?
是指他们自己吗? 那么这一论点显然是错误的——毫无疑问,亚里斯多
德在许多学科上都要比他知道的多。在某些特定学科中,他知道的甚至
超过了当今最杰出的学者(例如,他对埃斯库罗斯的了解超过了任何现
代的古典学者)。"我们"是指"受过教育的门外汉"吗? 那么这一观点也
是不对的。"我们"是指所有现代科学家吗? 那么有许多东西是亚里斯
多德所知而非现代科学家所知的,并且这些科学家也不可能从他们所处
的自然中了解到这些。我们把亚里斯多德换成印度人、裨格米人或任何
成功地经历了灾害、殖民地和发展过程的"原始"部落也是一样。存在许
多不为"我们"西方智慧所知但为其他人所知的事物(反之亦然——存在
许多不为他人所知而我们知道的事物。问题是:平衡是什么?)。

　　目前科学期刊、教科书、信件、硬盘中包含的事实总量或许确实比来
自其他传统的知识总量大得多,但是重要的不是数字,而是有用性和可
获得性。这种知识有多有用和对谁有用? 在一封发表在 1987 年第 1 期
《对美国数学界的关注》(*Notices of the American Mathematical Socie-
ty*)的信中,詹姆斯·约克(James York)介绍了加菲尔德(E. Garfield)做
的一项关于一千个被引用最多的数学家的研究,结果"证明是 0 个数学
家"。[19]数学家也不经常互相引用,而非科学家几乎从不对此加以注意。
大量的材料是原因之一,专家的行话是另一个原因。并非所有写这些文
章的作者都会觉察到这些研究报告,而其他人在阅读时又不太注意,严
重的错误会保留多年并常常是被偶然发现的。这一事实说明了上述情
况。大部分无用的知识和世纪之交时的夸克一样是未知的,它存在却又
没有或不能查询,"我们"当然不知道了。因此,比那位批评家所说的含
糊的"我们"更详细更确切地考察问题时,我们发现了许多问题,但没有
明确的答案。因此,所必需的不是空洞的口号,而是开始进行思考。

注释

① 引自 *Modern Library Edition*，纽约 1950 年，第 847 页。

② 赫西奥德(*Hesiod*)：《作品与日子》(*Works and Days*)，109ff。

③ 当哥白尼开始著书时，所有可获得的天文学观点是"与数据一致的"，就像他自己所说的那样，是有所注释的。引白罗森编《三条哥白尼定律》，纽约 1959 年，第 57 页。

④ 至于争论的普遍特性，请参见牛顿的宗教观见韦斯特福尔(Westfall)的《17 世纪英国的科学与宗教》(*Science and Religion in Seventeenth Century England*)，Ann Arbor 纸皮本 1973 年。牛顿的家教观见曼纽尔(Frank Manuel)的《牛顿的家教》(*The Religion of Isaac Newton*)，牛津 1974 年。莱布尼茨的反对见 *The Leibnitz-Clarke Correspondence*，H. G. 亚历山大编，曼彻斯特 1956 年。

⑤ 参见他在给 M. 玻恩的信中对弗洛伊德里奇(Freundlich)的衡量标准的反应(《玻恩—爱恩斯坦的信件》，纽约 1971 年，第 192 页)："弗洛伊德里奇(他的观察似乎与广义相对论相矛盾)并没有丝毫动摇我。即使光的弯曲、水星近日点、光谱移位(这三个广义相对论的实验今天已广为人知)不公之于世，万有引力定律的方程式将仍然令人坚信，因为它们避免了惯性系——影响万物但不影响自己的幻觉。这真的很奇怪，但它自己确实没被影响。很奇怪的是，人类通常不愿听最尖锐的争论，但他们总是倾向于过高地估价尺度的精确性。"

⑥ 《阿尔贝蒂论画》，约翰·斯宾塞编辑，伦敦 1956 年，第 89 页。

⑦ André Grabar，*Christian Iconography*. 普林斯顿 1968 年，第 65 页。

⑧ "Speed of Perception as a Function of Mode of Representation"，*American Journal of Psychology*，vol. 69(1956)，pp. 60ff.

⑨ 引自 Julian Hochberg，"The Representation of Things and people"，in E. H. Gombrich, Julian Hochberg and Marx Black，*Art*，*Perception and Reality*，巴尔的摩和伦敦，1972 年，第 74 页。

⑩ *The Hidden Order of Art*. 伯克利和洛杉矶 1967 年，第 13 页。

⑪ M. von Senden，*Space and Light*，伦敦 1960 年。

⑫ Schöne，*über das Licht in der Malerei*，柏林 1954，第 21 页。

⑬ *Liberde Administratione*，xxxiii，引自 Panofsky 的版本 *Abbot Suger*，普林斯顿 1979 年，第 63 页。

⑭ 克尔恺郭尔的 *Concluding Unscientific Postscript*，D. F. Swenson and Walter Lowrie 编，普林斯顿 1941 年，第 68 页。这是黑格尔的写照，但对于今天躲在哲学后面的科学来说也许更

是如此。

⑮ 参见王皮尔的《文集》第 1 卷,阿姆斯特丹 1972 年,第 500 页。

⑯ 罗森塔尔编:《朋友和同事眼中玻尔的生活和工作》(*Niels Bohr, His Life and Work as Seen by his Friends and Colleagues*),纽约 1967 年,第 117 页。

⑰ 这是对导致泛泛的技术争论思想进行的粗略刻画,下面的反对意见不依赖于这些争论细节。

⑱ "笛卡尔思想方法和自然观的巨大成功部分是由于沿着一条阻力最小的历史道路的结果。在他的方法作用下,产生攻击性的问题都被有力而精确地劝服。其他问题和现象被留在后面,拒绝被笛卡尔体系所理解。如果没有比光明灿烂的科学职业更多的理由去战胜失败,这个难题就不被解决。"见莱文斯和莱温汀《带方言的生物学家》,pp. 2f。("笛卡尔主义"在这里与"还原论"具有同样的意思)。这个观察被应用到许多领域,量子论就是其中之一。

⑲ G. Kolata 报道,见《科学》(*Science*)1987 年,第 159 页。

第六章　琐碎的知识:对波普尔哲学之路的评论

我将要评论的三本书包括:《实在论和科学目标》(*Realism and the Aim of Science*,下文将被简写为 R);《量子论和物理学的分裂》(*Quantum Theory and the Schism in Physics*,下文将被简写为 Q)——这两本书是波普尔对《科学发现的逻辑》的补遗之一部分(第一卷和第三卷);《寻求较好的世界》(*Auf der Suche nach einer besseren Welt*,下文将被简写为 S)。这三本书是大约写于 50 年代早期和 80 年代后期长度不同的文章汇编而成的论文集。有些文章以前曾公开发表过,并且经稍微修改后曾再次重印,其余的文章是首次发表。波普尔一再解释其哲学并且努力克服"那种已成为严重困扰我们时代的普遍的反理性主义气氛(Q, p. 156)"。我(的评论)将集中于三个主题——批判理性主义、证伪和现实主义及量子论。我将在简单叙述 100 年来科学哲学的近代历史和理性主义一般角色的基础上,得出我的结论。

一、批判理性主义

批判理性主义——(波普尔)思想的精髓,是一种可以追溯到前苏格拉底尤其是色诺芬尼的传统。这种传统是理性的,它"希望通过与其他人的争论理解并懂得世界"(R,p.6),这种争论彼此争斗而不是将它们与知识的固定来源相比较,因而是多元主义的。它赞成作为一种社会形态的民主政体,在波普尔看来,这种民主政体可以通过语言来改变,甚至偶尔可以通过理性的争论来改变(S,p.130),尽管后一种情况很少出现。并且,它把科学成就作为人类历史上最重要的事件(S,p.208,涉及牛顿;Q,p.158,涉及爱因斯坦)。在澳大利亚独立协议签署25周年纪念日这一特殊的日子里,波普尔在一篇文章中写道:"我赞成西方的文明、科学和民主。"

对波普尔而言,从一个社会结构、风俗和信仰相对稳定的"封闭社会"向作为检验整个世界每一个方面的"开放社会"的转变,是向正确的方向迈出了一步。通过讨论其构成要素而丰富其存在,那些做到这一步的社会就可以通过它们自己的为打破这样或那样自设的监狱般的壁垒而付出的努力而获得成功——即它们可以成功地除去思想和行动的传统束缚。

但是传统所包含的边界意味着他们的生活受到束缚,因而,通向开放社会的社会运动并不是没有困难的,有得也有失。波普尔本人已描绘了一幅关于发生在古希腊所失去的东西的逼真画面,在他的《开放的社会及其敌人》第一卷最后一章中,他提到了文明的负担、那些进入文明社会的人所体验的"感觉的漂移"。他还描述了不确定性,因导向"抽象社会"而逐渐使个人接触减少、人和自然之间距离加大的社会运动所引发的意义的丧失。然而,他对那些已注意到困难并努力去减轻困难的人几乎不抱有同情。他认为,这种尝试是未成熟事物的特征。负担是我们作为人不得不付出的代价。并且,他补充道,那些不愿意付出代价的人们和社会可能会像古希腊那样在"某种形态的帝国主义"的迫使下放弃部落的习俗。

这些并不仅是学术的争论和历史的反映,波普尔所描述的这方面类似变化正在我们眼前发生着。当然,我所谈论的是西方文明向世界所有地区的持续扩张;尤其是谈论这种扩张的最后一部分,即那种被稍微委婉地称为"发展援助"的扩张,这种扩张仍旧是无情的帝国主义的。然而,许多国家追随它并且现在以或多或少的民主的方式运作。这就意味着,对这些国家而言,援助的程度和质量至少是要基本上赞成民主选举:这要求我们自己决定是否及如何介入陌生者的生活。我们的政府所能提供的是科学成果、文化以及增加它们的方法。在波普尔看来,这是已经产生的最好的人道(S, p. 129)。我们应当让接受者选择,并且或许他们会因为他们不得不放弃某些东西而有所回报,难道他们不会拒绝这些礼物吗? 或者我们应当像波普尔那样,认为这种拒绝是一种不成熟的标志,并且将通过"某种帝国主义的形式"这种古老而又熟悉的手段把我们的成就强加到他们身上。

在 1981 年公开发表的一篇文章中,波普尔写道:"如果一个社会认识了任何价值,就必然存在价值的碰撞"(S, p. 129)。此外,所有的改变,包括批判理性主义者所认为的改变,都同时伴随着得与失;然而,得与失现在都用更为客观的态度来描述,据说他们与这些价值相匹配。但是,如果双方都有肯定性因素,那么,诸如"对我来说,我们西方文明是最好的"这类宣称便是关于它们的相对重要性的主观意见(S, p. 129)。并且反对性观点不可能被认为是一种不成熟的标志而取消。

我们甚至可以更进一步。波普尔写道:"在世界的每一个地方,人类都创造了新的和经常是有极大差异的文化世界。包括神话、诗歌、艺术和音乐世界;生产方法、生产工具、技术和经济世界;道德、法律及对儿童、残疾人和其他需要帮助的人进行帮助和保护的世界。在波普尔看来,这些世界是经过上千年极多的磨难和错误的扩展而形成的结果,它们是已通过许多检验并且被高度证实为确凿可靠的知识形态(S, p. 17ff)。这同样适用于"结合在我们语言中的理论不但结合在它的词汇中而且也结合与它的语法结构中"(R,p. 15)——适用于所有的部落宇宙哲学,就是本杰明·李·沃夫(Benjamin Lee Whorf)用其完全的技巧而探索的(R,p. 17)。波普尔也强调指出,"从所有的实践目的而言",依靠已经被严格检验而且被证实的真理是"合理的"和"理性的"(R,p. 62,着重号原来就有,作为西方科学的例子)。接下来就是,不仅接受这种暗含在不同于我们文化的文化中的观点——这正是最后一段所要辩论的——而且依靠它们是"合理的和理性的"。"从所有的实践目的而言"(即为了解决出现在我们中间的问题),而不是基于哲学家(和有长远眼光的发展家)的"梦想……追求"(Q,p. 177),不是基于未经检验的只能使我们放弃的"鲁莽的假设"。希腊早期前苏格拉底推测式的批评家也是这样说的。

因此,希罗多德和索福克勒斯写到神人同形的古希腊神时就好像色诺芬尼(他从历史角度批判他们的)从来没有存在过一样,而且,希罗多德也为他们的权利而争辩,那个时代最早的政治思想诡辩家仍然用他们来自诗歌特别是来自荷马的松散的、半经验主义的方法来处理道德问题,而同样优秀的理论家柏拉图如没有古老的和"较原始"的思想和习惯(他经常从争论转向神秘又转回争论的)就绝不能完全地生活。手工艺即他们所称的技艺,其反应是特别有趣的。历史学之父、最早的地理学家之一希罗多德讥笑哈克塔尤斯,后者试图使地理信息和阿那克西曼德所描绘的世界草图相一致。他写道(《历史学》iv,36):

> 当我看到今天人们是如何做地图和如何给出缺少理由的解释,我一定会大笑。他们画出的大洋在地球四周流动。地球本身像在陶工的轮子上做的球体,并且亚洲和欧洲一样大。

希罗多德说,自然界比那要稍复杂一些,我们(在第六部分第一章

中)可以看到:《古代医学》的作者在前苏格拉底们的建议和他们时代的
医学实践之间做了一个相似的具有讽刺意味的比较。这包括大量有用
的经验性知识,并且通过残存的艺术和技艺反对理论的分裂(同上)。这
样,不但实证哲学"反对猜测"(Q,p.172),而且一个更广更坚实的传统基
础从哲学家的梦想中奠基起来,理论科学的近代之梦也成长起来(我们
正在谈论的仅涉及西方哲学家,尤其是古希腊哲学家。而中国人的思考
看来总是和手工艺的实践紧密结合在一起)。这种传统无法避免不可观
察的实体(其世界不是一个没有谜的世界——R,p.103),然而,它尊重人
们熟悉的区分和众所周知的事实,并反对注意很少的猜测(所拥有)的才
智。和据称是理论家所揭示的更深的现实相比时,这些仅仅是主观的表
现。这种传统和他的现代继承者仍然是某种意义上精确的经验主义,而
不是某种意义上与某一特别的来源绑在一起。这种传统是保守的,因为
它偏爱那些通过时间检验并为那些著名哲学家所梦寐以求的惯例和知
识(Q,p.177,梦想是不全被抛弃的,但是,它们也不可能成为文明的中
心)。它使用归纳法,即它让实践引导思想而不是相反。而且,它是理性
的,它提倡争论而不是快速地二者择一。部分古代的论战是引用上述原
理的。冯·哈耶克教授为自由市场辩护,反对政府介入及与此相关连的
反对已建立的社会事业机构瓦解(的观点)一直延续至今。最有趣的是
马赫的观点:可及的推测和高度抽象的具有很强个性的科学家所介绍进
的理论是成功的,因为他们把经验性事实铭记于心。他们对经验性事实
的解释是:才能是无数不可觉察的磨难和错误的结果,并被巩固到一个
高水平(马赫说,它告诉我们不可能发生的东西)。实验性结果和经验性
规则具有较少支持性证据,因此,在原理的辅助下,它们可以"从上面"被
纠正(波普尔说,我们可以在解释它们时纠正其中的错误,R,p.144)。

所有形态的知识都是实验和错误的结果,这一观点(它在波普尔的
著作中扮演最重要的角色)因此可以分为我们分别称之为理论传统和历

史传统的两种不同传统。在西方,理论传统与哲学和(诸如数学、天文学、经典物理学等)理论科学的兴起密切相连,而历史传统则包括技术(古代意义上的技术)和其他形式的实践知识。波普尔没有批评后者,他批评的是实证哲学——一种不重要的哲学学派。这主要是由于他企图把历史的对立化为愚蠢的代替物。波普尔也建议研究者使用"大胆的假设",也就是说,假设不但超越事实而且和事实相抵触——很明显,波普尔喜欢理论传统。在他的《历史决定论的贫困》一书中,他强调指出,假设应单独计算。让我们来检验一下这种设想吧!

历史传统(包含人性,古代和现代意义上的技术)产生的知识或者明确地或者通过严格限制于某一特定的领域并根据条件具体规定这些领域,它们产生的是地域性的、重视条件的、相对的知识(关于什么是好、什么是坏,对与错、美与丑等等)。波普尔作为赞成他对古希腊思想家批评的证据(S,p.134)而引证的希罗多德关于大流士的故事(《历史学》iii)使这种观点更加精确:从一个社会到另一个社会,习俗是变化的,它们是相对于拥有它们的社会的,但这不会使它们没有意义,或者像波普尔强调的那样削弱习惯的力量(S,p.216f)。相反,只有疯子才会嘲弄它(希罗多德,同一篇文章没有被波普尔引证)。在希罗多德看来,强行闯进寺庙、焚毁宗教塑像、亵渎古坟墓、检查坟墓中的尸体、嘲弄自己不熟悉的习俗的冈比西斯不是一个开朗的思想家,他完全疯了。普罗泰戈拉①、柏拉图②以及更后来的蒙田及其开明的追随者也这样说过。

早期地理学、医学及人种学的著作把这种观点不但应用到习俗上,而且很大程度上应用到整个世界:不同的国家有不同的轮廓、气候。植物和动物随地域的变化而变化。他们居住的地球上有不同观点的不同种族和使这种观点变为似乎合理的不同方法。整个世界由有特殊气候和特别法律为特征的每一个地域或领域所组成。波塞冬对宙斯普遍权力的反对使这种观点深入到史诗的想象中去③。与此同时,亚里斯多德用充满概念、定律和它们的条件的理论主题(诗、生物学、数学、宇宙学)代替了物理地域(它是原素的先驱者)。人们的洞察力随(物理的和社会的)环境的变化而变化。与此同时,人们认识到即使最奇怪的风俗和信仰也是那些拥有这些风俗和信仰的人的生命中必不可少的一部分,并且通过各种各样的方式辅助他们。结合上述事实,我们形成了这样的观点:所有的意见,即使是相对的或地域性的,也是值得考虑的。由此,希罗多德认为希腊和巴比伦的成就有相同的重要性。在他的伟大的历史著作的开篇中,他写道:

> 这就是希罗多德所发现的东西,以便使人类所做的事情不会褪色。这些伟大的、惊人的著作——现在由希腊人或巴比伦人写作出版——不会仍未被报道。

后来希腊沙文主义者[例如,普卢塔赫(Plutarch)]可没有如此广阔深远的同情心。

另一方面,理论传统试图创立一种不再依赖或相关于特定环境的知识,因而,用现代字眼来讲是客观的,在这种传统中,地域性的知识或者被轻视,或者被推倒一边,或者被包括在一个综合的观点之中,这样,它就失去了其特性。迄今为止,许多知识分子把理论性或客观知识作为唯一值得考虑的知识。波普尔通过对相对主义的诋毁提升自己的信念(S, p. 216)。

如果正在寻找普遍客观的知识及道德的科学家和哲学家成功地发现前者,并且成功地说服而不是强迫不同的文化去适应后者,那么,这种观念就有了证据。但事实并非如此,如同我在第五章第一节及第二节中所强调的,科学和哲学从来没有克服现象的地方主义。我们所拥有的是在狭小知识领域的适度成功和夸大的希望被装扮成为已取得的成果。

波普尔反对还原主义的态度是事实,他曾强调指出:"实在论至少应是假定的多元主义的。"④在他看来,存在着

> ……许多种真实的事物……食品……更多的有抵抗力的物品……如石头、树木和人类。但也存在着许多种不同的实在,如我们据我们对食品、石头、树木和人体的不同体验而主观写成的文字是不同的……在大量的分类领域中存在许多其他种类的例子,如:牙病患者、单词、语言、高速公路规章、小说、政府决议、有效的无效的证据,甚至人工栽培技术、人工栽培的领域……结构……(p.37)

大部分"现代"实体,像电子、夸克、电信号、时空关系等都是理论实体,因此都是像前面已经说的,部落宇宙论的实体。只有当包括这些实体的理论可以毫无困难地一致起来时,前面提到的实体才会成为相同的真实世界的一部分。而事实并非如此。尽管有类似相同的困难,然而,困难没有相同的形式而是和事实相联系的(即不可通约性)。这些事实中某一些与理论相一致的事实在应用时却否定了其他人所宣称的应用条件⑤;也就是说,这些也是和它们的"相对的"或"地域性"的特征相联系。甚至作为支配宇宙"中心区域"的量子力学理论也包含相对知识的思想(互补性)。所有这一切并没有困扰实验科学家:他们并没有因为把约束条件和各种不同的理论相结合而后悔,尽管这种态度将给纯粹主义者以致命的打击。对于他们来说,科学不是用"演绎系统"(Q,p.194)表达的理论传统。这一点正如波普尔所设想的一样,但从某种意义上讲,他的历史传统恰好进行了明确的说明——它将带我们进入到我的下一个话题。

二、证伪和实在论

批判理性主义导致生活方式和文化再分为趋向于检验其自身存在的所有方面或留下未接触过的某些领域两部分。在前面,波普尔已经逐渐形成了一个关于科学与非科学猜测和科学变革的本质的不同之处这一更为特别的理论,该理论可以追溯到《科学发现的逻辑》。在《实在论和科学目标》一书中,波普尔重申了该观点,并且为捍卫该观点而与他的批评者展开了辩论。他宣称:"该理论不是企图成为一种历史理论或被历史或其他事实支持的理论"(R, p. xxxi, p. xxv)。但是,他补充道:"我仍然怀疑存在着可以像革命和保守的重建中被辩驳的理论那样在科技史上炫耀着光环的任何科学理论。"我将从波普尔(批判)的标准——证伪能力着手分析波普尔的宣言。

在波普尔看来,"知识的划界是虚构的和严重误导的(R, p. 159),因而,科学和玄学没有严格的界限。如果可能的话,界限的重要性不应被估计过高"(p. 161)。例如,"即使伪科学也可能是有意义的"(p. 189)。但是谈论界限为什么不是完全无效有两个理由,一个是理论上的,另一个是实践上的。

理论的理由涉及"科学逻辑"的问题(p. 161)——即一个关于什么的知识的领域而不是科学的领域(尽管有些所谓的"归纳主义者"会抗议)。这儿应该承认,波普尔证伪能力的标准至少逻辑上是可能的,而"归纳主义者"的标准在逻辑上是不可能的:就拿理论和一系列陈述来讲,假如理论和报告书都用特别逻辑的语言系统陈述出来(把暗含的假设详细列出来),并且有良好的确定的解释的话,决定相对于其类别理论的可证伪性实际上就是"一个纯逻辑事件"(p. xxi),科学家所用的科学理论和实验陈述常常和限制性条件不相一致。他们从来没有彻底正式化或完全被解释,而且,这些基本陈述也从来没有被简单地给出。这样,我们就可以认为理论已和条件相一致来对应理论,在这种情况下,可证伪性就不再作为相对于正确实验报告的真正科学理论显现出来,而是关于其他漫画的漫画一样被描述出来。相反,我们可以像科学家那样使用科学理论。在这种情况下,理论和实验的内容常常包含有科学共同体辩驳和接受的东西,而不是成为断定可证伪性和进行辩驳的基础:因为遇到特定的困难,人们就会废除旧理论,进而决定需要一种什么样的新理论。波普尔倾向于二选一和叙述。用库恩的话来说,这意味着他"可以⋯⋯合理地被认为是一个自然证伪主义者"(参考 R, p. xxxiv)。

波普尔继续写道:"(科学和非科学)划界标准问题"不但有理论上的价值,而且"有巨大的现实意义"(R, p. 162)。他提供了我们改变研究方向的方式方法:人们相信集鲜花和成就于一身的有影响的观点,它可以成功地引导后来者检验错误的案例,但是,它可以同时成功地加强对受到难题和不清晰的"科学"威胁的理论的支持(pp. 163ff)。关于原子论的许多争议就是这类问题,正是集体的力量使该理论保持活力。从牛顿时代到拉普拉斯(Laplace)时代,牛顿的万有引力定律也是这种情况(令人烦恼的问题,特别是木星和土星巨大的不对称问题,一直困扰着人们)。因此,强调可证伪性仅是在科学活动中众多有效提议的一种(这超出了《实在论和科学目标》的无政府主义。该概念严格限定了发明和理论的真理性)。

接下来是证伪,像前面一样,波普尔强调"经验证伪的不确定性",并且补充说这种不确定性"不应被过分看重⋯⋯大量歪曲的不确定性事实是人类不可靠的认识所允许的"(R, p. xxiii)。他把所宣称"事实上,证伪在科学史上并没有扮演角色"的断言称为"传奇"。他说(p. xxv):"证伪扮演着领导角色。"

评价最后一种陈述是一件不容易的事。领导(Leading)一词有量的意义(证伪在数量上大大超过其他事件),或质的意义(没有证伪就没有重大的发展),或者两者兼而有之(证伪带来了许多重大的进步)。我将提出反对波普尔最后解释之基础的理由(另外两个方面的理由基本相同)。我的理由是,从某种意义上讲,建立证伪的领导地位将需要一定百分比的革命的理论知识的变革。这种变革由关于所有革命的理论的变革以及基于革命的、理论的决定的辩驳所带来的。没有任何信息存在于第一个观点,而且,第二个观点也存在较大的误差。对于某些天文史学家来说,哥白尼是一个革命者,而对于如德克·德·索拉·普里斯(Der-ck de Solla Price)等人来说,哥白尼是一个保守主义者。对于某些科学家来说,爱因斯坦的狭义相对论也只能像 E. 惠特克(E. Whittaker)所写的那样是"具有某些应用价值的关于彭加勒和洛伦兹的相对论",而对于其他人它是也只能是一个鲁莽大胆的新观点。然而,尽管有如此众多的困难,我仍然认为对波普尔所宣称的东西进行质疑还是可能的。

首先,在科学研究的过程中,许多关于理论和事实重大冲突的令人头痛的反常案例被认识到并被放置一旁。而正是这些反常经常导致重大的发现。开普勒和笛卡尔定律便是其中一个例子。该定律认为通过透镜观察到的物体是在从透镜到肉眼的光线的交点处被看见的。该定律把理论光学和视力联系起来并给出了其经验基础。该定律暗示:处于某一点的物体可以被看成在无限远处。牛顿在剑桥大学的老师和前辈巴罗写道:"……与此相反,根据经验,我们确信通过不同的视角,靠近焦点的点看起来非常遥远……如果用肉眼看,它从来没有像透过透镜看那么遥远;但是,另一方面,有时它确实看起来很近……所有的一切确实看起来和原理矛盾。""但是对我们来说",巴罗继续写道,"就像迫使我放弃我所知道的明确地和理论一致的东西一样任何困难都不会对我有太大的影响"。并且,这种环境气氛一直持续到 19 世纪。唯一受到这种冲突困扰(并受其启发而逐渐形成了自己独特哲学)的思想家是贝克莱——

请查阅他的 *Essay towards a New Theory of Vision*。这种态度是常见的,并且它已经阻止了对想法要点的草率修改。⑥

让我们来考察一下波普尔自己的理由吧。他提供了一系列确定的辩驳(R,p. xxvi)。但是我们所需要的并不是列举式的归纳,而是对百分比的评估(见上文)。而这种评估在他的著作中是无处可寻的。这种列举本身表明一个有趣的事实:它与波普尔从中所摘取的东西无关。

并非所列的所有事项都是辩驳的例子。伽利略批驳了亚里斯多德对各种特定运动的解释。例如,他批驳了逆蠕动的(antiperistasis)理论;然而他却接受了亚里斯多德的普遍规律(他接受了冲力理论)。当他在介绍众所周知的基督徒的关联性时,他随口说出了"冲力"(而这些他从来没有明确可靠而系统地叙述过)。亚里斯多德的普遍规律从来没有被驳斥过,它已从天文学和物理学中消失了。但是在电子学、生物学和最新的流行病学中,它仍会对研究工作起辅助性的作用。托里拆利(Toricelli)没有驳斥"绝对真空"——任何试验方法都做不到[通过试验,你如何能表明你正在观察的空间一无所有呢? 正如莱布尼兹,经由克拉克(Clarke),与牛顿的论战中评论的那样:空间中至少包含着光线]。居里克(Guericke)的试验新星非常清晰地显示出物质的复杂性。居里克希望"通过让事实作为目击者说话而减少空话"。他发现没有任何空间可以成为真空,他把这归因于所有物体发出的"秽气";他进一步推测这些空气将在靠近地面的地方停留着。所以在星际空间的某一个地方,必定存在着真空。一个多么完美的理由(顺便说一句,这假设所显示出的即物质是由其间不存在任何物体的原子所组成的)——但是,它是一种驳斥吗? 牛顿认识到了这一问题,并且他用新星理论作为理由来反对全空间观点。这给出了低密度空间,但不是真空。除非我们又已经假定了真空。

关于波普尔所列例子的第二个困难在于,伴随着重建那些看起来适合辩驳模式的例子常是被驳斥为次要的、接近琐碎的、主要不是"主导"要素的复杂事件。原子论是一个很好的例子。在波普尔看来,留基伯用运动的存在作为证据片面地反驳了巴门尼德关于世界是完全不动的理论(p. xxvi)。这不可能是事实的全部! 它暗示巴门尼德全神贯注于沉思忽视了运动,而留基伯发现了巴门尼德所忽视的东西并用来反驳他。但是巴门尼德当然知道存在运动——在他的诗的第二部分中,他甚至描写了运动——但是他认为它是不真实的。一方面他严格区分了真理和实在是一回事,而"建立在多次经验的基础上的习惯则是另一回事",并且他把运动从前者隔离出来。因此,他预料科学的明显特征是:科学上所谓的真理严格地限制在某一特定的领域,并且剔除了如感情、感觉等主观的困难。

既然这样,断定什么被认为是真实的就是一个重要的决定。个人和公众可以使这种决定影响到个人和公众每一个人的生活。因此,维持某一种形态的这种生活的愿望迎合了某些人的与众不同的决定。在亚里斯多德时代,关于实在和现象的认识论的决定的社会和"政治"基础变得非常清晰,他用一种对《古代医学》作者回忆的态度与人争辩,他写到了宇宙中神的真实性(《尼各马可伦理学》,1096b32ff.):

假设存在唯一一个能预测任何事情独立存在的神,很明显,这个神对于人来说既不能被认识到又不能获得,但是它就是这样一个我们四处探索的神——

即,我们正在寻找在我们的生活中扮演角色的东西。问题是:我们应该调整我们的生活去适应专家的发明吗? 或我们应该让这些发明适应我们生活的需求吗? 巴门尼德选择了第一条道路(那些认为超凡的神是远离可以替代的神人同形的神的色诺芬尼们,是伟大的非常饥渴的超级知识分子);留基伯(Q, p. 162)和亚里斯多德选择了后者(波普尔也是这样),对他而言,"实在论和人类的思维、创造性和苦难的真实性相联系"(Q, p. xviii),"任何反对实在论的争论都应通过记住广岛和长崎事件的真实性而保持沉默"(Q, p. 2):留基伯看起来已经用一种颇为直观的方式进行下去。与此同时,亚里斯多德创立了选择明确的准则。[⑦]选择一旦作出,所谓的辩驳只是一种说明,而不是从巴门尼德到原子论者转换过程中的主要因素,波普尔所列的许多其他例子也是这样。

第三个困难在于"证伪在被接受之前常需要很长的时间(R, p. vviv)",而且其之所以被接受正是理论的变革和剧变的结果。在波普尔看来,这又正是证伪所导致的。波普尔暗示了其条件,因此他写道:证伪"通常只有在已证伪的理论被已提出的更好的新理论所代替时才会被接受"(同上)。光电效应就是很好的例子。[⑧]

在波普尔看来,"菲利普·莱纳特(Phylipp Lenard)的实验与麦克斯韦理论所期待出现的结果是相冲突的"(R, p. xxix)。对谁而言呢?"……像莱纳特本人坚持的那样。"波普尔写道。错了! 对莱纳特而言,他于1902年所收集的实验结果并未提出哪怕是微不足道的困难(光电流独立于光的强度。光的类型对光的强度有显著影响,但是,频率和发射出的电子能没有数量上的相关性)。他认为这一切是金属表面内部所进行的复杂过程的必然迹象,并且他欢迎把光电效应作为工具来考察这些过程。他写道[⑨]:"结果显示,在发射的过程中,光只扮演了触发运动的角色。这种运动要长时间存在,内部的原子必须全速运动"(至少直到1910年,人们一直把"触发理论"称为"现代理论")。爱因斯坦1905年的论文包含有许多有趣的推测,一个精确的预测,但是没有证伪。他通过根据错误的维恩定律对低放射强度的单色光的熵进行了计算,结果发现它与高能量的熵非常相似。由此,他远远超过了通过实验所能发现的东西,提出了光电效应的方程式。1914年,密立根把该方程式解释为三条推论,即:(1) 最大能量(遏止电势)和频率存在线性关系;(2) 斜率的值(h/e)对于所有的金属都相等;(3) 直线的截距给出了发生光电效应的最低频率。并且,他以钠为例证实了三个推论。但是他、普朗克甚至玻尔都不愿承认麦克斯韦方程式被证伪了。特别是玻尔直到 30 年代早期仍坚持经典的波动理论——并且有充足的理由。密立根表述了他一贯的态度:"尽管被错误的理论所引导,但实验胜过理论或比理论更可靠。但已经发现了理论和实验最重要的联系,尽管其原因仍不为人所理解。[10] 1911 年第一届索尔韦(Solvay)会议上[11],爱因斯坦本人阐述了他的如下思想:"尽管关于波动理论实验证明的结果看起来没有取得一致,但我坚持概念的一致性";不是波动理论受到量子(或光电效应)的威胁,而是波动理论威胁到了量子。只有关于对量子论解释的讨论初步结束后,光的粒子性(和光电效应的反常性)才被人们所接受。这意味着其证伪特征被断言为固有的步骤之后,光电效应成了一个反证(的例子)。关于对汤姆森(Thomson)电子反原子论观点的证伪的麦克尔逊(Michelson)实验也是同样如此。当科学历史学家根据文献而不是"主要根据他们的记忆"(p. vvxi)对波普尔的例子进行研究时会发现,几乎波普尔所有的例子都从导向主要理论重建的著名的证伪变到证伪扮演相当无意义的次等角色的过程。这种情况确实发生了,但它们不是科学变革的发动机。一再如此思考的波普尔"可以真正被认为是一个自然证伪主义者"。

波普尔是一个实在论者——他在《量子论和物理学的分裂》一文(p. xviii)中写道:"实在论是本书的主要思想。"他从(西方的)科学和(西方的)常识中提取实在论的概念,科学实在论——该思想主张,存在一个独立于我们而我们又可以用批判的方式去探索的世界——包含着类似巴门尼德关于真正的知识和基于习惯和经验的观点之间的巴门尼德区别的成分。类似于这种区别和划界,西方科学中实在论者所描写的区别可以被实践结论所推翻(参考巴门尼德之前的讨论)。波普尔所抨击的反实在论观点植根于这种结论的学术版本。它们强调确定性,在感觉数据和其他东西之间设置界线。不幸的是,波普尔基于相当狭隘的学派来看实在论问题。像上面提到的那样,他把知识和实在问题归约为"实证主义"和"实在论"的问题。他曲解有关观点直到它们符合这种模式。他对待马赫的方式便是一个典型的例子。

在波普尔看来,马赫是一个"实证哲学家"、"观念论形态"的捍卫者(R,p. 42)。他"认为只有我们的感觉才是真实的"(S,p. 92;R,p. 91)。正是这种原因,他拒绝承认原子(R,p. 105)。事实上,关于原子,马赫强调:(A)在他所在的时代,动力学理论中讨论的原子原则上是不可检验的;(B)理论上不可检验的东西不应在科学中使用;但是(C)不反对把它们作为通向"更普遍的观点"之路的临时辅助(有关马赫的引用语参考书将在下面的第七章以及我的《哲学论文》第二卷第五章和第六章中给出)。

(A)是一个历史的假定,它也为爱因斯坦所接受。爱因斯坦试图在原子和观测之间建立那个时代所没有的联系。(B)和(C)是波普尔哲学的基石,它把科学限制在可检验范围内,但是鼓励人们推测并超越它。这样看来马赫并没有"立即抛弃原子"(R,p. 191)。他接受这一观点,并且注意到其不确定性并建议人们寻找更好的知识(他也公开谴责了试图"通过原子的运动来解释感觉"的形而上学原子论的荒谬)。马赫所建议的方法被吉布斯和爱因斯坦所采用(并且也在赫兹阐述麦克斯韦方程式时被赫兹所采用)。在爱因斯坦关于统计现象的早期论文中,他批评了动力学理论,因为它"已经不能为哲学的普遍理论提供一个坚实的基础"⑫。他力图把热现象的讨论从特殊的机械模型中解脱出来,而且显示有些非常普遍的性质[首先令不同的方程式中正式变量作一般变化——马赫称之为重要的经验事实。完成一个独一无二的运动,并且和刘维尔(Lioaville)的定理有相似之处]能满足获得渴求结果的需要。爱因斯坦对"基础理论"的偏爱超过"结构理论"(关于机械模型的理论)完全是一种马赫精神。这引导他走上了狭义相对论之路。

然而,至于马赫的"实证哲学",情况是非常简单的:它根本就不存在。"要素"是感觉,但是只是在某种情况下。"它们同时又是物理对象,就我们考虑其他的功能依赖的范围而言。"感觉的谈论是不确定的,它建立在必须得到生理研究补充的"偏面理论"的基础上。波普尔注意到了马赫和马赫神话集之间的某些区别,但是他选择了蔑视它们的态度。他一贯严肃批判别人(例如,他在《实在论和科学目标》一书中反对库恩),他说马赫"应被合理地视为"一位感觉材料论者。但是两者之间的区别之处比至今所描写的要大得多。

马赫反对"牵强的""杂谈的""不确定的"归纳法。他反对把自然科学称为归纳的科学。他呼吁科学家依靠自己的才能运用"极其普遍的原理"作出"大胆的知识进步",目的是要"达到一个广阔的视野",并用这种视野去整理和纠正精确实验所包含的特别的结果(这一观点如何对待波普尔宣称的"从贝克莱到马赫总是反对臆测的实证主义"呢? Q, p. 172),而在他的哲学著作中,爱因斯坦开始了从"直接的感觉经验"获取知识的进程,并强调进行推测的"必要的假想"特征(用波普尔的术语来说,他是一个工具主义者,尽管前后不一)。马赫指出:"不但人类,而且单个个体找到了一个完善的世界观:对于它的构建,他做出了一种没有意识的贡献——这里每一个人必须从头开始"(把这与波普尔所说的"我们从一开始就是在多数人能理解的领域进行的"相比较,R, p. 87)。马赫把世界的普遍特征不是作为"虚构",而是作为"事实",即作为真实的。事实是,我们可以说马赫——作为一个科学史家和一个不"因紧急工作的压力而仅依靠自己记忆"的人——比波普尔所追求的是一个更好的批判理性主义者(什么是紧急工作? 波普尔提供给我们同样的工作吗?)。他并没有立即停止关于实在论的独断的、无意义的宣示,他决定检验事实。

　　相似的评论也可以应用到波普尔对贝拉明的处理。为什么(在给福斯卡里尼的信中)贝拉明建议对哥白尼的观点进行工具主义的解释。原理既不是在于亚里斯多德教义,也不是对《圣经》条文的(像波普尔所建议的那样)天真坚持。耶酥会的天文学家已经坚信并发展了关于月亮、金星、木星的卫星的观察。托勒密日心说体系已被解释新现象的不可抗体系所取代。物理学和天文学在较早时候已被许可修改圣经条文的解释(例如,11世纪的时候,地球是球形的已是众所周知的事实)。

　　贝拉明接受了这样的观点:良好的争论也可以改变关于地球运动的已确立的观点。但是,他补充道,并不存在这种争论,并且作为普通人生活中重要的一部分的信念不应被简单的臆测所危及。在这两方面他是正确的。第一点已被所有认真的物理学家们所接受(时间是1615年);第二点今天已经很少听到,因为把专家的胡言乱语当作决定,这被认为是理所当然的,它从不由公众的关心所决定。但是,即使波普尔很久以前也已告诫我们,进行社会实验应采取逐个仔细的态度。改变与强有力的习俗和流行的管理相联系的信仰,或改变"开放思维在某一些方面总是意味着与其他相隔绝"的看法。因此,几乎得不到支持的观点不应当以一种好斗的态度介绍给人们。人们应检验其后果,并且只有当这种观点被接受并且较好的辩论成为必要时,它们才会被加强。贝拉明精确地阐述了这一没有益处的观点。

　　这就是未作过实验对象的供选择的实在论—实证哲学如何把科学和文明史由迷人复杂的特征间丰富多彩的相互作用,转变成介于"世界上最杰出的活着的哲学家"(马丁·加德纳在波普尔论文续篇的封面上)与精英的集合[⑬]之间的单调的转变。还有善意的转变[⑭],伟大的转变[⑮],但是遗憾的是在特别需要波普尔的启发时,迎来的却是迷乱的对话者。我要转到的波普尔对量子论的讨论,将使历史的琐碎化达到高潮。

三、量子论

波普尔在《附记》(*Postscript*)的末尾,描绘了其宇宙学。它包括变动性和非决定论:"宇宙事实(Q, p. 181)和关于世界的常识紧密对应"(p. 139)。根据发展定律给出了所有可能天体的重量(p. 187)的目录,(能量)守恒定律被运用来支持这一观点。能量守恒守律用一种决定论的方法引导单个粒子。对于它们的相互作用仍然有效,但是,它们不能再"满足决定论的需要"(p. 190)。我们已发现原子表现出的中磁性习性。爱因斯坦和玻尔经常评论的古老二元论,即介于电场和离子的实在性之间的二元论,被淡化为亚里斯多德的二元论,在那里,电场可能性像离子一样成为事实。为了使这种新的二元论看起来合理,波普尔使用了狄拉克(Dirac)关于正电子的空洞理论:一个正电子不是一块物质,而是作为相互作用的结果,可能成为显示的发生的一种可能性。

该理论与所谓的 S—矩阵理论相关联。尤其在丘(Chew)给出的解释方面。两个理论都避免把复杂的体系简化为越来越小的单元,直到"最后的基石"(夸克或胶子)被奠定。二者都反对把单个粒子看作"给予(given)",并且试图通过二者的相互作用获得它们的性能。二者都接受"核心民主"的观念——没有任何粒子比其他更重要。S—矩阵理论的正式原理——相对论的不变性、一元论(所有可能过程的可能性数目等于1)、分析学(相对于重量决定论的)——很好地适合了波普尔所描绘的蓝图,而丘的"拔靴带式的假设"——即基本电场(丘的形式主义的 S—矩阵)独一无二地决定了所有粒子的性质——可能从一种更好的"科学"视角上扮演角色。

此外,这两个理论暗含着量子物理学的形式不可能维持不变。然而,在第三卷中,波普尔坚持认为,他同样也解释已存在的理论,这种解释超越了理论发明者的思想,其不同在于"简单的错误""混乱"及对一部分的"疏忽"。由于不满意于已经创立的有趣的宇宙哲学,他想向人们表明,另外的观点是不值得考虑的。因此,他从一个在形而上学方面作为亚里斯多德传统的有力代表者(Q,p. 165、206)向一个缺乏知识的、肤浅的、脾气糟糕的物理学批评者转变。

例如,考察一下他的"最终路径命题""信仰",也即"量子物理学是最终的和完成的"(Q,p. 5)。波普尔说,信仰妨碍研究,例如,它导致了对质子与电子等粒子的排斥。物理学家记忆不同的事物,粒子物理史上[16],热衷于圆桌式讨论的 S. 施韦伯(Silvan Schweber)"在 30 年代的电学理论家的革命性立场与二次世界大战前保守主义立场相比较的"基础上评论"二分法"(他提取了玻尔著名的并且一再申明的"这不是极度着迷的")。并且,在这种革命性态度和"不愿接受新粒子"之间,情况也一样。在同一次会议上,狄拉克给出了第二保守主义的理由,"只存在两种粒子——电子和质子。只存在两种电——正电和负电,每一种电是由所对应的一种粒子所引起的"。汉森(Hanson)持同样的观点。波普尔称汉森关于正电子的书是人人应读的"出色的著作"。其结论是:之所以早期的粒子物理学家未被量子的保守主义所占据,原因在于(a)那时还没有这种保守主义,(b)对粒子增殖的反感是产生非量子论的渊源。

波普尔使"最终路径命题"成为量子物理学一个特殊的毛病。并且,他把它与关于量子物理学是完美的这一断言联系起来(Q,p. 11)。但是量子理论家并不仅是那些认为他们已达到"最终表述"的那些人:道路终点的陈述可以在知识的所有分支中,甚至在相对论、爱因斯坦理论中找到。波普尔把某些证伪称"为像普通人的不可靠性所允许的'决定性'"(R,p. xxii)。像波普尔和冯·诺伊曼(Von Newmann)所理解的"完全"(completeness)意味着在不确定性关系内不存在变量,并且并非不存在遵循不确定性关系的粒子。电子和正电子不是"(先前的)隐含变量"

(p. 11),并且没有物理学家考虑到它们会是这样。1962年,在明尼苏达州中心召开的科学哲学会议期间,我曾把这个问题指给波普尔。他的反应是:他模糊了"完全"的概念。现在他也是这样做的。他说:"在这场讨论中,这个字眼被用于几种意思"(p. 7)。对波普尔而言如此,但对其他人而言却不是。

讨论其狭义时,波普尔继续使用了通常的方法。在对玻尔伟大的个人品德给予了傲慢的对待之后(Q, p. 9),波普尔拿出了他最珍爱的两种武器:错误的描述和诽谤。他建议,爱因斯坦一波多尔斯基(Podolsky)一罗森(Rosen)论证应当被抛弃,因为"玻尔的权威无关于论证"(Q, p. 149)。但是爱因斯坦——当然不是一个屈服于权威的人——认为玻尔的回答是一种论证,并且把它补充到"对这一问题来说是最接近公平的回答"。

波普尔断言:"对爱因斯坦及其合作者的回答包括爱因斯坦所从事理论的一个秘密变革及基础的迁移"(p. 150)。他的意思是在爱因斯坦一波多尔斯基一罗森论证之前,不确定性已经过相互作用被解释。但是这种相互作用的观点不是被玻尔而是被海森堡所坚持。并且玻尔早在爱因斯坦一波普尔斯基一罗森辩论之前,已评述了其不满意的特征。[17]

在波普尔看来,玻尔的"变革"理论比起相互作用观点来是"比较无害的"(p. 150):"里面没有更多的东西。有时,一种同等的系统是适用的,有时,另一种同等的系统是适用的,但是从来没有两者都适用的时候。"波普尔得出了他的结论,"这样,门完全朝粒子本身敞开着"。当然,确实如此。但是波普尔所描写的并不是玻尔的观点,而是如同他自己所说的那样,是玻尔观点的波普尔版本(p. 150)。因此,让我们补充说明玻尔在回答爱因斯坦时所明确说明的东西:即像势能和动能的动力学量值大小取决于参考系。参考系在某种意义上阻碍了其交互使用:选择了一个参考系,包括"位置"等概念就不再适用;选择另一种参考系,与运动相联系的概念也会出现这种情况;选择第三种参考系,二者只能在某种程度上被应用来通过二者的不确定性关系进行判断。玻尔比较了所描绘的依赖性和动力学量值对参考系的相对依赖性。把这种设想补充到玻尔的波普尔版本中去,这正是我们所达到的意境——不再"向粒子所做的大门敞开"。人们可能会嘲笑这种设想——并且我相信如果波普尔发现了这一点,他肯定会这样做——但是人们不应该批评玻尔持有一种不包含它的观点。

我在 20 年前的一篇文章中解释了玻尔的哲学,并反击了一系列非难,包括波普尔已公开发表的非难(这些文章经小小的修改后曾再版)。我总结如下:

> 波普尔对哥本哈根解释,尤其对玻尔观点的批判,是不切题的,并且他自己的解释是不恰当的,由于他忽视了重要的事实、理由、前提假设和程序,他的批语是不切题的。上述所列的东西是一个正常的补充的评价所必需的,因为它指责其捍卫者"错误""混乱"和"重大失误",这些不但未被承认,而且与玻尔和海森堡所提出的相当明确的警告相矛盾。他自己肯定的观点是一个巨大的可以回溯到我们已在 1972 年所取得的成就的不幸的一步(这一观点出现在我所批评的论文中,在《量子论和物理学的分裂》(Q,pp. 35—38)中重新出现,而这并不是闭幕)。

并不存在需要改变总结和继续进行论证的划线。但是,看一看波普尔的反应是非常有趣的。他在《量子论和物理学的分裂》(Q,p. 71)注释⑬中提到了这本书(1980 年加以补充说明)。正如其习惯的那样,他对包含的批评言论持藐视态度,并且介绍了一种完全虚构的抱怨。他指责了雅默(Jammer)⑱,并且暗示了邦戈(Bunge)和我(1)已经把他变成了一个主观论者;(2)已经把他的观点和玻尔的观点相提并论。并且他解释了因我们的无知所犯的所谓的罪行——我们采取了"偶然的形式化",即,波普尔的"实验性举止"是他的主观主义的证据。但是雅默明确申明(我的观点)玻尔和波普尔之间的不同(出处同上,p. 450)。雅默既未断言也未暗含波普尔已失败于"将观察者从量子物理学中驱逐出来"(Q, p. 35)。而我的观点是根本不存在将被驱逐的观察者。玻尔概率是关于实验安排或自然条件的客观属性,并且玻尔介绍其观点之前,我就推断波普尔很可能会简单地重复玻尔的观点。看来波普尔既没读我的文章也没读雅默的总结,他再次称玻尔为主观主义者,并推测是我们(雅默和我)使他也成为一个主观主义者。而为什么在波普尔看来玻尔是一个主观主义者呢?原因在于对叙述的主观夸张,这些叙述的上下文明显地反映了客观内容。这样,正是波普尔犯了罪(反对玻尔)。他却指责我们(雅默和我)有预谋地反对他——一个波普尔辩驳性质的很好例子。我们可以下这样的结论:波普尔的分析甚至没有触及玻尔的思想——这是很不幸的,因为波普尔本来可以像别人一样从玻尔那里学到如何处理因保留经典要素而导致的实在论难题。

在波普尔看来(R, p. 149f),对世界的结构和规律进行整体的描述是不容易的。牛顿在某种意义上讲是不相信远距离行动的。牛顿在解释这些东西时是把神的感觉分开来进行的。在此,问题依然在于相对宇宙,因为像电子和大气的绝对恒定,或更一般地说,对元素粒子性质的绝对定性和定性认同,我们有自己的特色(p. 151)。波普尔抛弃了那种把思想强加到世界结构上的理想解决方法,他得出的结论是:"我们实在论者不得不和困难生活在一起"(p. 157)。但是,这种概括("我们"实在论者)是完全无根据的。

实在论者不满意关于实在论简单化的概念。实在论者也并未被实证哲学仅仅选择性地作出一些有趣的建议的思想所阻碍。举个例子[19],

让我们在这个世界与摄影板之间进行比较。其中摄影感光板包括全息照片的移动模式和为获得全息照片的投影方法。一种特殊的投影方法(一种特殊的实验设计)被应用于导致全息照片(实验结果)出现的特殊感光板,它反映整个感光板,尽管这是以一种不完全和混乱的方式反映这个世界。物理学的情形就是这样:它是"客观的"(如果人们愿意使用这样肤浅的词语的话),并且,它不依赖于观察者而存在。现在我们补充说明某些历史因素(他们在玻尔的哲学里扮演着重要的角色):工作于第一个领域的物理学家试图解释其特征,他们找到了一个通过严格检验看起来似乎描写了世界基本特征的理论;相同的情况也发生在第二个领域,但是使用的是不同的理论和不同的概念。我们努力把一种理论简化为另一种理论,或把二者都归于一种"更深奥"的理论,并且拉近了与实在的距离。目前的模型提出了一种不同的观点,它认为:尽管我们可以发展我们特殊的(关于特殊领域事实的)全息照片,我们绝不能得到一个完美的观点或与它之间距离的估计,短语"接近真理"是没有意义的。我们可以把对一个特殊全息照片的片面陈述整理为一个更完全的陈述,但是,它又是一种企图把和一种方法相联系的理论简化为和另一种不同方法相联系的理论,这是没有意义的。例如:改进现象热力学和点力学是有意义的,但试图把前者简化为后者则是无意义的。为什么呢? 因为谈论所有原子有精确位置的体系的温度是没有意义的。当谈论世界的互补性时,物理和历史的环境精确地说正是玻尔所想的。博姆补充说明了这种思想的基础,它可以通过各种不同的实验方法(投射方法)来探索,并导致出现了不同的全息照片,但其本身是"不可定义和不可测量的"(博姆,p. 51)。有了模型之后,这种观念看起来似乎是合理的,它使我们看到了超出波普尔狭隘视野的许多可能性。

最后一点,在波普尔对玻尔的抨击中,他对哥本哈根学派所谓的教条主义和他的"批判"哲学进行了对比。特别值得一提的是,他反对他自己对玻尔非理性主义的"论证"。这是一个滑稽的事实,要找到一个像围绕在玻尔周围的科学家、哲学家、学者和诺贝尔奖获得者组成的好斗的物理团体是困难的,要找到一个像玻尔一样通晓与我们企图掌握实在论相联系的许多问题的人也是困难的。另一方面,复制标志哥本哈根学派的平淡奴性也是困难的。要破除其领导人散布的神话、曲解、诽谤及历史故事也是不可能的。对波普尔的续集和玻尔论文集的编辑风格进行比较显示:友善和经常的取笑、尊敬和摇摆不定的羡慕之间存在巨大的鸿沟。玻尔的思想是未来一代人的精神食粮,人们最好尽可能地忘记波普尔的思想。

四、历史结论

在波普尔看来,"(自从波尔兹曼时代以来)我们理性讨论的标准已严重崩溃。衰败起始于第一次世界大战,其中伴随着对科学技术主义和工具主义态度的增长"(Q, p. 157)。"现在,存在一种成为我们社会主要威胁的普遍的反理性主义气氛"(p. 156)。

在这个抱怨中存在真理的颗粒,让我们看一看它存在于何处。

它不存在于文化的相互作用领域。因为尽管西方文明的不懈扩张仍是主要现象,对于区别于我们的各种生活方式,我们有更为尊敬的态度的重要而有希望的表现。这种尊敬不仅是一种情感,它有实践基础。它把一系列有意义的令人吃惊的发展联在一起,包括回溯到 19 个世纪末对旧石器时代后期精美艺术的发现,到最近对非西方医疗制度效率的发现和再发现。非西方文明和所谓的原始部落所拥有的知识确实是令人吃惊的,它在它们特有的社会和地理条件下帮助开拓者,并包括了一些要素,这些要素超出了西方文明的相应要素所能帮助我们的。当这种发现被广泛认知时,对西方文明及追随西方文明的"理性主义"的盲目崇拜让路于精确的区分。我将用一种更人道主义的态度进行补充说明:所有的文化而不仅仅与西方科学和理性主义相关联的文化已经作出并将继续作出令全人类都将受益的贡献——尽管存在巨大障碍。

这种观点并非新的,它有很多伟大的先驱者,它已成为近东青铜器时代晚期文明的"第一国际主义"的象征。在这个时期,人们不停地相互打仗,但是他们交流语言、文学艺术著作、流行式样、技术、矿物、谷物、艺术家、大众物品、娼妓,甚至上帝。学者们以充沛的精力复兴和捍卫这种态度。如同我们看到的那样,它是希罗多德伟大历史的基础,它是启蒙运动时期及其以前蒙田和他的追随者的哲学。接下来,它被科学哲学的急剧扩张推到一边。在 20 世纪它的复兴意味着人们最终可以用一种合理的方法看到奇怪的事迹。顺便说一句,理性的增长产生在一个比西方宇宙哲学、波普尔的主要优秀策略重要得多的领域(波普尔在第 208 页对牛顿的评论及在《量子论和物理学的分裂》第 158 页对爱因斯坦的评论显示出他特有的狭隘视野)。无需多言,理性主义者们根本不满意:他们阴沉地咕哝"相对主义"和"非理性主义"——新的含糊不清代替了旧的从未放弃的诅咒:令人讨厌的人坐下!

波普尔对理性标准的退化感到悲痛。这种退化也不在于物理学(当然,尽管这里和别的地方一样也有白痴)。相反,新的组织形态的出现(如 CERN)已形成一种新的环境。在环境中,就像乔托、布鲁内莱斯基(Brunelleschi)、吉贝尔蒂(Ghiberti)和其他文艺复兴时期的艺术家一样,科学家成为工匠、投机者和管理者。伦理问题被一种在波尔兹曼时代几乎不为人知的力量强加到他们身上。[20]贝尔在 CERN 工作(我想他仍旧在那儿),洛什·阿拉莫斯(Los Alamos)至少对许多电磁学理论有一个粗浅的认识,许多理论非常有趣。在其他领域,所有这些并没有导致"工具主义"的增长。[21]为什么经验主义者那么迫切地寻找单个夸克和磁单极? 为什么他们试图从太阳的中心捕捉微中子去探索家用太阳能? 难道所有这一切仅仅是工具吗？以前我有一本 J. A. 惠勒（J. A. Wheeler）和 W. H. 茹雷克（W. H. Zurek）编辑的包括解释量子物理学文章的书《量子论与测量》。②波普尔及其编辑一定喜欢上了它，因为他们很快掌握了参考文献[其中包括一本可以作为《附记》（*Postscript*）册子证据的参考书]。其中有些章节从心身问题经由位置的经验检测，转化到纯形式的考虑，我没有发现标准的退化，相反，与"关于波尔兹曼的争论"相比（Q, p. 157），伴随着哲学深度的增加，辩论大大地精练了，并且我们不能忘记玻尔和海森堡的工作，他们的真正工作并不是波普尔所讽刺的那样。只有一个领域退化是显而易见的：波普尔自己的领域，科学哲学——而且波普尔尽其全力使其那样。依次，让我就这种情形作一些结论性评论吧。

19 世纪后期，与本职工作密切联系的科学家发展了科学哲学。它是多元化的，并且抛弃了被认为是知识所必经的环境条件。当然，每一位作者因某些惯例而扩弃了另一些——但是大多数科学家一致认为不应该把个人的偏爱变成研究的"客观"边界。在对模型建造进行了一番精力充沛的苛评之后，物理化学家、历史学家、科学哲学家皮埃·杜海姆（Pierre Duhem）写道："加速科学发展的最好方法是允许每一种知识形成根据本身的规律和认识类型发展自身。"③贵族赫姆霍尔兹（Helmholtz）也许是 19 世纪最多才多艺的科学家。④他写道："我必须声明，到目前为止，我保留了最新惯例（数学方程式代替模型），有了它我感到安全。但是，我不想掀起对杰出科学家所选择方法的普遍反对之风。"杜海姆指出（同上书，第 98 页）："发现不会被固有规律所局限，不存在如此愚蠢的学说，以至于有一天它不能产生新的快乐的观点。考虑缜密的星相学在神圣的机械论原理的发展中扮演了它的角色。"波尔兹曼在总结理论物理学方面新观点新方法的有趣的调查时说："认为只有老程序是唯一正确的方法是错误的。在他们已经导致那么多的重要结果之后，其中的不

利方面仍应被完全抛弃……"㉕

　　这些引证中暗含的多元论在达尔文的理论中找到了支持。在达尔文之前,把有机体看成神造的而且对生存问题的完全解决已成为一种习惯。达尔文注意到了众多"错误"。生命并非是一个精心计划的对清晰稳定目标的慎重实现;它是不合理的、浪费的,它产生了无限多的形态,并且让其达到一种特殊的阶段(相伴存在的自然环境)以便限制和消除失败。所以马赫、波尔兹曼等达尔文的追随者推测,知识的发展并非是一个精心设计的平稳运行的过程,它也是浪费的和充满错误的;为了保持发展,它需要许多观点和秩序惯例。定律、理论、思考的基本模式,甚至最基本的逻辑原理都是一时的结果,而不是这个过程的特定财富。因此,科学家不应是进入科学神庙急切想与它的规则相一致的顺从奴隶,他们不问"什么是科学",或"什么是知识",或"一个优秀的科学家应如何做",并且调整自己的研究以适合这些答案中包含的限制。他们徐徐前进,不断地通过他们的工作重新定义科学(及知识和逻辑)。

　　刚才所描写的观念使一项重要的科学研究成为历史。在马赫看来㉖,"形式逻辑和归纳逻辑对科学家而言几乎是无用的,因为知识的环境从来没有完全相同"。马赫说,要理解科学,就要去了解伟大科学家的成就。这种成就是"非常有益的"。不是因为这些科学成就包含着研究者必须分析并用心学习的共同要素,如果他想成为一个优秀的科学家的话,而是因为它们提供了一个变化丰富的供他们自由想象的运动场。"像一个留心的流浪者一样"进入这个"运动场"。研究者发展了他的想象力,使其灵敏、多才多艺并能用新方法对挑战作出反应。因而,研究"是无法教的"(第200页),它不是"律师包里的戏法"(第402页注)。它是一门艺术,其明确的特征只揭示出其可能性的很小一部分,其规则常常被意外时间或人类的创造力所中止并改变。如我们所见,许多19世纪的科学家始终思考相似的方法,而这并非是对科学实践毫无影响的奢侈品:它带来了 20 世纪物理学两个最迷人的理论:量子论和相对论。它们的创造者清楚地认识到了这种联系。

因此,玻尔指出:"在处理给一个全新的经验领域带来规律的工作时,我们无法信任任何习惯的原理,但是这是很明确的。"㉒列奥·罗森菲尔德(Leon Rosenfeld)补充道:"在推测某些调查研究的前景时,玻尔将放弃对简单、高尚甚至一贯性的思考。"㉓而最好的阐述当属爱因斯坦的阐述,在评论"理性的""系统的"哲学家的努力时,他写道:

> 一旦正在寻找清晰系统的认识论者全力以赴通过这样一个系统,他就喜欢用这种系统观念解释科学思想内容,并且拒绝所有不适合这种体系的东西。然而科学家不可能为认识论的系统性付出努力。基于经验事实为他设置的客观时间不允许他坚持认识论体系在概念世界的建构中有太多的限制。因此,在系统的认识论者看来,他好像是一个无耻的机会主义者。

现在看来,这种观念对哲学社会科学和普遍知识的影响如此之小是令人吃惊的。更糟糕的是,现代物理学革命中出现的新实证哲学混乱地使用科学之名传播死板的、狭隘的和不现实的观点。新实证哲学并非是一种关于哲学的大胆进步的改革,它向新哲学尚古主义倾斜。由于被物理学、生物学、心理学、人类学上的基本变化所包围,被艺术上有趣而充满争议的观念所包围,以及被政治学没有预见到的发展所包围,维也纳学派之父撤到了狭窄的建构不成功的堡垒中。历史联系是严密的,科学思想和哲学推测之间的紧密协作终结了不同于科学和同科学没有关联的问题的术语,科学想象被扭曲成面目全非。弗莱克(Fleck)、波兰尼和库恩比较了结果观念学和所谓客体——科学,显示出错乱的特征。他们的工作没有促进事件发展。哲学家没有回到历史,他们没有抛弃作为他们商标的逻辑伪装,他们用更空洞的术语丰富了它们。这些术语很多来自库恩的理论("范式""危机""革命")而没有考虑上下文。这样,他们不但没有使他们的学说更接近科学,反而使它更加复杂化。前库恩时代,实证哲学正处在幼儿期,但是相当清晰。后库恩时代,实证哲学依然处在幼儿期——但是它是非常不清晰的。在这一片混乱中,波普尔在哪里呢?

波普尔是从仍停留在实证哲学框架内的一个技术性建议开始的:把划界问题和归纳问题区分开来,通过证伪解决了第一个问题,通过大胆推测和严格检验的方法解决了第二个问题。因为该建议是用实证哲学家所喜欢的逻辑术语系统地陈述的,并且因为它紧跟实证哲学代替逻辑描述的真正科学理论,所以,该建议是技术性的(见上文,波普尔再三重申他的科学理论不是历史理论,不能用历史证据来批判)。波普尔的贡献在于证实理论而不是科学实践。波普尔因此把这种技术性建议合并为一个宽视野的批判理性主义,并且企图用历史情节举例证明之。他想说,关于伪证的战争并不只是实证哲学的中伤,它有其历史范围。从某种意义上讲,这是正确的,从另一方面讲,又是不正确的。波普尔重复了前人所说的东西,但是他的重复很糟糕,而且没有他的先驱们的历史视角。[29]

仍然有一些神经质的科学家,他们严肃地看待实证哲学,他们读过波普尔的著作。他们可以放松了。他们现在可以推测而不必担心他们的声望受到损害。这可以部分解释波普尔哲学的声望所在——一种有时被转为其他观点的声望。这一点其他人也一样,部分是因为他们简单,部分是因为他们为科学筑就了神坛。但是波普尔提供的简明并不是洞察的结果,而是无知的结果。那些赞扬他的物理学的人[邦迪(Bondi)、邓比赫(Denbigh)、马根纽(Margenau)等]与早期爱因斯坦的对手有许多共同点,后者赞扬莱纳特和斯塔克,"因为他们不能形成现代物理学所要求的艰难的思维方式"[30]。独立的科学家从来不需要一种简化、一个方法论的支持或一种改变;波普尔提供给同行更多成员的自由的钥匙是而且一直是对他们人格的占有(参见 19 世纪科学家、爱因斯坦和玻尔的以上概略)。绝对不需要为这自由付出代价,因为它是用一个奴隶(相对主义的多元主义)交换另一个(波普尔式的混杂的科学)。

注释

① 参见柏拉图同名对话(332d4f,325b6ff)中关于普罗泰戈拉特征的伟大演说。

②《泰阿泰德篇》172,普罗泰戈拉的信条是:判断什么是好的和坏的,正义的和非正义的,虔诚的和非虔诚的,只要认为它是并宣称其合法即可。

③《伊里亚特》15.184ff。

④《客观知识》(*Obejective Knowledge*),牛津 1972 年,第 294、252 页。

⑤ 详见我的《反对方法》第十七章,伦敦 1975 年,第 269 页注;我的《哲学论文》第一卷第 15 页,剑桥 1981 年。

⑥ 参考书和更多的案例可以在我的《反对方法》一书第五章中找到。

⑦ 这一准则也见于他为批判巴门尼德而著的《物理学》第一册。

⑧ 相关材料可以在惠顿(Bruce Wheaton)的论文《光电效应和自由辐射量子论的起源》(贝克莱 1971 年)中找到。

⑨ *Annalen der Physik*,4(1902),第 150 页。

⑩《电子》(*The Electron*),芝加哥 1997 年,第 203 页。

⑪ *Proceedings*,巴黎 1912 年,第 443 页。

⑫ *Annalen der. Physik*,1902 年,第 417 页。

⑬ 马赫:《一个关于自然的开创性哲学家》,S,p. 135;玻尔:《基本上是一个实在论者》,Q,p. 9。

⑭ 休谟、穆勒、拉塞尔:《实践和实在论者》,R,p. 81;海森堡:《不可理解的态度》,Q,p. 9。

⑮ 玻尔:《我所遇到的最伟大的人》,Q,p. 9。

⑯《粒子物理学的诞生》(*The Birth of Particle Physics*),剑桥大学出版社 1983 年,第 265 页。

⑰ 附带的证据是海森堡的《量子运动学和量子力学的直观内容》(1927);玻尔的《量子论基本原理和原子论的最近发展》第三部分(1928)。玻尔和海森堡之间的不同是证明为什么把玻

尔、海森堡、泡利和其他人归为"哥本哈根学派"并抨击其这一虚构团体的历史性谬论的理由之一。

⑱ 他报道了我的批语并且明显赞成它,见他的《量子物理学哲学》(*The Philosophy of Quantum*),约翰·威利和他的儿子们,1974 年,第 450 页。

⑲ 博姆:《整体性及其暗含的规则》,伦敦 1980 年,第 145 页。

⑳ 特殊发展阶段的杰出代表,见罗德兹《制造原子弹》,纽约 1986 年。

㉑ 可阅读迪松(Dyson)关于原子威胁力的书,还有费伊曼(Feyman)和迪松的自传。

㉒ *Quantum Theory and Measurement*,普林斯顿 1983 年。

㉓ 《物理理论的结构和目标》(*The Aim and Structure of Physical Theory*),纽约 1962 年,第 99 页。

㉔ 他为 *Die Principien der Mechanik* 一书所写的序言被杜海姆所引用,莱比锡 1894 年,第 21 页。

㉕《理论物理学的方法》("Uber die Methoden der Theorestischen Physik"),载《通俗读物》(*Populäre Schriften*),莱比锡 1905 年,第 10 页。

㉖《认识和错误》,莱比锡 1917 年,第 200 页。

㉗《爱因斯坦:科学哲学家》(*Albert Einstein, Philosopher-Scientist*),P. A. Schilpp,编,伊文斯敦 1949 年,第 228 页。

㉘ 玻尔:《朋友和同事眼中玻尔的生活和工作》,S. Rosental 编,纽约 1967 年,第 117 页。

㉙ 这甚至被波普尔的狂热仰慕者所认识到。梅达沃在《给年轻科学家的建议》(*Advice to a Young Scientist*,纽约 1979 年)第 90 页注中写道:"韦韦尔首先提出了一种科学观,它与波普尔已经把它发展成一种完善系统的理论具有同样的普遍性。"波普尔=被僵化了的韦韦尔。O. 纽拉斯[给卡尔纳普的一封信,牛津 1942 年 12 月 22 日,引自 D. 考帕伯格的《分析哲学的扬弃》(*Koppelberg, Die Aufhebung der Analytischen Philosophie*),法兰克福 1987 年,第 327 页]给波普尔当头一棒:"我再次读了波普尔的书,我希望这么多年以后你能明了所有这些内容都是空的……这是继杜海姆、马赫之后的多大的倒退啊! 一点都感觉不到是科学研究。"拉克托斯在他的后半生也得出同样的结论。

㉚ 海森堡:《一个不关心政治的人的政治生活》,慕尼黑 1982 年,第 36 页。

第七章 马赫的研究理论及其与爱因斯坦的关系

引言

在自述按语中,爱因斯坦认为马赫已经撼动了对力学之基础作用的教条主义式信仰。爱因斯坦写道[①]:"当我还是学生时,马赫的《力学史》在这一点对我产生了深远的影响。我在马赫的正直的怀疑主义和独立性中看到了他的伟大之处。然而在我更年轻的时候,马赫的认识论态度也对我产生了很大的影响——而在今天,这种立场在我看来基本上是站不住脚的。"

按照这段话,马赫参与了两类活动。马赫批判了他那个时代的物理学,同时也发展出了一种"认识论态度"。这两类活动似乎是相对地彼此独立的。就爱因斯坦而言,他在晚年接受了其中一个而拒斥了另一个。爱因斯坦也对它们分别作了描述,他说道[②]:作为认识论者,马赫视"感觉为真实世界的构成物",然而作为物理学家,马赫在物理学的领域里批判了绝对空间。[③]

在下文中我将尽量将马赫的物理学观点从其"认识论"中分离出来。我将证明,这样一种分离并不困难。马赫的物理学观点整体上构成了一种不同于实证主义的科学哲学,这种科学哲学与爱因斯坦的研究实践(以及爱因斯坦在研究上的一些更普遍的发现)是一致的,并且必然完全合理地反对 19 世纪的原子论和狭义相对论。我们也会看到,在两个分歧的地方,恰恰是爱因斯坦进行着实证主义的言谈,而马赫则给出了科学的和常识的知识的更为复杂的叙述。然而,马赫的"认识论"被证明根本不是认识论,它是在形式上(虽非在内容上)可与原子论相比较的一般科学理论或理论简述,而不同于任何实证主义的本体论。

一、马赫论研究中原理之运用

前面的第四章第三节中,我阐明了马赫怎样把西蒙·斯特文(Simon Stevin)的实验作为例证来为直觉上可接受的原理作辩护,而反对逐步归纳的方法。[④]他说,以这种方式前进"不是一个错误。如果它是一个错误的话,那么我们所有人都会犯这个错误。而且,这是肯定的;唯有把最强有力的直觉和最强有力的概念力量结合起来才能成就一个伟大的科学家"(p. 27,参见 E, p. 163)。的确,"可以说,那些最重要和最重大的科学进展是通过这种方式获得的。这个为大科学家所实践的、把特殊的观念与现象界的一般轮廓协调起来的程序,这种考虑个别结果时对整体的不断关注可以被称为真正的哲学程序"(p. 29)。

该程序对我们的概念产生了影响。原理不考虑具体物理事件的独特性,把科学建基于原理,这使我们能让这些事件摆脱"烦琐的境况",并用一种理想化的形式将它们呈现出来:边和束为斜面和杠杆[⑤]所代替,正如边和光滑表面为几何学中的线和面所代替一样:我们"在确切概念的帮助下积极地重构事实且(现在)能够用一种科学的方式来把握它们"(p. 30)。

二、爱因斯坦对原理的运用

现在来考察一下爱因斯坦对达到狭义相对论的方法所作的描述。⑥面对物理学中的困境,他试图"通过基于已知事实的建设性努力来发现真实的法则";他对用这种方式来获得成功"绝望"了。在以原理而非事实为起点的热力学的例了的引导下,他相信"唯有普遍原理的发现会导致可靠结论"。他通过下述思想试验——"如果我以光速 C(真空中的光速)追逐一束光,那么我将发现,作为空间上振荡的电磁场的这样一道光束保持静态。然而,不论以经验为基础还是根据麦克斯韦的公式,似乎都没有这回事"——找到了一个原理。

这个程序与马赫所描绘和主张的步骤之间几乎没有任何差别。

这种相似延伸到细节上,因而爱因斯坦不止一次否认曾受到麦克尔逊－莫雷实验的影响:"我猜到我只把这个实验的真实性视为理所当然。"⑦"因为这个实验进行与否是毫无关系的",在谈到斯特文时马赫写道(p. 29),"要是成功是无可怀疑的有多好啊!"当被问及他的确信的来源时,爱因斯坦提到了直觉和"事物的判断力"⑧,这与马赫对有效原理的直觉性质的强调是类似的。"它合乎思维经济原则和科学美学。"马赫说道(p. 72)。

> 直接地认识一个原理,将之作为理解一个领域中的所有事实的钥匙,并心中明了它如何贯穿所有事实,而不必用拼凑的、跛脚的方法以及我们偶然所知的命题作为根据来证明它……的确,对证明的热衷导致一个虚假的和被误解的严格性:某些陈述被认为更可靠并被视作其他陈述的必然的和无可怀疑的基础,而这些陈述其实只有同样的确定性,甚至还不如其他陈述。

这当然意味着更偏向爱因斯坦而非洛伦兹，而这在洛伦兹对自己的程序的描述中是清楚的[9]：

> 爱因斯坦仅仅假定了我们由电磁领域的基本公式得来的推论，这种推论伴随着一些困难和不足。通过这样做，他确实可以相信使我们在那些否定结果中，譬如在麦克尔逊、罗利（Raleigh）和布鲁斯（Bruce）的否定结果中，看到一个普遍的和基本的原理的呈现，而不是对反对结果的偶然的弥补。

马赫认为，原理能够且需要为经验所验证（p. 231）。爱因斯坦也同意这点，他说，科学试图"发现一个统一的理论体系"[10]，但是他补充道："比起与经验有更紧密联系的局部来，逻辑基础总是面对着来自新经验或新知识方面的更大的危险。基础的重要性在于它与所有单个部分的连结中，但是，它在面对任何新的因素时的最大危险同样如此。"[11]另一方面，类似于马赫对直觉性原理的权威以及调整经验事实以适应原理的需要的强调，他不愿仅仅因为与某些实验结果相矛盾就放弃一个似乎可行的思想：没有比重复——交换关键要素——马赫对斯特文的观点的简洁叙述更好的方式，来描述爱因斯坦在他的关于相对论的论文中的程序。[12]

三、被驳倒的对马赫的某些批评

现在来考查有关马赫与爱因斯坦的关系的一些流行的评论。

A. 米勒（Authur Miller）教授写过一本精彩的、富有洞察力的和非常详细的有关狭义相对论的前史及其早期解释的书[13]，他想解释马赫在其《光学》（Optics）的前言中对相对论的批评。我并不认为米勒在说马赫"直率地拒绝接受相对论"时正确地描述了这种批判（米勒，p. 138）[14]。马赫[15]答应解释"为什么且在何种程度上他在自己的思想中[16]拒斥相对论",这意味着这种拒绝的性质和直率问题仍是未决的,而且答案被推迟到未来出版的作品中(从未出版)。我们也不能接受米勒为这种批判提供的理由。

按米勒的说法,"爱因斯坦对相对论假设的先验声明已经表明,他已超过了马赫"。

爱因斯坦1905年的论文确实不是把实验事实作为起点,而是以假设为起点,并且通过由这些假设所得的结果而展开——但这恰恰是马赫所描述和主张的程序。马赫也确实强调了用经验来检验原理的需要(p. 231),但是在这里我们将再一次发现我们已看到的那种一致。马赫的进一步评论——由于"我们的环境的稳定性"(p. 231),原理"可以作为数学演绎"的起点——再次将我们拉近爱因斯坦。爱因斯坦认为,仅仅在特定的和稳定的环境中狭义相对论才被认为是有效的。

"爱因斯坦的两个相对论假设的公理地位",米勒写道(p. 166),"使它们处于直接的实验观察范围之外"。这个说法是正确的——有关马赫不会赞同的暗示除外。甚至米勒的(正确)观察发现,即"资料(爱因斯坦那里的)也可能意味着思想实验的结果"(p. 166)并不导致与马赫相冲突,就像我们已经看到的那样:马赫与爱因斯坦之间的冲突不可能是关于适当的研究程序的冲突。[17]

在考察如热力学第一定律和第二定律、牛顿第一定律、光速不变性定律、麦克斯韦方程的有效性以及惯性与重力质量相等这样一些基本原理时,G. 霍尔顿写道[18]:"这些原理没有一个会被马赫称为'经验事实'。"

霍尔顿断言,马赫并不把"(经验的)事实"一词用到具有确定的普遍性的原理上,并且他暗示马赫会反对使用这些原理作为讨论的基础。这个断言和这个暗示都与马赫著作中的重要部分相矛盾。正如我在第一节和第二节试图表明并将在第四节予以呈现的那样,马赫极为反对幼稚的归纳程序,而宁可直接和"直觉地"运用具有很大普遍性的原理。而且,其著作中的很多段落中都用一种霍尔顿恰好否认的方式使用"经验事实"一词。[19]

一个进一步的批评——在霍尔顿的书中[20]也被提及——来自爱因斯坦。按爱因斯坦的说法,"马赫的体系研究存在于经验材料之间的联结:对马赫来说,科学是这些联结的总体。这个观点是错误的,实际上马赫所做的只是制作一个目录而非一个体系"。很多哲学家和历史学家重复了这种批评。一旦注意到马赫是多么经常地和多么坚决地强调以下需要:把普遍事实从个别观察和实验的独特性中解放出来并总是"关注整体"(p. 29),它们就能被驳倒了。如他描述的那样,从根本上说,力学的历史发展是由"一个重大事实"的逐渐呈现、"逐步被认识"构成的。最富创作力的科学家是这样一些人,他们有"广阔的思维"(E, p. 442、476),能"清楚地觉察贯穿所有事实的原理"(p. 61、72、133、266 以及其他许多地方),"直接地把一个原理视作理解一个领域中的所有事实的钥匙,并且心中清楚这个原理如何贯穿所有的事实(p. 72),"在自然的进程中直观到(它)"(p. 133,提到伽利略;也参见 E, p. 207),因而相比于那些"思维更加狭隘"(E, p. 442)、纠缠于"次要情况"、"难以挑出和注意到本质的东西的幼稚观察者","一瞥之下理解得更多"(p. 133)。富于创作力的科学家相应地并不列举事实并制作清单,他们或者"重构"(p. 307),或者致力于"建设性的努力",从他们"自己的思想库"中(E, p. 316)建构"理想状态"(E, p. 190f)。他们不满足于一贯性——他们寻求"一个甚至更大的和谐"(E, p. 178,我加以强调的部分),并在普遍事实和已被描述的直觉原理中发现这种和谐。

四、马赫关于归纳、感觉和科学进步的思想

马赫的科学观从他对归纳的态度中非常清楚地呈现出来。他写道

(E,p. 312):

> 真的很奇怪,绝大多数科学家认为归纳是研究的主要方法,自然科学除了把明晰的个别事实予以直接分类以外无其他工作。不能否认这项工作的重要性,但是它未穷尽科学家的任务。首先科学家必须发现相关特征以及它们的联结,这比对已知物进行分类困难多了。因此没有正当理由把自然科学称为归纳科学。

什么是相关特征且如何发现它们呢?

在马赫看来,经典力学的相关特征是:存在质量,度量质量的不同方式总是产生相同结果,推动力(地球引力,月亮、太阳的星际引力,磁场,电流)决定加速度,而不是速度(p. 187、244);简言之,就是力学原理所描述的。我们已看到本能和直觉在原理的发现中扮演了一个重要的角色(E,p. 315:"直觉是所有知识的基础")。正如马赫所言:

> 人们通过心理活动获得新的洞见,然而这种活动经常非常不适当地被称作归纳。心理活动不是一个简单过程,它是非常复杂的。它不是一个逻辑过程,虽然逻辑过程能够作为中介的和辅助的联结而插入其中。抽象和想象在新知识的发现中扮演了最主要的角色。方法在这些事情上对我们帮助很少,这一事实解释了这种神秘氛围。按照韦韦尔,这种氛围构成了归纳发现的特征。科学家寻找启发性的思想。开始时,他既不知道这种观念,也不知道能够发现这种观念的方法。但是当目标以及达到它的道路已经自我显示出来时,科学家首先为他的发现感到惊异,就好像一个迷失在森林中的人,在离开那灌木丛时

突然获得开阔的视野，看见每样事物都清晰地展现在他面前。只有在主要的事物被发现以后，方法才能确立秩序并改进结果（E，p318ff）。

原理的获得包含着与科学家"用自己的思想库加于其上"的要素相并列的观察，因而开普勒的火星椭圆轨道的临时假设是他自己的构造。[21]同样的道理也适用于伽利略的速度与时间成比例的假设，以及牛顿的冷却速度与温差成比例的假设。附加成分的性质和特性有赖于科学家、他那个时代科学的状况以及他"对一个事实的单一陈述的满意度"。譬如，牛顿思想的特征是巨大的勇气和丰富的想象力，并且"的确，我们毫不犹豫地把后者"看作是他的研究的"最重要的要素"："通过想象力来把握自然必须先于（对自然的）理解，这样我们的概念就可能有一个生动和直观的内容。"[22]

我们已知道，按马赫的说法，"抽象在知识的发现中发挥着重要作用"。抽象似乎是一个否定的过程：真实的物理特性、颜色（在力学的情形中）、温度、摩擦、空气阻力、行星扰动都被忽略了。对马赫而言，这是被科学家"增添"的用来"重建"事实的积极的和建设性工作的副效应。如马赫所解释的，抽象因而是"一个大胆的智力运动"。它可能不奏效，它"由成功获得证明"。马赫的著名箴言"科学意味着调整观念以适应事实以及两者的相互调适"必须作相应的解读。根据事实来调整观念并不意味着在思想的媒介中重复不可改变的事实，它是改变两种成分的辩证过程。现在让我们更详细地回忆该过程是如何展开的。

科学家试图发现世界的秩序，他们寻找原理并通过两种方法来获得，或者根据实验用一种"跛脚的""拼凑的"和"不确定的"方式，或者直觉地求助于大胆的思想实验以及由此得到的普遍化。原理界定一种思维模式，并要求我们用这种模式把已知事实"概括"或"理想化"，从不包含在这种模式中的元素中抽象出来。这是一个真正创造性的事业,它通过改变和重建事实和观念来联通两者。㉓结果不是唯一的。㉔提供不同的抽象方法的不同原理在不同的甚至冲突的方向上对事实进行理想化和"概括",一时强调"现象的这个方面,一时又强调某些其他方面"。布莱克把热看作一种实体,因而假设了热的储存,他引入潜热来描述凝结和蒸发,然而19世纪的势力学允许热能转化为其他形式的能。与之相似,贝尼特蒂(Benedetti)假设了动量的自然衰弱,然而伽利略重在其后期把惯性定律与相对运动联系起来——能够把自己限制在物理上可说明的障碍物上:事实和观念的调整"能以不同的方式展开"。产生于不同领域的理想化或者来自同一领域的不同原理的理想化偶而会相互冲突并产生矛盾(在第二节描述的爱因斯坦的思想实验是这种冲突的一个例子)。这种矛盾是"研究的最强有力的推动力"。"绝不能说这个过程已经完全成功,已经结束",因而绝不能说,一个事实——任何事实——已经完全和彻底地被描述了。甚至关于感觉的言谈也包含着一个片面理论,该理论必须通过研究来检验和发展。㉕

按马赫的说法,"精神领域"——思想、感情、欲望等领域——"不可能完全通过内省来探究。但是同生理学研究相结合的内省——它检查物理联结——能把这个领域清楚地置于我们面前,从而使我们认识我们的内部存在"㉖:内省是不够的。精神事件的整体性通过把内省心理学和生理学研究作为相互依赖的研究战略包含在内的事业而被揭示出来。

马赫有两个理由把不单是心理学而且作为整体的科学研究建立在这样的混合战略的基础之上。第一个理由是他的批评态度:他想检查科学的甚至是最普遍和最牢固地确立的成分。在主体与客体、精神与物质、身与心之间存在着明确分界的观念就是这类成分。在马赫时代,这些观念被视为不可动摇的前提(这些态度仍然以不明确的形式残存着)。对此,马赫是不同意的:影响科学的一切因素或者构成科学的一部分东西也必须被检验。对真实的外部世界观念的检验意味着或者寻求精神与物质界限的裂隙，或者引入"完全不同的理想化"，这种理想化不再与这种观念相关。马赫运用了这两种方法。

运用综合研究战略的第二个理由是，它们获得了部分成功。分界线部分地产生于心理和生理过程，部分地是早期观点的偶然的残留。为了进一步对此予以考查，并筹划一种不再依赖那些偶然事件的科学，马赫提出了他的"一元论"。这种一元论不是马赫关于研究的普遍观点的一部分，它是根据这些普遍观点建立起来并附属于它们的特殊理论。因而它不是研究的一个必要的分界条件，就像几乎所有马赫的批评者所假设的那样，包括爱因斯坦在内。马赫特别地强调了这一点："心理学家的最简单和最自然的起点不必是物理学家和化学家的最简单和最好的起点，它们面对完全不同的问题，或者相同的问题向他们呈现不同的方面。"(E，p. 12 注①)把马赫的一元论作为对存在着(a)主观的、(b)基础的和(c)不可进一步分析的实体(感觉)的愚蠢证明的结果，这是一种特别的误解。这样的实体既不存在于科学中(它没有"不可动摇"的成分，并"需要不断地加以检验"，参考 E，p. 15 关于哲学和科学思维方式的不同)，因而也不存在于马赫的一元论中，如我们所看到的那样，这种一元论是一种科学的理论而非哲学原理。

按照马赫，世界是由可以用很多不同的方法来分类并联结的元素组成的，这样的元素就是感觉，"但仅仅在这种意义上"，即我们考虑到它们依赖于一个特殊的感觉复合体——人体；"在我们考虑到其他的基本的依赖性的意义上，它们同时是物理对象"②——"因而，这些元素既是物理的也是心理学的事实"(E. p. 136)。它们以许多不同的方式相互依赖，并不存在不受外部因素影响的元素复合体，"严格地说，不存在孤立的事物"(E，p. 15)。按照来自科学的相似方法，我们引入了像"物"或者"主体"这样的理想物或"虚构物"(E，p. 15)，并用科学的术语构成"原理"。

这些元素不是终极的——"它们像炼金术的元素和今天的化学元素一样,只是假设性的和预备性的"(E,p.12)。把研究的每个部分都追溯到这些元素也是不必要的。在形式上,马赫的一元论与原子论假设有很多共同点。两者都假定世界由某种基本实体构成,都采用科学的研究去发现它们的真实性质,都同意这种假设不是必然的而必须为经验所检验。正如原子论不必反对现象学理论的构造,只要其目标是最终用原子的术语来分析它们,同样,马赫并不反对或批评力学的逐步构造,只要它的概念并不被假定为终极的,并被视为其他任何事物的基础,马赫和原子论者的区别在于所设定的基本实体,马赫宣称这是其理论的一个优点。因为在马赫看来,"用原子的运动来解释感觉"(p.483)是不可能的,而用知觉领域的元素去解释原子肯定是可能的,否则原子假设就不是经验科学的一部分。马赫所拟想的元素因而比原子更基本。

五、爱因斯坦的不合理的实证主义和马赫的辩证理性主义

现在,我们把关于我们的知识要素和发展的复杂描述与对爱因斯坦所作的描述(在第四章第三节引用)的重新考察作一比较。按照爱因斯坦(R,p.291)[20]:

> 建立"真实外部世界"的第一步是形成具体对象的概念和不同种类的具体对象。我们从我们的大量感官经验中,精神上任意地选取某些重复发生的感官印象复合体……并把它们连续一个概念——具体对象的概念。从逻辑上考察,这种概念所指称的感官印象的总体是不同一的,但是,它是人类(或动物)的自由创造物。另一方面,这种概念把它们意义和合理性单单归于感官印象的总体——我们使概念与之相联结。

　　第二步存在于这个事实中：我们在思维中（它决定了我们的期望）赋予这种具体对象的概念一种意义，而这种意义在很大程度上独立于最初使之产生的感官印象。这就是我们赋予具体对象"一种真实存在"时所意指的。这样一种构造的合理性单单取决于这个事实：通过这样的概念以及它们之间的心理联系，我们能够在感官印象的迷宫经验中以我们自身为方向。这些概念和联系，尽管是自由的心灵创造，对我们而言比起个人的意识经验仍显得更为有力和不可更改，如同任何错觉和幻觉的产物一样，其性质是完全无法保证的。另一方面，这些概念和联系，真实对象的假定以及一般来说"存在真实世界"的假定仅仅在这种意义上获得其合理性：它们是与感官印象相连结的，它们在感官印象间形成心理连结。

　　令那些熟悉马赫著作的读者和直到包括维纳学派的实证主义的历史的读者感兴趣的，这个叙述更多地接近于实证主义而非马赫。比起马赫来，它也是更为愚蠢的，最重要的是，它是完全不真实的。在历史上和个体成长中并不存在对应于那"第一阶段"的时期；不存在这样的阶段：当我们为"感官印象的迷宫"㉘围困时，我们"随心所欲地"选择特殊的经验群，"自由地创造"概念，并把两者连结起来。"不仅人类，也包括个体发现了……一个完整的世界观，而他并不曾对它的构造作出有意识的贡献。每个人必须从这里开始……""我们的常识把环境中的事物作为一个整体来看待，并没有分离出各个感官的贡献。"(E, p. 12f)

　　然而，那个"第一阶段"不仅不存在，它也不可能作为知识的起点而存在。马赫解释了原因："不与思想相连的纯粹经验对我们总是一种异在"(p. 465)：面对着无思想的感官经验的人是盲目的，不能执行简单的任务。并且，"个别的感觉既不是有意识的，也不是无意识的。唯有成为当前经验的一部分,它才变得有意识"(E,p.44):这些经验的表达是它们的有意识性的前提,因而这种表达不可能通过应用于有意识的但仍未被表达的感觉领域的排序过程而获得。"想象力已经俘获了单个观察,改变它并给予它添加物"(E,p.105):这是必要的,因为"对自然的理解必须通过想象力的把握来展开,这样我的概念就获得生动的和直觉的内容"(E,p.107):概念也不可能是"纯粹的",在能用于整理事物以前,它们必须把知觉填充进来。概念和感觉都不能先独立地存在,然后再结合并在结合中形成知识。

而且,在记忆和想象力之间不存在明确的分界——没有其记忆不受其他经验影响的孤立的经验。然而,记忆是"诗和真理的结合体"(E,p.153):"观察和理论也是不能明确地予以分离的"(E,p.165),并且"调整我们的观念以适应事实,以及观念间相互调适这两个过程同样不可明确分离。就是(一个有机体的)最初的经验已为有机体[它依赖于生物需要,也依赖于传统(E,p.70ff;参考 E,p.60)]天生的和暂时的状态(*stimmung*)所共同决定。并且在后的印象为在先的所影响"(E,p.164)。以这种方式产生的知觉"比概念思维更早和更好地有机地建构起来"(E,p.151);并且常识——"一开始就根本不能从科学观念中分离出来"(E,p.232)——不仅知道不存在爱因斯坦意义上的感觉,它根本就不可能构成这样复杂和抽象的观念(E,p.44注①)。

马赫和爱因斯坦都相信在科学与常识之间存在着紧密的联系。"科学的观念即刻就与常识观念相联系,两者根本不能分离。"(E,p.232)爱因斯坦说道(R,p.290),这就是科学家"不批判地考察一个远为困难的问题(即比科学观念的分析更困难)就不能前进的原因,这个难题就是分析日常思想的性质并在必要时改变它"。但是,爱因斯坦描绘这种状况的方式使这种改变显得很容易并建议了进行这种改变的错误方法。如果"感官经验是所予的题材"③(R,p.325),如果用于整理这种题材的概念是"任意的"、"自由的创造物",并且"本质上是虚构的"(R,p.273),那么我们所需做的一切就是放弃一套虚构物,"自由发明"另一套和第三套、第四套,比较它们对感觉的整理并选择最好的那套。这个过程可能是冗长而乏味的,但是它没有本质的困难。它所包含的一切乃是"自由的概念游戏"[31]。如果另一方面在感觉、想象、思想、记忆、幻想、遗传、本能(科学假设只是本能的原始思维的进一步发展)、梦和清醒(E,p.117)之间没有明确划分;如果任何历史地给予的题材是所有这些实体的混合体,或者根本没有这种混合体而是单一物[32](这意味着感觉不是题材,而是"虚构物")——那么研究将确实非常有别于爱因斯坦的描述所暗示的程序。新原理的发现将不像爱因斯坦假设的那样"自由",它也不会单单满足于重组某些熟悉的片断,因为片断之实存本身现在将被质疑。

令人奇怪的是,像爱因斯坦和普朗克[33]这样有创造力的科学家,他们积极反对实证主义,但是仍然采用实证主义的本质的部分,并给出了比起他们所进行的实践来相当愚蠢的科学叙述。马赫,所谓的实证主义者,是少数认识到这种描述的虚构特征并用一种更为现实主义的叙述来取代它的思想家之一。在这点上,他成为格式塔心理学、数学构造论先驱之一,皮亚杰、洛伦兹、波拉尼和维特根斯坦(不幸的是,他说的话比马赫冗长)的先驱,也是最近在物理世界中寻找模型的努力的先驱者。

普朗克和爱因斯坦不仅采用了马赫曾予批判的实证主义成分,不仅在并不存在的真正冲突的地方反对马赫,他们甚至偶尔彼此反对,或者至少作出暗含这种反对的陈述。因而普朗克在说明实在论学说时又说,"这里我划掉实证主义式的'仿佛'一词,而爱因斯坦在对实证主义学说的批评中使用过'仿佛'一词"。然而,当爱因斯坦强调具体对象的"实存"(R,p.291)时,他意指"在很大程度上独立于感官印象的"观念——这与马赫一致(见上面第四节)[34],但与普朗克不一致,在普朗克看来,实体是一种本体论的而非语义学的问题。普朗克对外部世界的"信仰"似乎与马赫相矛盾,但普朗克又说,也许也可用"工作假设"来代替"信仰"之说——这是马赫哲学中的一个合法程序(E, p. 143)。㉟普朗克和爱因斯坦都使用了这样的陈述,这些陈述似乎是反对马赫的,但是当注意到用不同方式使用关键术语时,就会发现它们与马赫的观点是一致的。㊱关于马赫与实证主义之间的争论完全是一张混淆之网,实证主义者接受了被认为是马赫持有的、而他实际上并不持有的学说的某些部分,并相互称对方为实证主义者,而实际上他们都尽力与实证主义保持距离。马赫和普朗克甚至一致断言,理论性概念的"虚构的和自由发明的特征"的说法有碍于对基本原理的作用的真实理解,但是他们各有非常不同的理由。对普朗克来说,基本原理既非虚构的也非任意的,因为它们描绘了真实外部世界的实在性质。在马赫看来,它们既非虚构也非任意的,因为它们取决于很多历史因素,其中包含了人的本能。普朗克和爱因斯坦当然也认识到需要把研究由一个阶段推进到另一个阶段的力量,他们把这种力量称为直觉(R, p. 226)或信仰。然而,普朗克与爱因斯坦所构想的直觉或信仰同马赫所谓的直觉有很大的差别。

按照马赫,"不同原理间的真实关系是历史的""一个观念的最严格和最完全的叙述,(因而)由对所有的动机和所有的途径的清楚展示所构成,这些动机和路径已引起这个观念并证实了这个观念。与较早的、更通常的和毋庸置疑的观念的逻辑连结不过是这个程序的一个部分"(E, p. 223)。"与使科学研究复兴的经典作家保持接触,提供了无可比拟的愉悦和完全的、持续的、不可代替的引导;这恰恰是因为这些沉溺于研究和发现的令人神魂颠倒的喜悦中的科学家告诉我们,什么对他们已变得清晰以及如何变得清晰,其中没有任何学术上的神秘化。因而,通过阅读哥白尼、斯特文、伽利略、吉尔伯特、开普勒,我们毫不夸张地领会了为研究中最伟大成功的例子所解释的研究的指导动机。……世界性的开放构成了这个时代的科学的特征。"(E, p. 223ff)

大家都知道,现代的科学哲学家已决定无视这种全球性的开放,并用他们有点乐观地称为"理性的"叙述或"理性的"重构来替代它。用马赫的话说(上一段),理性的叙述通过对"与较早的、更通常的和毋庸置疑的观念"的展示来解释一个观念,而并不表明这些观念是如何产生以及如何被接受的。爱因斯坦与普朗克对知识的叙述在这个意义上是理性的。他们接受了一组"毋庸置疑"的实体(感官材料)和一组毋庸置疑的观念(逻辑的),并且他们断言了真实的科学理论与这些不能解释和毋庸置疑的事物的联系。自然,他们留下许多未决问题。

而且,他们使用虚构而非实在物去回答他们确实考虑的问题:在科学和常识的任何地方都不存在即时的感觉(感觉确实发生于心理学之中,但是作为理论实体而非题材被所有的科学共享)。原理的"任意的和虚构的特征"不过是这种非实在的和虚构的起点的反映:科学的现存原理以一种不完全的方式与被认为是他们个人的题材相比较,自然显得它们本身就是任意的和虚构的。连结虚构和实在的力量——爱因斯坦的"直觉",普朗克的"信仰",狄拉克的"美"⑦——必定具有某些非常奇怪的特征。这就是普朗克强调基本原理的"非理性的"和"形而上学"的特征的原因,以及爱因斯坦谈到"科学这样的理性事业的宗教基础"的原因。⑧但是,这种非理性,这种所谓的对象科学这样的理性事业的宗教入侵,不过是普朗克和爱因斯坦实证主义幽灵的镜像,它是他们的知识观念不彻底的反映。而这并未发生在马赫身上。

尽管马赫赋予直觉一个非常重要的功能,尽管他强调直觉的"权威"和"较高的自主性"(p.26)以及它是"某种陌生的和对主观要素保持自由的东西"(p.73),尽管他表明在直觉基础上调整事实带来了怎样的进展,并且宣称最伟大的科学家是那些"把最强烈的直觉与最强大的概念力量结合起来"(p.27)的科学家,然而在他和普朗克、爱因斯坦之间存在着两个本质区别。第一,直觉并不作用于感觉,它在具体的历史条件下发挥作用,而这种历史条件仅仅以假设、标准和实验结论的方式得到部分表达,但相当程度上构成(思想、领悟、对报告的反应的)无意识趋向。它是在实在世界中发挥作用的力量。第二,"与诉诸神秘主义相反",马赫问道,"知识的这些直觉成分是怎样发生的? ……它们包含了什么?"(p. 27)并且"它们的较大的权威源于什么呢?"(p. 26)——较大,是否就与实验结果相比较而言? 最后一个问题的答案是简单的:推进科学的直觉独立于我们的行为和信仰而呈现自身,然而我们进行的每一个实验都有赖于我们自己形成的假设,而众所周知,这些假设表达了我们的(主观的)预期。(直觉的)权威的信赖性问题可通过对它的形式的思考而得到答案:直觉知识"主要是否定性的,它不告诉我们什么一定发生,更确切地说,它告诉我们什么不可能发生"(pp. 27ff)。⑳它的要旨在这个事实中变得清楚了:被禁止的事件"与不甚清晰的经验群激烈冲突,在这样的经验群中,个别的事件不能被区分出来"(p. 28)——它们与处于调适世界的特定阶段上的一个人或一作用于人的预期相矛盾。此要旨具有权威性,因为直觉知识"依赖于一个广泛的基础"(E, p. 93),尽管它与详细的实验结果相比甚为模糊。我们从无数实验——其中只有一次被有意识地模式化了——中认识到,重物自身不会上升,我们现在也认识到,相互接触的同温物体保持同一温度。每当与物质世界的联系增加,直觉原理的权威就会增加,这就是科学家必定从工匠的(明晰的和直觉的)知识(E, p. 85)中得益的一个原因。但是对科学的"最可靠的支持"来自包含在直观原理中的"原始经验"的联系。"这就是斯特文修正了关于斜面的数量观念,而伽利略根据思想实验形式的普遍经验修正了关于自由落体数量观念的原因"(E, p. 193),这就是"特殊的数量观点应该根据一般的直观印象予以尝试性修正的原因"(p. 29),这也是——由马赫而非爱因斯坦提出的——爱因斯坦不为"鲜有结果来证实"所动的理论基础⑪:直观知识——已被大量不同性质的经验所验证——否决基于仅仅局限于狭隘领域中的特殊假设的新实验。[④]我再次注意到马赫和爱因斯坦在程序上的一致,但是两人所提出的理由的确是非常不同的。

如我们所看到的那样,爱因斯坦强调了普遍原理的任意和虚构的特征。他的意思是,没有从经验(对他而言,意味着直接的感觉)到原理的逻辑道路(R, p. 273)。马赫或许会同意这种狭隘的解释,因为他不仅注意到而且强调了在原理和特殊实验之间的(逻辑)矛盾,他建议科学家们按照前者调整后者而没有其他的路子。但是,马赫并不承认这些原理因而是"人类心灵的自由创造",并且确实如此,由于所谓逻辑的和"合理的"行动所施加于这些原理上的限制,这些原理不仅仅受到附加的限制,也正是在这些限制的支持下得以展开。

现在当马赫反对"自由创造物"时,他提出了一个描述和一个警告。这个描述提到他刚说过的话。"有人经常把数字称作'人类精神的自由创造物'。当我们考虑到已完成的算术的宏伟大厦时,这些话所表达出来的对人类精神的赞美是非常自然的。然而,追踪其直觉开端并考虑产生对创造物的需要的环境,可以使我们更好地理解这些创造物。也许有人将认识到,这里产生的最初的结构是由物质环境无意识地和生物性地加之于人类的,并且它们的价值只有在它们已存在并被证明有用之后才能被认识。"(E, p. 327)"自由创造物"的说法无视决定因素的复杂网络,而代之以一种幼稚的和虚构的描述,蒙蔽了研究者对其任务的认识。因为——这是马赫的警告——任何脱离直觉的思路失去了与现实的联系,并导致"虚幻的超越和不幸的畸形的特殊理论"(pp. 29f)。

六、原子和相对论

毫无疑问,马赫把原子视作已经出现的怪物,因为科学家已偏离了那个时代的科学的直觉基础。对马赫而言,原子不仅仅是一种理想化,而且是"纯粹思维的对象",这种对象就其性质不能影响感官。理想化，例如理想气体、完全流体、完全刚体、球体，能通过一连串的近似，与经验相联系——它服从连续性原则。甚至像牛顿力学这样复杂的、综合的理论也包含着能逐步转换成对可观察物的描述的陈述。[42]的确，康德的有着丰富构造的、完全的现象世界服从马赫所理解的连续性原理。另一方面，前康德的实体或者说康德的物自体没有这种性质。它们既不能被经验，也不能通过一连串的近似、理想化和抽象来同经验相联系：它们是纯粹的思维构造物，关于它们的陈述在原则上是不可验证的。马赫设定(假设 A)这种实体在科学中没有位置。

他也假设(假设 B)，他那个时代的大多数原子论者具有这个不为所欲的性质。他对原子的反对乃是基于这两个假设，不是基于像几乎所有他的批评者(包括爱因斯坦)所断言的那样一种幼稚的实证主义。[43]

假设 A 为爱因斯坦(见一直到注释⑪的正文及相关段落)以及大多数科学家和几乎所有的现代科学哲学家所接受。它是马赫的观点中唯一的方法论假设，因而在方法论的基础上批评马赫对原子的拒斥是不可能的。

假设 B 是一个历史的假设，像所有的历史的假设一样，它是不容易确定的。此外，马赫承认："原子论或许使科学家能描述不同的事实"，但是他敦促他们视之为"暂时的目标"，并努力寻求"更自然的观点"。爱因斯坦在他早期关于统计现象的论文中就是这样做的。在这些论文中，他不仅批评现有的运动理论——因为它"没能为热的一般理论提供充分的基础"[44]，而且他努力把统计(热)现象从专门的力学假设中解释出来，并表明非常普遍的工具足以达到所欲的结果。[45]并且，爱因斯坦认识到需要更有力的论据[46]，并在关于布朗运动的论文中如此构造马赫所要求的原子和经验间的那种连续性连结，弥补了现有原子论的一个大缺陷。[47]最后，量子论引入了马赫一直追求的"更自然的观点"。

我们不得不得出结论：马赫的批评是合理的，它与实证主义的态度毫不相干。爱因斯坦这样行动，仿佛恰好在马赫所批评的方向上改进运动理论，这是合理的；爱因斯坦之后在原子方面对马赫的批评不能被认真地对待。如果说，有任何实证主义成分存在于爱因斯坦身上的话，那不会发生在马赫身上。

狭义相对论满足马赫所捍卫的连续性原则。我们已经看到有关马赫反对该理论的流行解释为什么不能被接受的原因：他们批评马赫并不持有的观点，且相反地，赞扬爱因斯坦运用了马赫明确提出的程序。然而，在这里，解决方案也似乎是非常简单的，并且马赫自己又指明在哪能够找到它。在《光学》导言中的简短评论里，马赫对他的批评提出了三个理由：相对论的捍卫者不断增长的教条主义，"基于感官生理学的考虑"和"产生于实验的概念"。⑱

教条主义的职责被较好地建立起来了。它适用于普朗克，尽管在他的著作中偶尔有些谨慎的语句（参见注释㉟中的引文），他似乎已把相对论的不变性（invariants）视作他所假设的在科学世界和感官世界背后的绝对实在的一部分。它也适用于绝大多数别的物理学家——他们不了解马赫对主/客体分界的检查，不愿参与对如此基本的偏见的批判性检查，并"按通常那样从事物理学"。这意味着，他们视这个分界为理所当然，并运用相对论来巩固这种分界，这使这个分界更精确。这种"考虑"很可能与马赫对分界的跨学科检查（参见注释㉖上面的正文），他的关于"精神"事件具有"物质"成分的猜想，以及他发展这样一个观点——这种观点考虑到这些事情——的努力相关。马赫与爱因斯坦的非批判的追随者之间的矛盾因而首先是两种不同的科学理论之间的矛盾，一个包含明确界定的主体/客体分界，另一个根据物理学、生理学和心理学的科学研究的结论重新定义或者说消解了这个分界。第二，它是态度间的矛盾：马赫想对之进行检查，他的反对者或者将之视为已解决了的或者甚至遵循已在别的科学领域运用的原理。众所周知,这种冲突已延续到爱因斯坦和玻尔在量子论上的对立,以及最近的时空理论与量子论的冲突。[49]

有关马赫在他的批判性评论的末尾提到的"实验"(参见上文《光学》中的简单摘录),我们一无所知。

七、应吸取的教训

我们从对马赫—爱因斯坦插曲的这个概述中学到了什么呢?首先,我们学到了,不能相信已被接受的观点,或者"科学的伟大转折点"或"激烈争论"的已被接受的描述,即使它们碰巧为相关领域的杰出学者所支持。其次,我们学到了,已被接受的观点的错误经常无需详细的资料研究就能发现——仔细地阅读一些著名的作品就够了。第三,这样的阅读使我们认识到,这种被接受的描述在绝大多数时间里不仅是不正确的,而且比它们所描述的事件远为愚蠢。第四,我们由此产生怀疑,许多所谓的"重大问题",例如通常与马赫—爱因斯坦的复杂难题联系在一起的"实在论"与"实证主义"之间的问题,是由误解和疏忽引起的虚假争斗。马赫与爱因斯坦他们本身就加入了这种虚假的争斗,缺乏历史的分析(第二点中提及的简单的那种),这些战斗绝没有教给我们有关科学和一般知识的任何东西。我们由此知道,第五,宣称已经解决了这些难题的哲学体系是不能从反对者的制作中区分出来的,除了反对者知道他们的所作所为而哲学家并不自知这个事实。所有的哲学争论——发生于不同的体系试图对同样的"伟大进步"或同样的"革命"给予不同的描述,并彼此提出理由与反理由之时——是如此的愚蠢。[50]这种无知,当然——这是第六点——对所有这样的人来说是一种恩惠:他们缺乏理解和影响一个复杂的历史过程的天分,现在他可以是无知的却仍然是哲学家,甚至能宣称自己比那些不满于他们幼稚模式的人更"理性",这一点鼓励了我们——第七点——偶尔还可走得更远,以批评的眼光看待那些不可靠地构成的事件,并"增援"⑤来自神话的参与者,这些神话是关于这些参与者的。这样一个行动本身是非常有意思的,因为它创造出经常是毋庸置疑的巨大惊奇。这是必需的,如果我们的历史和哲学要超越作为真实世界的梗概而强加的白日梦的话。

后记(1988 年)

沃尔特(Gereon Wolters)在一系列文章和一本著作中一直试图表明,马赫的《光学物理的原理》(包含对相对论的批评性的评论)的序言是他儿子路德维奇(Ludwig)加进去的冒牌货。沃尔特的观点——尽管并不直接——是非常有力的,并构成了对马赫研究的有价值的贡献。这同样不能说明它们被接受的一些动机。很多人似乎假定了,无论谁拒斥几乎被该事业中的每个人都视作真理的理论,他都犯了一个严重的错误:如果马赫拒绝相对论,那么他的哲学必定是糟糕的。这是纯粹的教条主义!普遍的接受并不决定事实——事实由论证来决定。我能很好地想象到,马赫——试图为物理的、生理的和心理的过程找到一个统一的描述——或许一直反对这样一个时空理论,它不仅保留了物理、心理学空间同时间的二分法,而且在普朗克那里甚至强化这种二分法:相对论对马赫来说是成问题的,不是因为它超越了感觉并因而超越太远,而是因为它走得不够远。

注释

① 希尔普(P. A. Schilpp)编:《爱因斯坦:科学哲学家》,埃文斯顿 1949 年,第 20 页。
② 1948 年给贝索(M. Besso)的信,转引自霍尔顿(G. Holton)的《科学思想的数学起源》

(*Thematic Origins of Scientific Thought*),剑桥 1973 年,第 231 页。

③ 参见注①书中爱因斯坦的叙述,第 28 页。

④《力学》(*Mechanik*)第九版第一章第二节,莱比锡 1933 年。

⑤ 斯特文自己考虑了一条带有 14 个不同种同距的球的线——参见他书中的插图,这个插图也出现在《力学》的第 31 页。

⑥ 希尔普编:《爱因斯坦:科学哲学家》,第 52 页。

⑦ 尚克兰(R. S. Shankland)的《与爱因斯坦的谈话》,《美国物理学杂志》31(1963),第 65 页;也可参见罗森塔尔—施奈德的回忆所报告的爱因斯坦对爱丁顿的 1919 年电报的反应(引自 G. 霍尔顿的《科学思想的数学起源》,剑桥 1973 年):"但是我知道那个理论是正确的。"考虑到惯性质量与重力质量的相等,爱因斯坦说道:"我毫不怀疑它的严格有效性,即使不知道 Eötvös 的令人钦佩的实验的结果——如果我记得不错的话——我只是在后来才知道它的。"《思想与主张》(*Ideas and Opinions*),纽约 1954 年,第 287 页。

⑧ 给贝索的信,转引自卡尔·西利格(Carl Seelig)的《阿尔伯特·爱因斯坦》,苏黎世 1954,第 195 页。也参见《玻恩—爱因斯坦书信集》(纽约 1971 年)中玻恩 1952 年 3 月 4 日给爱因斯坦的信中的言论,和爱因斯坦 3 月 12 日的回信——"只有依赖于支持的经验才能达到"基本定律:在柏林物理学会举行的普朗克六十岁生日(1918)庆祝会上的讲话,转引自《思想与主张》。

⑨《电子论》(*The Theory of Electrons*),纽约 1952 年,第 230 页。我并不断言马赫本人更喜欢爱因斯坦而不是洛伦兹——没有任何证据可以表明这一点。但是洛伦兹概括的两种方法非常切合马赫所描述的那两种方法——马赫倾向于运用综合性的原理,而不是运用孤立的事实和假设以及由此间接得来的东西。

⑩《理论物理学的基础》("The Fundaments of Theoretical Physics"),载于《科学》(1940),转引自《思想与主张》第 234 页。参见马赫的"那些能适用于最广阔的领域和最广泛的经验的观念是最科学的"——第 464 页。

⑪《思想与主张》,第 325 页。马赫认为直觉的一般原理比起个别的经验结论更值得信赖,恰似因为这些原理潜在地与广泛的事实领域相冲突,并在这种冲突中幸存下来。参见下面的第五节。

⑫ 霍尔顿把爱因斯坦独特的模式(从原理而非实验或难题出发)与 Föppl 联结起来。他或许把它与马赫——爱因斯坦曾研究他,并为 Föppl 所敬仰——联结起来。A. 米勒写道[霍尔顿和埃尔卡纳(Elkana)编的《阿尔伯特·爱因斯坦:历史和文化展望》(*Albert Einstein, Historical and Cultural Perspectives*),普林斯顿 1982 年,第 18 页],爱因斯坦"从新康德派观点中汲取了资源,作出了像势力学第二定律这样的原理是没用的表述"。考虑到米勒提到的爱因斯坦对休谟的敬仰,这是几乎不可能的。但是新康德主义者试图用先验的方式建立的那种相同的原理为马赫所讨论和主张,它们建基于直觉并解释了为什么应依赖于直觉(直面第五节),为什么拒绝

先验的观点。关于先验的假设也参见爱因斯坦给波恩的信,未注明日期,《波恩-爱因斯坦通信集》,纽约 1971 年,第 7 页。

⑬《阿尔伯特·爱因斯坦的狭义相对论》(*Albert Einstein's Special Theory of Relativity*),马萨诸塞 1981 年。

⑭ 爱因斯坦用相同的方式解释马赫:"马赫激烈地反对狭义相对论"——1948 年 1 月 6 日给贝索的信,转引自霍尔顿的《科学思想的数学起源》,第 232 页。

⑮《光学物理的原理》(*Die Prinzipien der Physikalischen Optik*),莱比锡 1921 年。

⑯ 斜体的约束语在英语译文中被删去,多佛尔出版,第 viii 页。

⑰ 同样的批评适用于伊塔加基(R. Itagaki)的判断:"从原理到实验的方向完全与马赫的方法相反。"

⑱《主题的起源》(*Thematic Origins*),第 229 页。

⑲ 例子是:力的平行四边形原理、惯性定律、其量值独立于用于测定它们的(直接或不直接的)方法的质量的存在——这意味着把重力和惯性质量的相等作为经验事实来接受。这个观点——推动力决定加速度,而不论是地心引力、行星引力,还是磁体引力——被明确地描述成表达了"一个简单的宏大事实"。"我完全同意佩佐尔特",马赫在另外一个地方写道(原文都是斜体),"当他说'至今所有尤勒和汉密尔顿作出的判断只是经验事实——自然过程是被唯一地决定的——的分析性表达'"。能量守恒既直接又通过暗示被称作经验事实,虽然它是由思想实验而不是由仔细的实验研究揭示出来的。法拉第被誉为把物理学限定为"对事实的表达"(这包括连结作用的思想)的研究者,"但是仅仅当麦克斯韦把它们翻译成他们熟悉的语言之后,对作用物理学保持距离的物理学家才开始理解他的思想":毫无疑问,马赫恐怕已把真空中"电的和磁的存在(和行为)——出自法拉第、麦克斯韦和赫兹的工作——看作一个经验事实。甚至平行公理也被认为是我们直觉地接受的原理,进而被用作"事实的确切重构"的一个基础。在讨论原理在研究尤其是在事实的构造中的作用时,他把原理称作"像任何别的观察一样合理的观察"(参照力的平行四边形原理)。

⑳ 霍尔顿,第 239 页。引自爱因斯坦 1912 年 4 月 6 日的巴黎演讲。

㉑ 参见《认识和错误》,第 152 页。此构造忽略了摄动并由此建构了"理想状态"。

㉒ 这里是马赫与爱因斯坦进一步的相似之处。爱因斯坦多次强调,研究不能满足于感觉和整理感觉的概念,而需要"在很大程度上独立于感官印象"的对象(《思想与主张》,第 291 页)。但是当爱因斯坦把这些对象看作是"任意的",并看作是"自由的精神创造物",因而在决定点停止质问时,马赫检查了这些对象的起源以及它们的权威的性质和来源。作为其结果,他为面对相反事实时坚持一般观点提供辩护,而爱因斯坦——经常地并激烈地违反幼稚的证伪原则——只能诉诸他的主观信念。这个问题将在下面的第五节予以更详细地讨论。

㉓ "某人提出开普勒运动的纯粹现象分析并偶然想到用加速度——面积反比于到太阳的

半径并且是径向的——去描述这种运动的思想,这在逻辑上是可能的。但在我看来,这个过程在心理上是不可想象的,为什么某人在没有物理概念指导的情况下应该偶然地想到加速度呢?为什么不运用第一或第三个差商(defferential quotient)?为什么在把运动分解成两个组分的无限多可能的分析中运用了那个能产生这样简单的结果的分析呢?对我来讲,没有重力加速度这个指导性概念,被抛物体的抛物轨道的分析是非常困难的。"

㉔ 对爱因斯坦而言,经验能为"两个本质上不同的原理"所涵盖的事实表明了,"基本原理的虚拟特征"(《思想与主张》,第 273 页,我所加的重点)和"概念方案的自由构造的要素"(给贝索的信,1948 年 1 月 6 日,引自霍尔顿,第 231 页)。爱因斯坦认为(给贝索的信),这未被马赫所认识。然而,我们已看到(注㉑),按照马赫,科学家怎样利用自己的思想储备增添(事物)并这样"构造""理想状态",或者如马赫所称的"虚构"(物理学家知道他的虚构仅仅近似地提出事实,并运用任意的简化,如理想气体、完全液体、完全刚体等)。我们现在注意到原理多样性的相同意识,这促使爱因斯坦批评马赫:爱因斯坦并不知道,或者已忘记马赫思想的复杂性。参见注释㊷。

㉕《感觉分析》(Analyse der Empfindungen),耶拿 1922 年,第 18 页。

㉖《科普讲座》,莱比锡 1896 年,第 228 页。参见《认识与错误》第 14 页注释:"心理学观察是像物理观察一样重要的知识源泉。"

㉗《感觉分析》,第 13 页。

㉘ 正文中引用的爱因斯坦的论文是《关于理论物理学的方法》,1933 年在牛津大学斯宾塞讲座上的演讲;《物理学和实在》,载于《富兰克林研究所学报》(1936);《理论物理学的基础》,载于《科学》(1940)。这些论文将引自《思想与主张》。

㉙ 当谈到感官印象时,爱因斯坦总是意指即时的感官印象。这在他 1952 年 3 月 7 日给莫里斯·索洛文(Maurice Solovine)的信中表现得非常清楚[再版于弗伦奇(A. P. French)编,《爱因斯坦:一百周年纪念册》(Einstein:A Centenary Volume),剑桥 1979 年,第 270 页]。在所附的图解的底上有"直接(感官)经历的多样性"的字样(我所加的重点)。

㉚ 记住,爱因斯坦在给贝索的信(前面的注释㉔)中,把这个假设归之于马赫(他从没坚持过这个假设)并予以批驳。在目前的引文中,在写这封信的 12 年以前,他自己就接受了这个假设——在写于 1946 年的自述中(希尔普,同①,6ff)以及 1962 年给索洛文的信(见注释㉙)中他的确如此:当感觉被假定为不可分析时,感觉主义有暗示自己的方式。

㉛ 希尔普,同①,第 6 页。

㉜ 譬如,马赫似乎倾向于把杜海姆的"特性"计入这些要素。参见他为杜海姆关于科学的主要著作的德文译本所作的导言——《物理理论的结构和目标》(莱比锡 1908 年)。但是对杜海姆而言,"特性"是类似于电流、电荷的东西。

㉝ 就普朗克而言,参见他的《诵读与记忆》(Vorträge and Erinnerungen),达姆斯塔特 1969

年,第45页(感觉是"我们的所有经验的公认的来源"),第207、230页(所有物理学的概念都来自感官世界并通过对经验的回溯而得以改进和简化),第226页(必须一直保持与感官世界的联系),第229页("所有知识的来源和每门科学的起源依赖于个人的经验。它们是即时被给予的,它们是我们能够想象的最实在的东西,它们是构成科学的思路的初始点"),以及第327页(实在世界仅仅通过科学的中介来构想)。

㉞ 不过注意,马赫在其讨论中以个别物理事件而非感觉为起点。

㉟ 普朗克一生中对实在论所作的不同陈述之间存在着一个有趣的差别。他在其1908年的论文——引起与马赫的著名的对话——中,把实在论称为绝大多数物理学家坚守的"像石头一般坚硬的信念"(p.50)。他也反对把主、客区分看作一个实践的(约定的)分界(p.47),他暗示这种分界表达了实在本身的分叉。在1913年他再次提到了"信念",但是补充道:"不过,正像科学的历史所教给我们的那样,单有信念是不够的,它可能把我们引入歧途并导向思维褊狭和狂热主义。为了保持引导者的角色,信念必须不断地为逻辑和实验来检验"(p.78)。在1930年他又把实在论称作一个信念,但是又补充道,"更小心地讲,或许可把它称作工作假设"(p.24)。但是就在同一篇论文里,他"划去实证主义的'仿佛'(as if)一词,并且与感官的即时经验的直接描述相比,他把更高的实在归之于所谓实践的发明"(p.234)。他也强调了实在论信念所引入的"形而上学的"(p.235)或者"非理性的"(p.234)成分。1937年,他在其演讲《宗教和自然科学》中开始检查"科学告诉了我们什么法则,什么真理不可触及"(p.325),并且他提到了独立于我们的印象(p.237)的真实世界的存在以及这个真实世界中法则的存在(p.30)。他更为谨慎地提到了最小作用(least action)的原理和不变法则的存在。

普朗克似乎游移于实在论的一个更科学的形式——顺便提一下,马赫本人曾提出过的形式(《力学》第231页)——和一个更"非理性的"和"形而上学的"形式之间。这种游移或许产生于他的孪生式忠诚,即忠诚于对他而言总是意味着可检验性(这是马赫影响的残迹吗?),并忠诚于一个确定的哲学信念:这种游戏可能也为他的这种认识——当一个人可能假定一个实在甚至一个"绝对的"实在时,他必须同时承认:没有任何特定的科学结论或原理能完全地把握它(更好地可参考G. E. 莱辛)——所鼓励。

㊱ 例如,当指出理论建构的创造性方面时,爱因斯坦反对把"抽象"作为科学的一个原则(p.273);然而按照马赫,抽象是"一个大胆的智力运动"(《认识和错误》第140页)。

㊲ 参见例如霍尔顿和埃尔卡纳书中的"相对论的早期年代"。

㊳ 在他的1929年的文章《关于理论界的反战状况》。

㊴ 直观知识与自然法一起共享这个形式。它们是"由经验所引导的、我们施加于我们的期望之上的限制"(原文的所有斜体部分);"科学的进展导致越来越限制我们的期望"。

㊵ 1914年3月给贝索的信,引自卡尔·西利格,第195页。也参见《波恩-爱因斯坦通信集》,第192页:"真的不可思议,人们通常无视最有力的论据,而他们总是倾向于高估测量的精

确性。”这里的“人们”当然是指“物理学家”。

㊶ 批判性实验研究并未因而被排斥，正相反，马赫对它作了要求(p. 231)——但它必须提供一个可与隐含在该原则中的基础相比较的基础。

根据马赫，在一个更广泛的领域中被确认的理论也否决在一个更为狭窄的领域中被确认的理论：“如果某些物理事实应该要求对我们的概念进行修正，那么物理学家将宁可放弃物理学的较不完备的概念，而不是几何学的更简单的、更完备的和更有力的概念，这些几何学概念是他的所有思想的最为牢固的基础”(E, p. 418)。注意，对马赫而言，确认包含着失败的可能性，并总是包含着直觉和无意识的尝试和比较。也要注意，这种办法怎样能保护经验医学以免遭受那些依赖于一些复杂然而关系不大的实验的理论的侵害。

㊷ 在前面注释②和注释㉔引用的给贝索的信中，爱因斯坦的评论——马赫“并不知道这个推测的特征也属于牛顿力学”(霍尔顿，p. 232)——表明，他未曾很好地阅读马赫或者忘记了他很久以前读过的东西。

㊸ 马赫当然了解存在着把力学同热力学定律及事实连起来的分析。然而，他怀疑，这些分析中很多是特设性的(“特别为此目的而发明出来”，p. 446)；并怀疑，真正的解释能不运用机械观的细节而被获得。他在这两点上是对的——参见下一注释的正文。

㊹《热平衡和第二定律的动力学》(*Annalen der*, *Physik*)9(1902)，第417页。

㊺ 这些工具(property)是：描述模态变量的时间变化的第一次序线性微分方程(马赫追随佩佐尔特(Petzold)，把这视为一个重要的经验事实；参见注释⑲)，运动(能量)的独特的整体以及利刘维尔定理的类似物[马赫或许把它视为“只是同样的(基础力学的)事实的另一方面”：454]。参见马丁·克莱恩(Martin Klein)的《爱因斯坦早期工作中的波动和统计物理学》一文，收于霍尔顿和埃尔卡纳编的书第41页。

㊻ 希尔普，第45页。

㊼ 据说，布朗运动并未使马赫发生改变。然而，我不知道：马赫是否把爱因斯坦的论据解释为来自连续性的论据；或者是否他只知道，一方面得自布朗运动的同一性，另一方面得自普朗克公式(爱因斯坦暗示了后者)。只有第一个论据会令他相信——就是如此，因为数字的一致并不告诉我们有关这些数字所属的实体的任何东西。

㊽《光学物理原理》(*The principles of physical optics*)，多佛尔出版。

㊾ 这个冲突也是一方面批判态度所展开的物理学假设(玻尔)与另一方面教条式的顽固(爱因斯坦)之间的冲突。参见我的《哲学论文》第一卷中的关于玻尔的文章，剑桥1981年。

㊿ 关于在玻尔例子中创造的胡说八道，见注释㊾中所提及的我的文章。有关所谓的哥白尼革命的部分胡说八道在我的《反对方法》一书中被讨论(伦敦1975年)。

(51) 伟大的德国诗人和哲学家莱辛写了一系列“拯救”，试图把那些伟大的遭中伤的历史人物从教士、学者和大众传闻的不公正对待中解救出来。

第八章　关于亚里斯多德的数学和连续性理论的观察片论

1. 在《物理学》(*Physics*)的第二卷第二章和《形而上学》(*Metaphysics*)的第八卷第三章中,亚里斯多德解释了数学对象的性质。[①]解释相当简单,但补充了长篇细致的讨论来对付其他观点,并且消除错误。我不会开始这些讨论,我也不会提及和评论关于它们的正确解释的现代争论。我将仅仅陈述亚里斯多德的陈述,补充阐明评论,考察物理学中的后果,将它们与后来的作者们的异议相比,并且表明它们怎么联系现代问题。在引用亚里斯多德的话语时,我将略去对《形而上学》和《物理学》的特殊索引(这儿的标注与原著相吻合)。括号中简略式的数字如(14)指的是本文的章节。

2. 亚里斯多德认为,物理实体具有点、线、面、体,这些要素经由从实体中分离而成为数学的研究对象(193b34)。

我们还了解到,物理学是"研究那些自身为运动原则的事物的;数学是理论性的学科,它所研究的是永存而不分离的事物"(1964a28)。

"这些事物不能独立存在于任何处所,也不能在感性对象中存在"(107b15ff.;参见 1085b35ff.)。

　　一旦明了这一点,即"事物是以多种不同方式解说的"(参见《形而上学》第三卷第二章中多处提及),这种困惑就会释然了。数学对象在某些意义中可以分离地存在,但在其他意义中不可分离地存在。

　　假设存在即意味着一独立的实体,且独立实体不依赖于其他对象,并具有与自然实体同样的实在性[或许更实在(1028b18)]。假如数学对象是在这种意义上存在,那么,它们就不能存在于物理对象中,因为这样的话,同一地点会有两个物体并存;数学对象也不会是物理对象["可感觉的线不同于几何学家所描述的那些线:(从严格的几何学意义上讲)直和曲都不属于可感觉的东西。按照毕达哥拉斯的说法,圆和直尺不可能在任一点相接切"(998a1ff.)]。我们也不能想当然地认为物理对象是由数学对象的组合体构成的:静态的不可实际设想的对象组合只会再度衍生出同样静态和难以实际设想的对象(1077a34ff.)。通过质料(譬如青铜)和数学形式(譬如一个独立的圆)——二者被认为是完满和自我满足的个体——的合成,生成一同时完满和自我满足的个体(铜球),而非生成一所具圆形为依附属性的个体(1033a20ff.)。亚里斯多德给出了进一步的论证——并非所有这些观点都值得赞赏——表明:众多数学实体作为完满和独立的个体(在亚里斯多德的术语中,也称作为"本体"),既不存在于物理对象之中,也不存在于物理对象之外,也不与物理对象相分离地存在。

　　3. 不具有物理实体的重要属性的自我满足的物体是不可能存在的,无论在物理实体还是在与物理实体相分离的部分中。即使如此,我们仍可以对其作出不太充分的描述。

　　　　譬如许多观点断定:对象能在空间运动。这些说法并未触及对象的本性和偶性。因为它没必然地推导出:是存在着可从感性事物中分离的运动,还是对象中就存在着明显变动的实体(1077a34ff.)。

　　同样，"许多学科的原理和证明处理变动对象时，只是关注它们的运动，而不理会运动的对象是实体还是面和线；运动的对象是占据地点的个体还是不占据地点的个体；是可分的还是不可分的(1077b23ff.)。同样的道理也适用于声学与光学。两种学科是以线和数目作为对象的，而不是以光或声作为对象的。当然，对线和数的考察有助于对光和声的理解(1078a14ff.)。力学也是如此。同样，下述表达也不会产生错误："正如他在地上画了不是一尺长的线，只说有一尺长那样，因为错误并不在前提中"(1078a18f.，贝克莱在他的《人类知性论》一书序言部分有过非常相似的阐述)。

　　一旦明白了这一点，我们确信：在对事物存在的表述上，可以说是分离地存在，也可以说既是不可分离地又是分离地存在。譬如，几何学的对象是存在的，但只是在偶性上如此，因为几何学家并不把它们当作感性物体，几何学是不研究感性物体的科学(1078a1ff.)。

　　4. 并非所有对实体的片面描述都忽略了运动和可理解性。在"线"和"面"中如此；在"曲线"和"光滑"中没有忽略，后二者的描述隐含着对质料的说明[亚里斯多德最喜欢引用的例子是 simos，意指扁鼻，与扁平相对。"两者的区分在于：扁鼻的定义中包含了质料，即扁性只能和鼻子相结合进行阐述；而扁平的定义则无需结合质料"(1064a23ff.)]。因此，"线"和"面"在上述意义中能分离地加以说明；而曲线和光滑则不能如此。亚里斯多德批评柏拉图把后一类属的事物如"肌肉""骨头"和"人"分离开来理解(194a6ff.；参见1064a27ff.)。这如同试图从"长和短(它们不是分离的)制定出线(它是分离的)，从宽和窄制作出面，从高和低制作出体"(1085a9ff.)。

　　5. 如果从特征、特性或实体是可分的这一意义上来解释，那么我们就能以分离的方式对待它，即不必关注同时存在的其他属性就能描绘它，或许能给以更详尽的描述。即使如此，我们也不能两头兼顾，换言之，我们不可能凭借数学的点或面来标识或分割物理对象。在物理学计算中,合乎习惯的做法是"设想"以线 P 去切割物理对象 O,或者"设定"O 中包含一个体积 V(如图 1)。这样的思维被亚里斯多德讽刺为无知的表明。只有物理意义上的面才能分割物理对

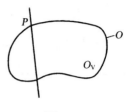

图 1

象,而数学意义上的面不能分割物理对象。并且,物理属性在物理实体未被分割之前是不具有的。如果 P 可以分割 O,那么一定可以推断 P 与平面必定是同性的,即在 P 处必有一狭窄的裂缝:"实体一经合成或分离,它们的界限立即同时合而为一;换言之,当实体相接触时,两合而成为他物,当其相分离时也如此。那么,当实体合并时,表面遭致毁灭而不存在"(1002b1ff.)。不妨把上述论述和量子论关于位置与分割的论述加以比较,便知其中的意味了。

6. 在亚里斯多德的位置理论中,这些观点有其显著的地位。亚里斯多德认为,一个对象的地点是包容在一内部受限的实体之中的(212a7)。这一内部受限的存在在物理上是可分的。因此,"当事情与包含它的外在不相分离,而是彼此连结时,那么被包容者就不能被看成是在某个位置中,而是作为部分在整体中"(211a29ff.)。例如,一只漂于湖面部分盛水的瓶子,在此湖中占据一个位置:瓶子的界面包含的是瓶外之水与瓶子相接触的界面,以及外部空气和瓶子相接触的部分(如图示)。瓶中之水也有一位置,即瓶内的表面包括瓶子与瓶中之水相触部分和瓶内空气与水的界面。两个位置在物理上都属于可确知的表面,但是瓶中滴水即水的部分在水中却不占据位置;作为水的部分,它只是在瓶中占据位置。我们可以说,这滴水潜在地在瓶中之水中占一席之地,并且这种潜在的占有只有当此滴水与其他部分分离时才可现实化,如当其凝聚时(212b3ff.)。

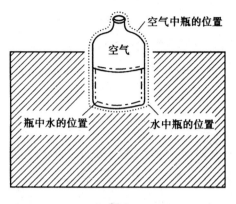

图 2

第 3 的观点也表明:位置不是实体内部的广延(*diástema*),这一广延是当实体离开时[如同空间被认为是换位(208b1ff)]紧随而至形成的,原因在于:假定这一实体存在,那么同一事物就会具有无限的位置(211b21)。

瓦格纳认为这个观点②是自古典时代以来给亚里斯多德物理学的后世诠释者遗留的一大困惑。其实,相关的背景十分简单,几乎无需伤神应付。在这一观点中一个特定实体的裂缝应从物理含义来对待,而不是从数学角度来理解[至少,位置具有物理效应(208b11)],并且裂缝被认为与位置相同一。从物理学意义上考察,表明是一个与自身相关联的现实的物理对象,把位置与裂缝等同来理解意指这样一种需要:对象的运动类同位置,即当实体移动位置时被认为是紧随而至(208b1ff)。裂缝后的停留并不会转变成数学实体,也不会从一特定实体的特性变换成众多实体某种共性(每一物理对象有自己独一的位置,故而也禀有自己独一的裂缝)。因此,被许多不同对象占据并留置的每一位置,包含有许多不同的裂缝;如同每个实体(没有虚空)占有一位置,每个裂缝即是一位置,每个实体将拥有一无限位置集合。

7. 也可以对下述思想加以类似的评论,即认为虚空与裂缝相似,可能是一独立存在的实体(216a23ff.)。局部的运动意指以一实体在位置上替代其他实体。引入虚空的目的,不是指实体替代虚空,而是虚空容纳了实体(213b5f.),因此,虚空可容纳一木质立方体。由此可以推断:同一位置有两个事物是不可能的(216b11f.)。有趣的是,居里克在未提及亚里斯多德关于虚空的反面论证下,却由此认为亚里斯多德把虚空与裂缝等同,从而大肆讽刺亚里斯多德的哲学。

8. 亚里斯多德也反驳了伽利略用来反对他关于重物比轻物下落得快的假设的理由。依据这一观点(伽利略认为),一个重物被设定包含两个不同形状的实体,一实体小而轻,另一实体大而重。轻的部分因其下落较慢而阻碍较重部分的下落,这就意味着整个实体的下落比其部分来得慢。这与亚里斯多德的设想不相符合的。可是,亚里斯多德并没许可我们考虑整体中的部分(分离的)的运动状况,除非作为可运动的部分,除非部分在物理学意义上可分离。

9. 亚里斯多德的数学观尤其在运动领域中得以惊人地运用。在第五节我们已认识到,为了获取物理意义上的感受,对于部分和再分的论断必须是物理意义上等同可分的;一个连续实体除非经切割否则就不会有现实的部分,同时自身的持续性因而中断。运用到运动上,这就意味着一个持续运动的部分能与同一运动的另一部分分离,只需通过对运动的时间加以实际的限制,即运动必定或是减缓或处在暂时停顿;故而,运动必会"在停止时又开始移动"(262a24f.)。亚里斯多德便以如此方式解决了芝诺悖论,芝诺曾指出:经过一段距离的运动需先经过此段距离的一半,如此进行。这就意味着运动永不终止。在亚里斯多德看来,对运动的分割,或是用数学的点——这不能实现分割;或是用物理的["现实的"(263b5)]点(263a4ff.)——从而再分改变了运动,使其化成一个确定永不完成的"间断运动"(263a30ff.)。

10. 几乎没人满意这一解答。原因在于:与悖论相关的运动理念跟亚里斯多德用来解决这些悖论的理念相互间风马牛不相及。批评者认为亚里斯多德没有面对悖论的挑战,而是进行了回避;并且,这一避免采取了日常惯用的方式,也就是,当所要解决的难题是关于一个没有外界干扰的自然运动时,引入再分割动作。支持这种感觉的假设认为:像运动这样的理念应是完美无缺的,而悖论是产生于对它的误用。故而亚里斯多德的使命是去纠正这一失误,而不是去探讨全部不同的过程。

如果这一假设是不确切的,即若上述相关的运动观不充分,甚至可能不一致,那么对运动观的替代不是有意回避而是出于必需。芝诺命题因而也不再只是悖论,而将变得有助于探明其成为悖论的原因。主要问题是:那被裁定为回避的运动观的内在含义是什么,它如何为自己辩护?

很简单,这观点可简述如下:对从直线上截取的任一个点 A,"通过点 A"这一事件总是运动的部分,无论我们加以干涉或任其自行进行。运动是同类个别微小事件的聚集,线是点的聚集,我们能接受这一有趣的天文学假设吗?亚里斯多德排除了这种可能性,主要理由(将在第 19 中加以讨论)很明确。像线这样的实体的持续运动的特殊性在于:实体或运动的部分是相互连续的或以一种特殊方式粘连的。像点或移动的点这类不可分的实体无法使它们实现连结。因此线不能包含点,持续的运动不能由运动的点组成。

同样,量子理论提供了更为复杂的理由,声称我们(通过对动量的适当界定)能有更纯的运动。但是,没有任何点的行进,或一明确的点集行进,必不能有保持一致性的运动。

因此,这一假设是不确切的,相应的运动观也只能表明是不可能的,对其采取变动是必需的而非回避。

11. 如果运动只能经由调整而被分割,那么任何清晰标明的分割必定是伴随着运动的间断性变化;譬如,向上抛出而上升的石块,必定会在其上抛运动的最高点上停顿(262b25ff. ;263a4f)。伽利略批判地引用了亚里斯多德的原文。[③]在这儿,亚里斯多德认为:暂时停顿表明"一点需被当作两点,它既是(此上抛运动)一半的终结点,又被当作是另一过程的起始点"(262b23ff.)。伽利略不赞同这一说法,尽管转折点可以用两种不同方式描述:作为一部分的开始和作为另一部分的结束,它还是与一个瞬间和相反瞬间相一致的唯一点。但它与这一事实不符,亚里斯多德需要一个间隔作为前提[运动的物体:不可能同时到达(一个确定的点),也不可能(从这一点)离开,要不然,运动物体将在同一时刻既会在彼处又不会在彼处;由此可见,时间段的两个点是与此段时间相关联的(262b28ff.)]。在他对数学实体和物理实体间差异的一般概括中,也需要用到间隔(引自第5论述末尾)。

伽利略还使用了一个例子来讥讽亚里斯多德的话语:一线段 AB 在由 A 及 B 的移动中,伴随着运动的逐渐变缓。而位于此线上的一实体 C 点在趋近 A 点的移动过程中,运动是逐渐增速的(图3)。

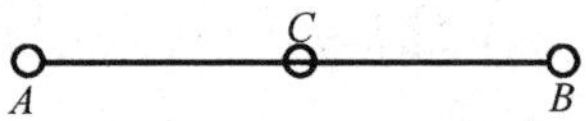

图3

> 现在很清楚:在开始时,C 将沿与线同向运动……而既然 C 的运动是加速的,那么某一时刻,C 将实际会向左侧运动,并且形成在同一线上由右及左的变动。对这变动中的每个点来说,C 点是不会在任一时刻停顿的。原因在于:只有在线同速向左侧移动的假设下,C 才会出现停顿;但是在这一时间的间隔中,这种同向同速行进在任一时间段中不会持续发生,既然一个运动的速度持续呈现逐减,而另一运动持续逐增。

这个评论对一种论点(运动只能在发生物理变化下可分割)提出了批评,后者通过展示适合该论点的事例推导出一个断言(在逆转的点上暂时的停顿);因为显然,如果该论点是正确的,即如果运动只有在引入诸如停顿这样的物理变化后方能被标识,那么 C 的逆转就意味着 C 点的暂时中止,也就意味着产生这一暂时中止的变速过程的两个阶段的暂时中止。

12. 由分离而得的不同物理的实体(和不同数学实体)会生成相同的数学实体。例如,直线和平面。但这并不意味着:它们具有可比性,故而,弓角和直角能够在图4中呈现线性连续

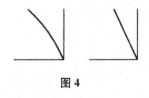

图 4

(或用亚里斯多德的术语来说,从两者中"能分离"出一个线性连续);但不可以认为:对于一给定的弓角与直角相等,或者比直角更小或更大。无法实现弓角切入到直角中。④同样,圆的面积既不会等于多边形的面积,也不会小于多边形的面积,也不会大于多边形的面积。布莱森(Bryson)试图以一个多边形的面积来判定圆的面积(这个圆面积比内接的多边形面积大,而比外接的多边形面积小;事物间若不相等则会有大小之分;故多边形的面积与圆面积相等),这一尝试因此被亚里斯多德批评过。"相等"意指大小相适,既非大也非小,而是因其本性如此而致(1056a23ff.)。按照亚里斯多德的观点,布莱森运用了一个普遍的中性术语(《后分析篇》75b42f.)——"面积"——指称一个这样的实体,它已从圆和多边形中分离出去但未知晓在分离之前这实体是否伴有进一步的属性,这些属性在两种情形中是有所区别的并阻止作比较:他没有回答与之相关的对象物体(《辩谬篇》171b17f.),即圆的面积[亚里斯多德说,这位哲学家其实无需考虑安排安迪芬(Antiphon)通过弧形"穷尽"圆的方法。以弧形穷尽圆的过程并没有错,但这一做法与所要解决的问题不相干(185a16f.)]。

13. 这些思考有助于解释:为何亚里斯多德拒绝从长度上去判定属性各异的变化;为何他认为直线运动和圆周运动不可比较(227b15ff.;248a10ff.);也解释了为何欧几里得对于数学比例的定义⑤内在地限制在"同一性"上;为何希腊数学家,甚至包括伽利略在内的后期数学家从未引入"复合性",如把速度定义为是空间和时间量度之比。然而,某些实

体如面积既能从圆又可从弧形中分离,这一事实表明:既然圆和弧形具有某些共性,由此可作出普遍性的定理。依据亚里斯多德的说法,这些普遍性定理在数学中有着重要作用:"存在着某些不受这些特定实体限制的普遍性定理"(1077a9ff.)。譬如:

> 早就表明由于术语间的比例性对应,使术语的内在含义具有等价替代性,如数、长度、体积和时间。这一切仅需一个证明便可以表明。但由于缺少统一性的符号,并且由于数、长度、时间和实体各自表现得互不相同,因此它们中的每一不同部分只能分别地被把握。今天这证明不仅对于诸如长度或数学的断言普遍适用,对于被设定为须从整体把握的对象也普遍适用。(《前分析篇》,74a17ff.)

同样,某些原理在各个学科中有普遍适用性。譬如,连续相等中的两者仍相等这一定理(《后分析篇》76a38ff.)。但是不能想当然地认可这一普遍性,除非经过特别的论证。

14. 亚里斯多德提供了关于线性广延、时间和运动的论证。线性广延、时间和运动在许多方面是不同的。从《几何原本》的第四章第三卷中,欧几里得认为它们是不"同一的"(见第 12)。然而,它们还是具有共性。亚里斯多德的连续线性多样性理论描述了这些性质,并且从中得出了结论。本文余下部分将细述这一理论。

长度、时间和运动共性早已在常识中隐约地提示出来了。譬如,"若旅程漫长,我们就说路途是长的;如若路途遥远,我们就说旅行漫长。同理,如若运动怎样,时间也如何;如若时间如何,运动也怎样"(220b29ff)。我们也注意到在"前一现在"和"后一现在"间的一个常识性区分。这一区分也体现在空间上,因而也适用于广延。"既然(广延与运动)这二者呈现相互一致,那么运动也能够同样得以表述。但是,由于时间总是和运动相一致的,时间也就有了先于和后于"(219a15ff.;218b21ff.)。对亚里斯多德来讲,这样的结论是"合乎情理的"(220b24),因为广延、时间和运动都具有连续性和可分性(24ff.),并以一真俱真的同真性相互关联。此时,"连续性""可分性"和"数量",在几何学上可定义为专门化的术语。并且,亚里斯多德有一关于连续的更为精致的理论。因此,需通过特别的论证来表明:所提到的类比也适用于这些专门化的实体,并对这些类比的限制条件加以明确。

15. 亚里斯多德定义说,"我所谓的连续,指能无限可分的东西"(232b25f.)。由此而得的部分"因各自的位置而区分开来"。(231b6f)。

这个定义(以及围绕它的论证)的第二部分,集中探讨了线性广延的接续问题。其他类型的接续,如声音(226b29)更进一步,如与位置(31f.)无关的属性,只未经验证地提及了一下。定义引出的假设对现时代的读者来说不言而喻,但需加以分析,并且,它在亚里斯多德时代并非无足轻重。这些假定如下:(1) 存在能在任何点或片断中分割的实体,无论这些点或片断如何微小;(2) 分割不改变实体或其中一部分的广延性;(3) 分割不会使任何微小的片断消失,无论这一片断如何微小。

假设(1)受到了数学家(可能包括德谟克利特)的反对,他们设想微小的长度或"不可分的线"是存在的。芝诺对假设(2)和(3)颇不赞同,他认为没有厚度、质量和广延的事物是不存在的。"因为一个增添而不加大、减少而不缩小的东西,他断定是不存在的——这里所说的存在是大小的存在"(1001b6ff)。不妨比较一下,在 18、19 世纪,假设(1)常以如"直觉"这样的事物支持其成立,连续的理念,如同"从黏稠一类的物质中任意选取点⑥,它的来源常被认为是可疑的。基于这种境况,难道还有更好的方式来支持线性连续的理念及相关假设的理论吗?

16. 数学家们用于反驳线段不可分的一个理由是:他们提供一种通

用的判断所有长度的度量方式,如此便不会产生任何不可度量性。另一个理由是当小于一确定长度时,几何学定律将不再有效:对于一微小长度之边且受限定的三角形,二等分它的线不再能认为是可以接触对边的中点。⑦为了以确切的方式表述这些批评,我们不妨思考不可度量性的一个重要结论。

对于这两种量度来讲,寻求一种最简易的判定(度量)的方式被称为递减法(antanairesis):从"较大中提取较小,如此进行直到获取零(图5)。此结果中在获得 0 之前所得的最后一数即是度量所得的量度。这一过程数学家运用过,地理学家、艺术家和工匠们在判断物理长度时也使用这种方式去寻求最通用的量度。

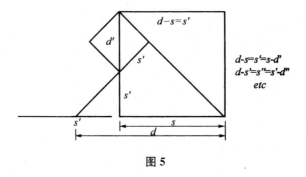

$$d-s=s'$$
$$d-s=s'=s-d'$$
$$d-s'=s''=s'-d''$$
$$etc$$

图5

对于如正方形的边和对角线这样不可度量的线,递减不会终止。如冯·弗里茨等人认为:不可度量性是在对这种无终止属性的揭示中被发现的。

不可度量性只有被那些人们发现:他们理所当然地认为几何关系与被描述的图形的形状是互不相关的。而事实是,毕达哥拉斯却认为两者是相关的。他们设想:被虚空所分隔的不可见的单位可以构造出虚空。基于这样的考虑,那么当小于一确定的微小长度时,几何关系将不再成立。这一观点有力地支持了欧几里得《几何原本》一书第八章中的论证:假设正方形的对角线 D 和它的边 S,能以整数 d、s 来表示,那么存在 $d^2 = 2s^2$。降到最低形式,这意味着 d^2 是偶数;若 s 是奇数,则 d 是偶数。

既然是 d 是偶数,那么 d=2f 且 2f²=s²,或者降到最低形式,s 是偶数,因此 s 既是奇数又是偶数。

按照尤得墨斯(Eudemus)的观点(欧几里得的评论),毕达哥拉斯学派创立的算术和几何代数通常认为是为了严密地考察不可度量的问题:在这儿,数不能发挥作用,因而引入线来换代数。可是,如果是基于这一动机,那么我们对于何为直线的概念必须发生巨大变化——线不再是被虚空分隔的单位的集合,而需被认为是一真实性的连续,连续的部分不管多么微小,却准确地具有与总体类似的结构。空间线的概念的转变,是内在于毕达哥拉斯学派思想中的,还是应归因于非毕达哥拉斯学派的外生思想?

确实存在一个包含一个连续体的所有要素的外生观念——巴门尼德关于"一"的观念。根据巴门尼德⑧,存在是"总体中的同一性(homoion),它在任一处都表现均等;并且存在由连结而成为整体"。巴门尼德用来表示"连结"的这一词,在亚里斯多德自己的表述中,是当作一技术性的术语来使用的。我认为,把这样的连续实体理解为各处均等且属性相同,无论是微观的还是宏观的,都来自巴门尼德关于"一"的阐述。线是能被分割的,从而"一"不具有这样的性质。另一方面,实体具备"一"的属性,并被分割(提醒一下:必须由外界进行分割——因为外部不是直线本身的部分),那么,既然可以在一点分割,也就可以在实体的任一处进行分割,并因同一性能精确地以同一方式进行分割。诸如此类的考虑能使我们对与假设(1)(第15)相关的历史背景加深理解。

17. 假设(2)和假设(3)得到了下述论据的支持:用于分割线性连续的实体是不广延的和不可分的。亚里斯多德以现在为例给出了这样的论证,即瞬间把时间分为过去和未来。并且,他认为时间、广延和运动三者相异,但结构上它们都是相似的线性连续。这一论证也适用于所有的再度分割。

由此可见:最初的现在是不可分的[只有当它不包含事件中变化不能在其中发生的瞬间或片断(235b34ff.),因此,"恺撒于公元前 44 年被暗杀"的陈述并未给出这一事件的最初时间或即刻时间]。

论点(233b33ff.):现在是过去的界限,因为将来没有一个部分与现在相邻。同样,现在也是将来的界限,因为过去没有一个部分超越现在。两个界限必须重合,假如不重合,那么它们或者包含时间,或者在两个界限间不存在时间。假若两个界限间不存在时间,那么它们是互相接续的;然而接续须设定存在才会发生,故而界限不可能接续(这一点将在后面的第21中加以探讨)。又若在两个界限间存在时间,那么这一时间就能被分割;分割的部分既有属于将来,也有属于过去的——那么我们现在就不是在处理最初的现在了。结果只能是:最初的现在是不可分的(并且,作为对可延伸连续的限定,最初的现在也不具有广延性)。

在一篇关于运动和连续的小论文中⑥,莱布尼兹对亚里斯多德运动和连续理论部分作了系统引用,证明最初的现在是不可分割的,并推广到所有的界限、分割和终止。拿线段 AB 为例,考虑其

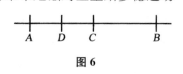

图 6

起始点 A(图 6)。从中点 C 分割线段。CB 不包括 A 点,因而 AB 不是"最初"终点,CB 可忽略,再在 AC 中点 D 分割。CD 不包含终点,故 AC 不是最初的终点并忽略 DC——并且只要线段够长,我们能处理任一间隔,不论多么微小。结论:线段 AB 的最初终点(线段最初分割由 A 点延伸到左侧)是不可分的(比较一下欧几里得作过的相同论证,《几何原本》),这样假设(2)与(3)(见第15)便成立了。

18. 另一观点认为:同直线一样,分割、终点和部分不属于同一范畴:"现在不是时间,而是时间的偶性"(220a21f.),并且"从它们(如点)中派生的直线或事件不是独立存在着的实体,而是部分"分割及(或其他事物的)界限。它们都是内在于"其他事物之中"(1060b10f.)。即使如此,它们不是作为能独立存在的部分(220a16),因而在分割时可以消除线的相应片断。芝诺命题的缺陷(1001b5f.;参见第14)是通过注意到添加界限

和/或再分会增添(再分的)数目而不是增加大小而被发现的。例如,一段三分线并不比一段二分线显得长,但三分线有其不同的属性。

19. 现在,我将引用亚里斯多德的运动和连续的理论。理论的所有结果并不会被我全部涉及,我也不会竭力去消除结果的模糊性(这很少存在)和缺失。当然,我更不会在表述这一理论时,使之迎合现代标准化的数学所嗜好的严谨方式。首先,缺乏对于这些标准的普遍认同——富有创造精神的数学家、物理学家和系统论者总是择取不同的途径。其次,当严谨的标准被顽固禀持时,经常会限制发现,或者使得这些发现的公式不可能表达[拉卡托斯持这样的观点,一定程度上,波尔亚(Polya)也持这一看法]。再次,给亚里斯多德穿上现代的服饰,无异于抹杀他的成就。亚里斯多德是那一时代极富见识的数学哲学家;熟悉技术问题,并擅于用最确切的方式表达。试图用现代术语转述他的话语,将会使内中的历史韵味消解。第四,那群现代思想家,无论是批评者(譬如,伽利略;参见第25)还是引用者(H. 韦尔;参见第21),所使用的话语非常类似于亚里斯多德。

20. 运动和连续理论的前提是一系列定义(226b18f.):当具有共同的最初位置时("最初",见第17,"位置",见第6),事件是聚集的(together);当不具有共同的最初位置时,则事件是分离的(apart)。如果 AB 相互接触(touch),那么 A 就接续于 B(A is contiguous with B);如果 A 接续于 B,那么 A 就连续于 B(A is continuous with B)。并且 A 与 B 是同一个端点,"或者,如这个字所表明的,A 与 B 的两者的端点互相包容而自成一体(227a15f.)。居间(Between)是参照变动来定义的(在亚里斯多德物理学中还有其他的含义;参见 262aff.)。每一个变动都有对应的相反即否定(227a7ff.),如终点。每一具有极限的持续运动的各阶段,通过一个极限但仍未到达另一极限,即处于极限的居间(这些极限不必是位所;它们可以是声音、色彩和其他具有线性排列的属性)。若 A 与 B 同类,则 A 是 B 的承继者(suuessor),并且 A 与 B 之间不存在他类。若存在持续点 C,C′,C″,C‴……C 在 A 与 B 之间,则 A 接续于 C,C 接续于 B,那么 A 与 B 是一线性连续的部分。由此,论述在这个意义上将限定在线性的多样性上。

亚里斯多德在"接触"后定义了"居间",从而在"居间"被定义前须设定连续性的存在。通过"居间性"作为对事件序列的初始定义的限定,我在这儿了就改变了结果。连续的含义经上述界定而清晰:"连续性存在于这些因相互接触而成为一体的事物之中(227a14ff.)。他们因而解决了使持续如何形成的问题,譬如,一独立直线或一单个的独立事物凭何为一(参见 1077a21ff.)。在物理世界中,事物因功能的单位或因灵魂及其他——它们都是总体——而成为一。线性接续通过连接而在一起,因为它们的部分也是以上述方式连接的。

21. 这些定义表明:

命题 1:线性连续的多样性并不包括个体(即不是由个体构成的)。

依据:个体不具有部分,因此也不具有端点,更不会以上述方式相连接。

例如,尽管直线实际并不包含点——是以可分状态到处存在的——但是直线可被认为是潜在地包含着点。并且,既然点能划分片断,那么我们也必定可以说,线的部分,如线的右半段或线右端的第二个五分之一,仅仅是潜在地而不是实际地被包含。直线是一,是整体,并且是不可分的,直到直线的内在一致性被切割所打断。

伽利略⑩以下述方式讥讽了这一思想:

> 萨尔维特:请您勇敢地告诉我,您认为连续所包含的部分,从量上来讲,是无限的还是有限的众多。
>
> 萨姆帕利:我回答你,连续所包含的部分既是无限的,又是有

限的众多;有限的众多是指分割之前,但在被分割后,(从量上而言)实际就成为无限了。因为部分不能被认为是实际上存在于整体之中,只有当(部分)被分割而形成或被标明而区分开来时,才能这样理解。不然它们只能被说成是潜在地存在的。

萨尔维特:那么,譬如一条20指距长的线,不可以说它包含20段长为一指距的线,除非线被分割成20等份。分割前的线只是潜在地包含它们。好的,如你所说,请再指导:在这些实际的分割后,最初整体的量度是增加了抑或减损了?或者仍具有同样的量度?

萨姆帕利:它既不增加也减损。

萨尔维持:我也这样认为。因此,连续的这些部分,无论实际的还是潜在,既不会使连续增加也不会使连续减损……

这一小段对话表明:部分不具备大小的效能,因而区分部分是实际存在还是潜在存在就变得毫无意义。作为转译者和评论者,S. 德莱克也认为(p. 42. fn. 27)"伽利略在这儿进一步阐明:如果分割不影响量或广度,那么这种区分在数学上毫无意义"。但亚里斯多德认为,线性的持续不仅具有延伸性,而且具有一个结构——在每次分割中都会被改变(试举一个极其浅显的例子,一个人可以说:因为一升酒和一升水容量相同,因而它们不存在差别)。伽利略的反驳意见从数学角度提出,但并未消除这一困难。因为恰似亚里斯多德指出:数学实体除具延伸性外,还具有结构;不然,数字5和5尺长的一段线就没有差异了。

命题1表明:(如上所述,略)

命题2:线性连续的多样性(以下简 LCMs)是可被分割成不具界限的线性连续的多样性,再次分割也是如此(231b5ff.)。

命题3:一线性连续的多样性上的点不会是另一线性连续的多样性

上的点的承续者(因为那样就会要设定两点之间的线不能被再度分割)。

命题1、2和3表达了这样一个思想:这个思想类似于密度在任一处都相等的现代概念。二者间的区别在于:现代观念认为点是给定的;而对于亚里斯多德来说,点是潜在的,必须经再分才能实际存在。

22. 一个不可分的运动是一个不具有部分的独立整体,它仅经一步就可完成;同样,这一运动所经历的距离和时间也是一步完成的。运动的分割即意味着时间和距离的分割,对距离的分割即意味着运动和时间的分割。我们可以推测:如同运动一样,线性延伸和时间是线性连续的多样性。假设运动、长度和时间持续,我们能引入"较快"的定义,这一定义在古代被普遍接受,伽利略也仍旧如此使用:较快或是指在相同时间里,经过更多的距离;或者是以较少的时间经过相同距离;或者是以更短的时间经过更多的距离(232a23ff.)。比起相应的现代定义来,这就显得冗长和笨拙了。"笨拙"是指:距离和时间可能具有共同抽象属性(持续性、可分性),但两者不是"同一的量度"(第13)。因此,它们只能与自身间建立关系,即距离与距离,时间与时间,运动与运动。

现在,考虑两个物体,一个较快,另一个较慢。假定任何运动能在任一时间内发生(232b21f.),在任一时间内总可区分出较快者和较慢者(233b19f.)。(通过图7和图8及233a8ff.)我们知道,较快者把时间、较慢者及距离分割开来,因此有这样的结果:如果长度连续,那么时间也连续,反之亦然。

"这一结论不仅遵循以上表述,而且遵循这一论点:对应的假定暗含了不可分的东西本身也是可分的"(233b16ff.),假设(既然速度能在任一关系中成立)一物体经过 AB 距离,同一段时间另一物体只经过相同距离的 2/3(图9)。令片断 Aa=ab=bB 是不可分的,也令相应的时间段也是如此;即令 Rd=de=eS,那么较慢物体在到达可能的分隔点 a 将在 f 点切分时间,因而不可分被分了。

由此支持了我们的推测,并表明所使用的概念是内在一致的。从而表明了概念间存在相关性,但是仍不能充分确证这些概念及其相关性。

23. 接下来,我们可以得到有关时间、运动和距离间关系定理的推论。

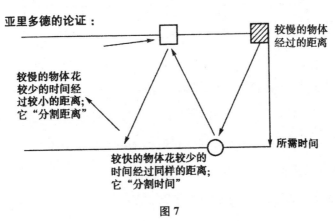

图7

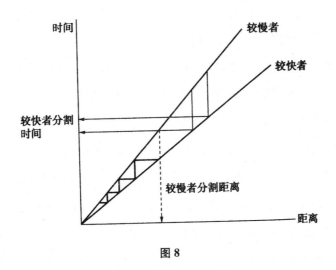

图8

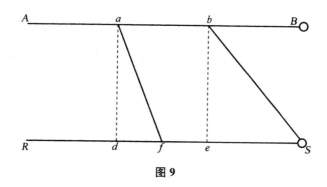

图 9

命题 4:现在中不存在运动(234a24)。

假如,在现在中存在运动,那么就会有较快的运动和较慢的运动,并且较快的运动会以文中图 7 的探讨所描述的方式分割现在。但是现在却是不可分割的。

命题 5:在现在中不存在静止之物(234a33f.)。

只有当物体能运动时,静止才能被认为是物体的性质。但是在现在中不存在运动。

在一篇评论亚里斯多德著作中时间重要性的文章中,G. E. 欧文批评了这两个命题:他认为这是建立在对常识的错误解释上的,并且认为它们阻碍了科学进步。他认为:科学进步,只有当与时间和速度相关的函数被引入并应用于对物体运动的计算时,才能发生。

由于亚里斯多德关于运动的概念多半承袭于巴门尼德(第 16),因而可以拒绝前一个批评。亚里斯多德确实时常使用些很俗的例子,如胶和钉子(227a17),来说明连续性。但是概念的要旨却蕴含于结论之中,也隐含在命题 2(无界限可分性)的那些结论中,而命题 2 的确证只能经由诸如巴门尼德提出的一类似性的假定才能成立。

第二处批评只能说明:科学家由于很少潜心于此,以致离题万里。在第 21,我引用伽利略为了说明:真正与此问题相关的是线的长度而非结构。这一倾向很适用于科学家,只要他们遭遇的问题不牵涉到结构。麻烦产生于静力机械学中,这一学科对结构的思考变得至关重要。在试图解决与结构相关的问题时,物理学家引入了与命题4和命题5(在时间和能量间存在不确定的关系)非常类似的思想,在此他们可以说是认同了亚里斯多德的原理,即"运动物的运动以及静止物的静止都必然是在时间中进行"(234b9f.)。

命题6:点不应有位置(不具广延性)(212b24f.)。

这一命题来自第6的关于位置的定义,类同于命题4与5中的空间关系。三个命题(及其他将要提及的命题)早就在柏拉图《巴门尼德篇》中对于"一"的探讨中提及了。这一探讨也包含亚里斯多德用它来对连续性进行定义的材料(见第20)。

24. 按照第9,运动只有处于暂时中止时,才能被再分——"被运动物停顿并再开始运动"(262a24f.)。当运动停止时,运动的物体处于一明确界定的地点,并且具有明确界定的属性;例如,一物体在白向黑的运动途中停顿时,它呈现的是灰色(234b18f.)。一个处于明确静止的物体,其特征是具有一明确界定的位置,并有明确界定属性的存在。移动因此不是指处于明确界定的位置并具有明确界定属性的存在物。似乎表明,当偶尔会归纳出这样的结论时(命题14),亚里斯多德并不总会采取这一步骤[比较一下这一限定:(物体)不会在两种状态中(变化的初始和伴随阶段),也不会在任一状态中(234b17)]。相反,他认为在整个变化的过程中,(物体)必定在此刻处于一种状态,而彼时处于另一状态;即它必定能分割各自状态下的部分。

命题7:一切变化的东西都是可分的(234b10)。

应用到运动上,这就意味着我们处理的对象是弹性的和变形的。注意:这类似于对广延性对象运动的描述。

命题8:一旦变化完成,变化的事物就处于已变化成的状态中了[字面含义是指:已经变化的事物,就是处在它变成的事物中了(235b6ff.)]。

这一命题很容易从这些术语的意义上领会。

命题9:已经变化了的事物完成变化的最初时间是不可分的。

假设原初时间可分,并且变化发生在两个部分中,那么变化不会终止。如果变化只在一个部分发生,那么我们不是在处理最初时间了(235b33ff.)。

命题8和9与命题11所强调的事实相关:运动中加以清晰标明的阶段伴随着运动的中断。此时的运动包含着与其相反的形态(189a10);其中之一是"是其所是"或运动的目的(194b33)。当运动的目的达成时,运动也就完成了,因此,运动即被中断。中断表明一种对运动而言不可分的界限(236a13)。命题8和9就表述了这样的情形。

命题10:当变化完成时,不存在可分的原初时间(239a1ff.)。

理由成立是因为变化的完成是在运动中进行,并且(命题4)在不可分的时刻中不存在运动。按同样方式,命题5可推出命题11。

命题11:不存在静止发生的不可分的原初时间(239a10)。

换言之:

命题12:在某一时间变化的事物在此前已发生变化。

假设 AB 为变化的原初时间,这一变化必定是:要么在位于 A、B 间的 a 点发生;要么在位于 A、a 之间的 b 点发生;要么在 b、A 之间的 c 点发生。如此类推。因此:

命题13:不存在变化过程之始的事物(236a13f.)。

25. 上述结论可概括如下:任一变化的特征,在于有一明确界定的不可分时刻,即变化完成的原初时间;当变化仍在进行时不存在终结时刻;当变化起始时,也无最初时刻,当变化完成时不存在最初的静止时刻。

有人或许倾向于把这一情形作为下述事实微不足道的结果:因一目的而终止的系列变化,右端闭合而左端开放,并且每一处是充实的。①但这一比较会引发多种误导。首先,亚里斯多德式的线的结构不同于一个密集系列的结构。密集系列的基本要素都是存在的并构成相应的系列。而另一方面,亚里斯多德的线是一,并且不可分,直到各部分现实地具有特殊意义。第二,变化的终点是现实的,并非因为变化的所有点是现实的,也不是因为变化由于外在方式的介入而中止,而是变化以特定方式完成。终点是因变化过程的内在结构产生的。第三,由于现在中不存在运动,故而它没有起始。

H. 韦尔在他的《连续》(*Das Kontinuum*,莱比锡 1919 年,第 71 页)中极其详尽地描述了亚里斯多德的连续与数学上连续的区分(但没参考亚里斯多德):

> 在直觉性连续(韦尔把连续当作是一不可分的整体)和数学连续(包含点)之间不存在一致……二者被一道不可跨越的鸿沟所分离。尽管如此,我们有合理的动机——为理解它们的性质——促使其相互变换。基于同一动机的驱使,我们跨越两个世界,一是我们生活于其中的充塞了人类经验的世界;另一个是“真正客观”同时是明确的和数学化的物理世界,它“隐藏于经验之后,并通过振动让我们消散可见事物的幻想……我们建立分析的努力(从不可分的单位)因而可被认作是创建一连续理论,如同其他物理理论一样需经受实验的确证。

在文中的另一处,韦尔提到了通过数学来重构连续。[12]

> 从浮动的黏性物中选取一堆个别的点,那么连续散落为分离的要素,并且这些分离的要素的确定关系取代了原先各部分间的相关性。由于点的协调即欧几里得的数,因此点集构成的

系统足以解决欧式几何。在点集间波动的连续"空间馅饼"就不会生成。

这是伽利略的态度(见第21的引言),当然不包括韦尔意识到的损失,也不包括韦尔意识到的其结果可能会在物理学中出现。当我们进入到新的研究领域时,这个"持续的空间馅饼显示出了自身的重要性。某些物理学家认为:这早在宏观物理学中就已经出现了。

26. 由命题4和5可知,在瞬间中存在运动和静止;第一运动都占有一段时间。在空间中运动的对象所处的地点是不确定的,随相应时间片断大小而定性。如果地点不确定,那么长度也是不确定的。

命题14:运动之物不具有明确界定的长度(在运动的方向上)。

相反,只有当对象能得以"经过"一根静止的测量棒时,即如果对象是处于静止的才可能说明对象具有明确的长度。静止的存在占有时间(命题5),因此:

命题15:只有在一个时间段中处于静止,无论这段时间多么微小,对象才能被认为具有一明确界定的长度。

27. 我将简炼地概述亚里斯多德解决芝诺运动悖论的方式。亚里斯多德描述了四个这样的悖论(239b10ff.)。这一描述是我们所知的关于芝诺观点的最早的详尽描述。

第一个悖论认为:运动是不可能的。因为在到达一点之前,运动之物必须先经过这段距离的一半,然后再经过余下距离的一半,如此递推必有上述结论。第九节中已描述了一种解决的方式。亚里斯多德使用了另一种方式,但他以为并不满意(263a4ff.)。

第二个悖论:"阿基里斯"问题,即较快者不能超过较慢者。"既然追赶者先到达被追赶者的起始点,故而较慢者必定总是领先"。亚里斯多德认为这无非是第一个悖论的翻版,就以同样的方法进行了解决。

第三个悖论:"箭矢问题"。悖论认为:在飞行的任一时刻,既然飞行的箭必须占据与它自身量度相等的位置,那么箭在这一时刻是静止的,因此在全部进程中都处于静止状态。这一个悖论的解决参见命题 4 与 14。

第四个悖论则较难解释。它认为"时间之半是同一时间之倍。如有三类物体(见图 10)A、B 与 C。A 处于静止:B 向右边行进,C 向左边行进,B、C 等速。当 C 通过 B 全段时,B 点只通过 A 段的一半。假设无论处于运动还是静止,B、C 两物体通过同一段路程所需时间相同。那么我们可以认为:在通过 A 半段时,B 物体也同时通过了 C 全段,因而花费了一半时间;C 通过的路为两倍的 B 或 A,因而花费的时间也是同一过程的两倍。亚里斯多德否认了这一假设,因此也就解决了悖论。

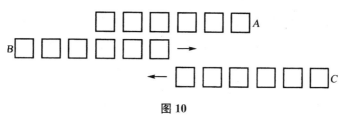

图 10

在一本有趣而颇富争议的书⑬中,拉斐尔·福波(Rafael ferber)认为:在早期思想中,无限可分和不可分物体有相同的数目,不考虑大小;因此这一思想与第四个悖论间存在相关性。如今我们可以通过如图 11 这样的图示进行说明。对于 AB 上的每一个点,在 CD 上有且仅有一点与之相对应,由此可见这两条线有一样多的点。按阿佩德·施泽伯(Arpad Szábo)的说法⑭,欧几里得《几何原本》第一章的定理 8:整体大于部分(其中的证明被"否则较小之物与较大之物相等,但那是不可能的"所代替)的引入是因为有些人认为它不成立(想象不出有其他理由可用公式来表达如此显而易见的原理)。反对这条原理成立的就有阿那克萨戈拉(蒂尔-克兰兹,B3)。

对于任一微小之物,必有更小之物——我们不能设想有最小之物的存在。同样,对于一巨物,总有更大之物了,大与小在量上是相等的。然而,就其本身而言,任何事物既大又小。

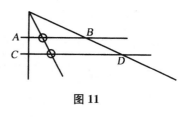

图 11

我们设想这一论断支持了阿那克萨戈拉的思想,即质料的每一部分包含任一其他事物的成分——金属中含有肌肉,空气中含有金属,骨胳中含有空气,如此等等——这与巴门尼德的关于"一"的假设有类似性,如第 10 所介绍的。假如"一"的性质完全类同,那么最小的部分和整体有类同的结构,例如,它具有相同数量的部分(再分)。⑮对于会导致同样结果的第四个悖论,是否可能有圆满的解释呢? 这一可能是存在的!(见图 12)对于任一 C,假定连续。当某一点如 O 通过线 B 的端点 R 时,则 R 是在 P 的下方,另一半在 R 与 O 之间,因而 P 与 O 相对应。相反,对于 A 上的每一个 S 点,有且仅有一点在 C 上,即这一点是在 N 右侧的2 米距离。用现代的图形表示,这种相关性尤其清晰:整体被标识在自身的半份上。考虑到第 15 中的定义,我们可以推测亚里斯多德可能已接受了这一结论,假定这一图示是处于生成了点的分割之中,而不是处于原先已存在的分割之中的。至于他会从中获得何种结论,则属另一问题了。

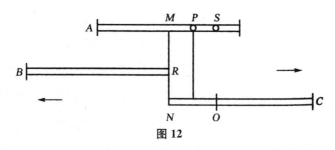

图 12

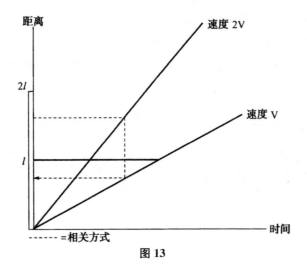

图 13

注释

① 本文初稿经拉斐尔·福波(Rafael Ferber)博士赐教后作了改动。我采纳了他的某些建议,并相应地作了改动。

②《亚里斯多德物理学》(*Aristoteles Physikvorlesung*),达姆施塔特 1974 年,p. 544ff。

③ 引自德莱克·德莱金(Drake-Drabkin):《论运动和机械学》(*On Motion and Mechanics*),麦迪逊 1960 年,第 96 页。

④ 欧几里得:《几何原本》,第三章,第 16 页。

⑤《几何原本》,第四章第三节。

⑥ 韦尔(H. weyl):《基础数学的超越》("*Über die neue Grundlagen-Krise der Mathematik*")一文。

⑦《论不可分线》(*On Indivisible Lines*),970aff。

⑧ 蒂尔—克兰兹:《片断》,柏林,多种版本。

⑨《哲学通信》(*Philosophische Schriften*),C. I. 格哈特编,柏林 1885－1890 年,第四卷,特别是第四节。

⑩《两个体系的对话》(*Two New Sciences*),引自德莱克(S. Drake)的英译本,伦敦 1973 年。

⑪ 比较亨廷顿(E. V. Huntington)《连续》(*The Continuum*)一书的第四章,剑桥 1917 年。

⑫《超越基础数学》，载《数学杂志》第 10 期，1991 年，第 42 页。

⑬《芝诺运动悖论》(*Zenons Paradoxien der Bewegung*)，慕尼卡 1981 年。

⑭《古希腊数学浅论》(*Anfänge der Griechischen Mathematik*)，布特佩斯 1969 年，福波也引用了他的话。

⑮ 当然，巴门尼德的"一"没有部分，因而不存在除同一性之外的结构。但是如果我们反驳巴门尼德并加上这样一个结构，那么同一性将会确保在其所有组成中具有。

第九章　伽利略与真理的专制

下面这篇文章是给波兰克拉科夫的蓬蒂菲克学院作的一个录音讲稿。我在保留原有体系的基础上，对此文作了多次修改，并在《伽利略年鉴：一个关于信仰与科学的会议》(*The Galileo Affair：A Meeting of Faith and Science*)中发表，由C. V. 科因(Coyne)、M. 赫勒(Heller)和J. 齐辛斯基(Zycinski)编，梵蒂冈城1985年。

尊敬的与会同仁们：

大家好！首先向你们说声抱歉，我不能亲自出席这次研讨会，而派这个"电子代表"来就会议主题发表一些看法。但遗憾的是录音磁带不能代表本人回答现场的提问及探讨你们提出的一些异议。最近发生的一系列事情使我不能及时拿到签证，所以现在我只好独自一人坐在公寓顶楼的一个小房间里进行录音。此时窗外风景优美：瑞士阿尔卑斯丛山连绵起伏，郁郁葱葱，还有美丽的苏黎世湖尽展眼前。唉！可惜没人在场聆听，这的确有那么一点点遗憾。但是，我还是会努力使报告生动而有趣，同时我也料到或许你们不会欣然接受某些部分，或许报告不会引发听者的好奇心,反而会引起你们的疑虑,所以对这部分我自然会作特殊处理。

其次我需要向你们说抱歉的是我表述自己的观点所采用的方法。其实,就我个人来说,描述历史冲突的最佳方法是介绍制造冲突者的性情、兴趣、希望、野心,考察他们在观点中所引的信息资料,他们的社会背景,他们所追随的派别和机构(这些机构反过来也支持他们)以及诸如此类的众多事件。接着就要考察对立双方及相关组织怎样卷入争执之中,如何看待这场纠纷以及对此作出何种反应;还需要解释他们怎样运用手中大权减少冲突以便为他们的观点服务,还必须描述冲突如何由这个时代的社会法定规则及那些规则和个人性情间的紧张对峙造成的,或者其他种种原因造成的。

所以,如果要阐述诸如伽利略和教会间的一场历史冲突,也应该采用以上这种方式。但是通过录音磁带是不可能这样做的。一方面是时间问题,短短一个小时不可能全面考察这么多资料。另外,我也只可能掌握其中一部分。因此我采用另一种方式,把它抬到一个新的抽象高度,即探讨传统观念的异同。以伽利略与教会的斗争为例,代表教会的传统古有超群的鼻祖,今有进步的追随者。当然谈论传统(或范式,或研究程序,或使用比我们以前更窄领域中的术语写就的论文)在历史学、社会学、哲学中是很常见的。现在我采用这种方式并不是我偏爱它而是鉴于以上提到的困难,所以我决不会忘记来自现实的两个步骤。

我所要谈的传统是社会上担当专家角色的传统。在我前面的论文中谈到过这样两种传统。[①]一种是关于权威专家在使用的观念及对他们的观点、办事惯例的解释。另一种是关于专家们向高级法庭所作的宣称,包括超专家——这是柏拉图的观点,或所有大众的传统观念——普罗泰戈拉曾谈及这个传统。我把这两个传统分别称为第一传统和第二传统。伽利略和教会间的对立就类似于这两种传统间的对立。学科未分类时,伽利略是一个包括数学和天文学这样一个特殊领域中的专家。学科分类后,他就是一个数学家和哲学家。伽利略主张天文学领域中的事情就应由天文学家来处理。在致卡斯特利(Castelli)的信(1613 年 12月 14 日)中,他指出,只有"那些思想超群的人"才有可能正确运用《圣经》思想来处理天文领域中的事情。②另外,伽利略认为天文学家提出的那些正确思想应该成为普遍知识的一部分。伽利略不仅仅是要求出版自由,他是想把这些观点强加给别人。他想当然地认为天文学特有的且非常局限的方法(还有追随他们的物理学家的方法)是达到真理和现实的正确通道。伽利略是所谓的第一传统的典型代表。

另一方面,教会的立场类似于第二传统(柏拉图的而不是普罗泰戈拉的观念),追随教会的人很多已成一派,教会认为天文学知识是重要的,但是当时天文学家关于行星轨道的模型如果不作进一步努力,跟事实是不符的。他们是出于某种特定目的,我们只能说它们是为这些目的即预言服务的。

确切地说,这一点在红衣主教贝拉明的一封信的开头就谈到过。贝拉明是罗马学院那场论辩的主角。这封信是写给 P. A. 福斯卡里尼的,他是那不勒斯的一个托钵僧,曾对哥白尼体系的现实性提出质疑。红衣主教的这封信常被用来批判,人们常拿某些据称支配科学实践的抽象原则与此信的观点进行比较后就对他进行批判。正如我们看到的,这种比较后的结果是非常不同的,依我看,这是一种很明智的做法,它含有文化中坚持科学立场的合理成分。

贝拉明写道:

> 对我来说,伽利略阁下行事谨慎,因为人们总是满意自己假设性的而不是绝对的说话方式……假设太阳不动而地球运转,比用离心圈和周转圆理论能更好地解释所有天体现象,这

样说似乎更有道理而且无论如何不会冒险,并且对数学家来
说,这种说话方式也是正确的。但是想要断定太阳就是宇宙的
中心,仅仅是自转而不是自东向西地运动,这就很危险了。这
种态度估计不仅会煽动经验哲学家,而且还会与《圣经》相悖而
有损神圣信仰。

用现代术语来说,当天文学家声称一种模型较另一模型在预言性上
优越时,他们应是没有问题的,但因此声称这种模型就是现实的忠实映
象时,他们就陷入了困境。或者概括地说,一个作品模型本身并不能完
全替代现实,现实不可能跟构造的模型一模一样。

这个合理的观点是科学实践的基本组成部分。科学总在寻找模型
与现实的近似,近似常被运用,因为他们在一个有限领域中假造了结论。
这些理论的现实对应物常常不同于那些潜在理论。因此,如果理论被假
定与现实相符,同样的道理,近似只是一种近似,不可能达到与现实一致
相符。另一方面,理论本身虽会朝更完善的方向逐步前进,但它还是不
可能完全清晰明了,它们或许会成功,但那种预言目的却阻止我们从这
些理论中提炼出现实观念,早期的量子论、牛顿的万有引力定律就是很
好的例子,至少牛顿看到了这一点。即使一个完美的理论有多惊人的预
兆力,它被看作是现实的一个直接再现时,也可能会失败,薛定谔的波动
力学进一步说明了这一点。波动力学推断波是基本粒子,这是很能令人
信服的,然而当玻尔和他的学生们把目光转到更广阔的领域时,就发现
这种推断是不现实的(形式上就存在两种障碍,那就是所谓的波包的缩
小和这理论不是洛伦兹变换这个事实)。拿现代物理学的经典理论——
广义相对论和广义量子力学来说,到目前为止我们还不可能把它们融为
一体,因为一种理论总会遭另一种理论的无情反驳,那么我们还能断言
我们从其中一种理论就得到对现实的逼真描述吗? 我们只能说两种理

论都只是对现实的一种近似反映,但我们不知道它们模拟的现实究竟是何样。

所有这些例子都直接说明哥白尼理论的相干性,它的部分成功可以被它的读者和创立者赖蒂库斯(Rheticus)和马斯特林(Mastlin)看作是更贴近现实的信号。因为哥白尼理论不是唯一的宇宙论观点,更不是普遍流行的观点,因此它的成功及相干性并不意味着跟现实一致,要达到一致,必须把它移到一个更广阔的领域。

现代科学中常被运用的广阔领域是基本粒子物理学,这个领域中的科学家都赞成化学家、生物学家、神学家等已发现的一些定律,但他们否认这些定律就是现实的基本面貌。同样,一些现代生物学家带着怀疑的目光看待植物学和研究鸟类之自然状态,他们声称生命过程的唯一真实可靠的信息来源是分子生物学。爱因斯坦在探寻一条摆脱20世纪早期科学困境之路时依赖的是热理论。在所有这些情形中,所有理论模型与基础科学进行了比较,潜在的现实性相应地被证实了。那么对教会来说,这样的宽广领域又是如何的呢?

贝拉明认为,这个领域包括两个组成部分:一个是科学的哲学和神学;一个就是"我们神圣的信仰"——宗教意义上的准则。

第一个组成部分在内容上而非在功能上不同于分子生物学、基本粒子物理学、天文学中的现代方法。哲学主要指亚里斯多德的理论,包括广义的变化和运动理论、数学和物理学的连续统理论(本书第八章描述过),还有关于世界结构的理论。神学涉及的同样是主观世界,但它把主观世界看作是一个创造物,而不是一个自我充足的系统。神学的教科书中充满方法论的篇章,而物理教科书中却是没有的。所以他认为神学自始至终是一门科学,一门非常神圣的科学。

第二个组成部分意味着,科学结论的错误解释会有害于人类,这个部分现在依然存在。现代拥护科学的人常常警告我们,科学结论或者基础科学中的冲突的错误陈述会导致非理性主义,因而会有悖于"我们神圣的信仰",相反,还原论的反对者在整合自然、文化和人类自身过程中,采取一种不再违背他们神圣信仰的方法来解释科学结论。贝拉明的看法和现代的看法大相径庭。大部分现代观点(用人类的理智等)已中止了他们的信仰与神圣造物主的关系;过去预言的学术背景比理性或当今还原论的学术背景更强烈,然而,后者的差别不是反映在教会派中,而是反映在整个时代中。让我们不要忘记许多现代理性主义者竭力依靠提高支持它的机构的权力来增强理性的力量。

第二个组成部分正如贝拉明所说的,它进一步暗示事实问题依赖于价值问题,对实证主义者来说,这是他们不能接受的观点,但这只是因为他们的偏见,只要我们对现实这个概念作个简单的历史回顾就会显示出这些偏见究竟是怎么一回事。

在荷马时代,梦、神灵的行为、幻想之类都被看作是"同等现实的"(我把这词加上引号只是想说明一些事情不可能和另一类事情同等现实)。人类之外的现实世界和人类内部的情感世界间不存在分离。简要地说,我们可能只是因为没有"头脑":没有特殊领域,没有来自另一半世界且能调整它的"主体"。所以阿那克西曼德把整个宇宙过程建立在一种单一和质的变化基础上。梦、神灵、预感在这个世界没有位置,他们变得无家可归。

那它们该怎么办?巴门尼德指出,存在两种倾向——一边是现实事物,一边是纯粹的现象。现实由一些既不同于传统观念又不同于简单观察的新程序构成。表象会导致一些错误思想(就这样人的头脑部分地被当作一个容纳"现实世界"所不能容纳的容器),接着一些真实现象放弃另外一些欺骗现象,这意味着选择一个传统抛弃了另一传统,这在后来诺斯替教派和自然主义者争论物质现实时变得非常明了。在今天,当一些科学家声称已发现一个终极现实(基本粒子及其领域)而另一些科学家却强调原理系统并把高能物理学当作一个收集邮票似的珍贵又精致的活动,也很明确地体现了这一点。亚里斯多德用一些基本言论维护新巴门尼德时,用了极简单的术语描述了这种情形。他这样写道:

> 虽然应该存在一个唯一的善,它是支配万物的或者是独立存在的,但很明显它是不可能为人类所获得;但是我们却正在寻找可得到的事物(《尼各马可伦理学》,1096b32f,我重点强调)。

同时亚里斯多德也强调此书有关灵魂的描述是从唯物论心理学和社会学角度出发的,是服务于不同目的,在它们各自领域中都是正确的,所以当教会根据人类情感衡量现实时,他们不仅是正确的,而且比那些科学家和哲学家(他们把事实与价值对立起来,并且想当然地认为,获取事实,或进一步说,现实的唯一途径是承认科学的价值)更有理。

在伽利略时代,讨论人类情感的一个重要来源是《圣经》,我们这个时代《圣经》乃占重要一席。教会是《圣经》的绝对拥护者和解释者,他们把《圣经》作为与现实的一个分界点。③反对天主教教义的牛顿也是这么认为的。他觉得研究活动有两个来源:上帝的作品——广袤的宇宙;以及上帝言录——《圣经》,例如诺亚方舟的故事就被科学家用来支撑科学观点,直到进入 19 世纪(突变说)。

教会不仅把《圣经》用作真理与现实的分界点,也用行政手段强占《圣经》,贝拉明清楚地谈到了这点:

> 正如你知道的,特兰托会议决定的教会神父们的一致意见作为解释《圣经》的准绳。

在这里,现代读者,尤其是自由认识论者,他们熟悉一些抽象事物但从来不亲近科学,这些人会束手无策。贝拉明认为知识与政府无关,他排斥伽利略,后者不得不承受这么多乱七八糟的攻击,但是即使现代的伽利略派也未必过上了舒服的生活。

举例说,假定某人想强制志愿者采取某种治疗来测定现代医学的效能,那么在美国许多州,他将被警察光顾。伽利略也会碰到这种情况,假定他想用同种术语来教授进化论和《创世记》,把它们作为人类起源的两种描述,这样他就闯入一个法定禁区,也就是说,政府和教会的分离严格限制知识宣称权的传递,进化论应被当作一个事实或处理事实的理论来教,而《创世记》应作为一种信仰来教(贝拉明把此颠倒,他把基本事实的决定权交给哲学和神学,让科学承担一种手段角色——对上面提到的观点即"现实"是一个带有价值的术语,现实问题与人类情感紧密相连,作进一步确证)。

现代伽利略派也将会发现论辩活动不足以得出一个可接受又有保障的观点,这种观点必须适合协会机构的理论体系,并被他们吸收作为研究过程中的一种方式。因为一些无名委员会常常充满无能者,他们只把他们的无知作为事物的尺度。[③]一个智者怎么能在这种情况下取得成功?这是非常艰难的。伽利略尽力把哲学、天文、数学和各种各样的学科联合为一门新的工程学,其特点是要求用独特的新观点重新解释《圣经》,他被告知要坚持数学。一个现代物理学家或化学家尽力革新营养学或医学时,也面临着类似的限制。如果一个现代科学家在没经报社(由拥有绝对权力的专业记者或团体组成的)审阅前,在报上发表了他的观点,那么他就犯了道德罪,成了很长一段时间中的被逐者。

现代的控制不如伽利略时代严密而普遍,这已是公认的,但这是对某些罪犯采取宽容态度的结果(例如,小偷不再会被吊死或断肢),并不是他们自身内省的结果。当然,对现代科学家的限制是可以跟伽利略时代的种种限制作比较的,只不过教会制定的那些古老的禁条是明摆着的,例如特兰托主教会议的规则;而现代的一些禁产权常被隐含着,不易详细道出,它有大量暗示但没有明确的规定可供人商议、批评或改进。这样看来,教会的传统做法似乎更直截了当,更诚实,当然也更有理。

那么,现在我们就有了这样一个重要观点:这种合理的直截了当的研究界限不是固定不变的。贝拉明在信的最后一部分明确表明这点:

> 如果确实有证据证明太阳是宇宙的中心,而地球居于第三位,不是太阳绕地球转而是地球绕太阳转,那么我们必须审慎地着手解释被他们利用的某部分《圣经》内容,宁可承认我们不理解《圣经》也不宣布一种原本是错的但被证明是对的观点。

贝拉明在这里指出,教规是解释科学结论的一个界限,但这种界限不是绝对的,研究活动可以改变它。然而,贝拉明又继续写道:

> 就我本人来说,我不会相信有这样的证据,除非他们显示给我看。如果假定太阳是宇宙中心而地球居于第三,那么万物都以一种截然不同的方式运作,这又将作何解释。显然这也不是一个证据。如果有所怀疑,我们也不应放弃圣父对这个神圣文本所作的解释。

贝拉明在最后一句所表露的思想在今天还被中学、大学领导所接受。如果不能确保新教育基础与旧的一样有效,那么他们是不会引进新的教育基础的。这也是个合理的想法,它建议我们把基础教育独立于潮流,避免暂时脱离正道。教育不只是思想观念,它还包括教科书、技能、实验设备、实验室、电影、幻灯片、教师课程、电脑程序、问题、考试等等。

当教育被用一种明智的方式来构筑时,它能适应潮流、越轨现象及一些可选择的观点,从而照亮科学研究的进程。然而,当用一种非常危险的新观点来彻底改造教育时却是非常不明智的。另外,社会上总是存在许多相冲突的潮流、越轨现象、建议、"肆无忌惮的思想观念",所以一个人就会很迷惘。教会谈了这一点,他们认为教育在革新一种知识体系前需要进行一次大论争。

但是贝拉明是否拖了后腿?他抵制明确无疑的证据吗?或者,更糟糕的是,他是否还没有被告知那个时代已有的证据?这种技术性的问题不幸已成了众多调查者的问题。我要提一个与众不同的问题来攻击与此有关的问题:现代科学家和科学哲学家进入 17 世纪早期被问贝拉明被问的问题,他们的观点是什么?即你关于哥白尼的观点是什么?

回答各不相同,科学像其他任何事业一样,有不妥协者,更有耐心者。有一些科学家在艰苦的条件下研究理论的现实性,另外一些科学家努力收集更多可靠的证据。有些科学家满足于简单朴实和有机协调,另外一些想得到可靠的经验支撑物。有些科学家被一个理论中的不协调性(自相矛盾的言论)或理论与实验间的不调和性所惊吓。另外一些把这些不调和性当作进步的与生俱来的伴侣。麦克尔逊和卢瑟福从来没有承认相对论,彭加勒、洛伦兹和埃伦费斯特(Ehrenfest)在考夫麦(Kaufmann)的实验后也开始怀疑相对论,而普朗克和爱因斯坦对它的内存对称性深信不疑,萨默费尔德(Sommerfeld)成功地使过去的量子论与经典力学同样受尊重,而玻尔认为萨默费尔德虽成功了但还是走错了路子。鲍林(Pauling)乐于用从简单的模型得出的猜想来扰乱他的同事们,而他们乐于考察 X 射线图片的复杂性。

如果回到贝拉明那儿,谁知道他们会说些什么?麦克尔逊若用伽利略的望远镜观察可能已指出他们的内存矛盾(观察家能观察行星而不能观察固定的恒星;月球内部显出高低不平的环形山而周围却完全是平坦的),他也可能会嘲笑试图从这么一个物理仪器来获取物理信息。今天几乎所有的科学哲学家都会认同贝拉明关于哥白尼学说的确已力不从心的观点。④哥白尼、赖蒂库斯和马斯特林提及过一个强有力的论据,这论据说服了开普勒⑤,那就是由哥白尼体系所构造出的一种协调性。哥白尼认为一开始就有一个天文学系统而不仅仅只有一套计算设备,但是这个依据也会导致错误结论。正如薛定谔指出的:"粗略考察后对一个简单而协调的观点进行解释远非是一种正确解释。"

伽利略清楚地意识到这么一个问题——为什么他要如此重视他"坚决拥护的证据",即潮汐理论? 因为他的力学原理是不足以充分解释哥白尼描述的行星系统的原动力。他的这些原理可能是适用于解释行星轨道的,但是他们却荒谬地认为圆(circles)对正确的预言仍然是必要的,而且他们也是不适用于伽利略从来不曾接受过的开普勒定律。后来牛顿提供了一种可接受的办法,他认为需要一种强大的力量来维持行星体系,另外伽利略关于运动相对性的观点是支离破碎的,有时他声称所有的运动都是相对的,而有时他又接受那个承担一个固定参照系的原动力。

伽利略的基础物理学更糟糕,亚里斯多德提供了一种关于变化、运动及其运动过程的广义理论,这个理论解释了运动的动因、定性的变化、运动的发生及消亡,还把落体运动解释成从老师到学生间的一种信息的传播。这种理论非常复杂,它要求一种物体固定不动同时还要有个精确的位置。伽利略把自己束缚在这种运动论上,并且比亚里斯多德想得更简单(亚里斯多德向量子论迈进了一步,量子论把物质运动看作一个不可分的整体,而伽利略却偏离了这种理论)。⑥这样导致了生物学家、生理学家[哈维(Harvey)]、电学这门新学科的奠基者以及细菌学家们继续采用亚里斯多德的观点,直到 18 世纪末,从某种程度上说甚至应该是 20 世纪(普里高津对亚里斯多德作了精彩的评述)。牛顿当然也采用了亚里斯多德关于运动的理论,这一点从他的手稿中就可以看出。爱因斯坦——他藐视"影响不大的证据",运用他那让人不可思议的才能从当前混乱的状态中推测未来的壮观——可能已支持哥白尼,但是其他许多物理学家却遗憾地放弃了。因此贝拉明的观点完全是被接受的。

这样,我可对伽利略时代的两种古老传统形式作个简单的总结,这些传统在社会上承担科学这一角色。

根据第一传统,社会必须适应由科学家描述的知识模型。这个传统由伽利略拥护,在维也纳的红衣主教教主建议亲密合作后,常被科学家们作为与教会协商的基础。教主说:物理学家的代表说这个合作意味着[7]:

> (科学)思想不必以一种不同(于科学家的观念)的观念被重新解释和使用,教会准则须与自然科学发现保持一致。

这是贝拉明的立场,不过他反对来自那个特殊的狭窄领域的专业知识取代 17 世纪天主教教义那种宽广仁慈的观点。

根据第二种传统,科学知识太专业化了,涉及的是世界中非常狭窄的一部分,没有进一步的努力,它是不可能为社会所接受的。它必须经受检验,必须从一种更广泛的视野来判定这样的视野包括人类的情感及由此引出的价值观。它关于现实的主张须被修改以便它们符合这些价值。举个例子来说,痛苦、友情、恐惧、幸福和对救助的需求,或以一种世俗的观念形式存在,或以人类先验王国的观念形式存在,在人类生活中都担当一个重要角色,它们是最基本的现实,因此一些基本粒子物理学家声称已发现一切的最终构成,这样的观点不得不被否定和抛弃,代之以一种更"工具主义的"的观点,即不是关于现实的而是关于预言的理论。这些预言不需人的努力就能获得。

伽利略那个时代，第二传统是被教会拥护的，教会吸收柏拉图思想：专业知识应为大部分人接受，但不能与关于人性记录的《圣经》相悖。《圣经》大大有利于抽象理性主义，教会运用权力使这类知识内在固有的旨意不可能总占优势：但是教会的高级代表们不是这么考虑的，他们试图通过来自人类生活的原理来调和极权主义者和现代科学客观主义，以达到所谓的主观程度。

也得承认，今天认识论原则的侵犯问题不是警察们的事，这一点我早已承认。然而，法律还是强调，自由独立研究的想法是一种狂想，警察干涉与否跟摆在我们前面的有关科学知识宣称权的解释问题无关。另外，我们已看到(看注释⑧后的简单引用)甚至当代的自由氛围并没有阻止科学家要求贝拉明所拥有的那类权威，但是权威必须拥有更多的智慧和恩宠，这确是个遗憾：现在的教会受惊于科学之狼的嚎叫，宁愿向他们咆哮，代之以教他们礼节。⑧

最后，谈一下有些科学家和哲学家关于科学不需要指导的主张。因为科学本质是关于人的且是自我纠正的，这告诉我们不管科学家犯什么错，他们能自我纠正，这方面他们比其他任何外行都做得好，因此他们应该是独立的(当然除了为自我纠正所需的大量资金投入)，这样的主张我们很容易指出其中的漏洞。

当然，科学本质上是关于人的，这是正确的。科学家如其他人一样有可爱的，也有令人讨厌的，麻烦的是科学的声明，这些常常助长自私、自负和对伽利略所说的"狂人"的藐视，他们不能容纳对诺贝尔思想的些许曲解。以前掌握在个人手中或少数团体中的事实认可权也助长了机会主义和胆怯分子。早期的科学家都是宗教团体的成员，他们都清楚，在自然情况下他们所取得的成就并不重要。那些现代科学家(把科学的好奇心与对大自然的热爱联系起来)和他们的伙伴从某种程度上说分享了宗教前辈们的见解，但是他们却被执不同观点的人们所围攻。科学有能力纠正出现在这类复杂事业中的偏执行为吗?

从某种程度上说,确实存在能自我纠正的事业,并且它也可能被一些拥有决定权的个人行为所改变。但是科学是一些大单位的一部分,它是一个城市、一个社区的一部分,也是整个国家的一部分。这些大单位依赖于它们的政体能得到自我纠正,如民主,特别是古希腊的民主准备纠正那个时代的一切东西,包括专家们的成果。但是根据我们正在讨论的观点,民主是无权干涉科学工作的,为什么? 原因之一是科学工作太复杂以至于不能被外行所理解。同样地,科学内部的跨学科研究也是这种情况。然而这种工作是受鼓励的,其成果也是受欢迎的。众多科学家在维护他们的成果时,使用了那些哲学家并不满意却被接受的且科学赖以继续前进的证据。除此之外,像由审判团及公民的优先决定⑨的审判活动,外行是能通过受教育或自我教育获得一些深奥的东西。通过这种方式,他们也能获得为公平审判所需的知识,加利福尼亚针灸法的合法化就是这类学习过程的结果。

科学自决的第二辩护是认为科学是"客观的",所以它应该从政治的"主观性"观点中分离出来(这是一种古老的辩护,可以从柏拉图那儿找到)。但是民主不能简单地屈从于科学家和哲学家的断言,尤其是当他们触及基本物质时,必须检测这些断言。举例说,它必须检测"客观性"这个问题。换句话说,民主必须对科学主张进行哲学分析,正如它必须对国家和地方预算进行金融分析,民主在进行这样一种分析时,不仅要依赖于客观真理,还要依赖于真理呈现的形式,例如它须依赖人的主观判断。这样,我可以概括一下这种论辩:自我纠正的科学是自我纠正的大单位的一部分,在民主中,大单位的自我纠正包括了多个部分,这意味着民主的自我纠正主宰科学的自我纠正。

自我纠正包括对无限变化的批评,至今科学带给我们的是每天能感受到的感性世界。一些科学家声称这个世界是纯粹的现象世界,而现实是潜藏在别处,他们看到现实状态下的人类随之就亲近他们。但是人类也许会反对这种待遇,他们也许会宣称一个不同于科学家定义的现实,并且他们想要稳定这个现实。举例说,他们想要稳定这个定性世界,把每一种偏差看作向无人性的一种迈进。这就是关于我们生活特性的断定如何来决定什么应被看作是真实的,什么应被看作是一种现象或者一种纯粹的预言。

哲学家和科学家(我正在讨论他们的观点)所体现出的对争论的热情尽管被许多知识分子接受,但仍不是一种有价值生活的唯一基础。如果它是一个基础,那是非常令人疑惑的。人类需要的是一个相当稳定而又能解释他们生存的环境,据称赋予科学家生活特性的无休止争论,是一种完满生活的组成部分,但不可能是基础(当然更不可能是爱情或友情的基础),因此,科学家对文化能作贡献,但不能提供文化的基石——因为这些科学家束缚于他们专业上的偏见,所以如果其他人不对他们进行调整,他们当然是不可能被允许来决定人们应接受什么基石。教会有许多理由支持这种观点,并在争论特殊的科学结论及在我们文化中科学这一角色时能利用它,他们应该征服他们的畏惧(它是可怕的吗?),并且恢复贝拉明和谐而优雅的智慧:正如科学家从德谟克利特、柏拉图、亚里斯多德及他们那永远的守护神——伽利略的观点中不断获取力量。

附录

下面是我用德文写的一封信,是给参加关于科学与教会关系论辩活动的一个成员的。

尊敬的鲁伯特(Rupert)神父:

上个星期四,我很高兴听了您的报告,我对此很感兴趣,但对其中两点我有点惊奇。其一是教会在面临层出不穷的科学结论时所呈现出来的退却速度。这种现象不存在于科学内部(尽管科学内部存在众多机会主义)。我们常会发现一个科学理论是错误的,但是科学的拥护者不会轻易放弃,他们会继续追求,几十年甚至几个世纪,最后会证明他们是对的。原子论就是一个例子,它频繁地受到反驳,但它总是给予回击,而且也能击败它的对手。19世纪末一些大陆物理学家把原子论看作一个形而上的怪物,说它跟事实相冲突,而且内部也是支离破碎的,但原子论的拥护者们(其中有玻尔兹曼和爱因斯坦)仍然坚持不懈,最终使这个理论取得胜利。现在如果拥护科学内部这些被反驳的理论是合理的,这样的做法是能推动科学进步的,那么教会为什么不以同样的方式处理科学以外的事件?因为这种情形当然是很相似的。对教会的首次科学攻击是基于亚里斯多德反对宇宙起源的论据,这些论据与现代宇宙论论据有许多共同点,它们都依赖于确定无疑的自然法则及其推论。亚里斯多德以后,正如我们所知的物质世界的永恒性一直被看作是科学的一个基本事实,随着科学的进一步发展,这个基本事实被打破了。今天有无数假定世界生成及其演变成一个复杂"作品"的模型。教会对科学的限制——不是说他们对科学的恐惧——因此不可能通过指向科学实践使自己得到辩解,它只能依赖于纯意识形态,这使我产生了第二种想法。

你已说过重要的不是物理学或宇宙论之类的,而是人类对上帝的情感,你也说过这种情感与爱是相互融贯的。如今,各种爱是有区别的,甚至有些情况下,爱几乎是不可能有的。例如对那些恪守"客观性"的完全遵守科学精神的人来说是不可能拥有爱这种情感的。科学鼓励客观性,甚至要求客观性,因而科学压抑了我们爱这种能力,除非在一种非常理智的情况下,那就是说那些想要传递爱这种情感的人们不能忘记科学,他(她)必须关心科学且为科学内在固有的客观性而斗争。

在学生时代,我就尊重科学,藐视宗教,我觉得这种做法很神圣,现在我仔细考察了我感到惊讶的一个事实:多少教会高僧采用了我和我朋友曾经用过的那些肤浅的论据。这样他们已在减弱他们的信仰,以这种方式对待科学的人好像也形成了一教会派,只是一个早期的教会派,信奉一种更幼稚的哲学,那时候人是绝对相信某些结论的,然而,对科学史的回顾呈现了一个完全不同的图景。

致

最美好的祝愿!

保罗·费耶阿本德

注释

① 这里伽利略的反对者可能已超越了本拉明在信中提到的圣父那种普遍观点,这种普遍观点视《圣经》为一种道德指引,而不是天文事件。

② 他以前的哥白尼及他以后的斯宾诺莎都是这么认为的。这是一个古老的话题,正如 H. D. 维格特朗德(Hanns Dieter Voigtlander)在他的《哲学与生命》(*Der Philosophy und die Vielen*,威斯巴登 1980 年)这本书中所说的:它常常发生在古代。

③ 弗雷德·霍伊尔在评论稳定态理论的历史时写道[Y. 泰齐安(Terzian)和 M. 比尔森(Bilson)编的《天体物理学和宇宙论》(*Cosmology and Astrophysics*),伊萨卡—伦敦 1982 年):"期刊在作粗略审阅后就接受观察者的论文,因为我们自己的论文,如鲍狄·哥德(Bondi Gold)和霍伊尔的论文,总是有些生硬的地方,在向那些像猫头鹰一样只在晚上工作的神秘阶层组成的较迟钝的人解释数学、物理、事实和逻辑观点时,你会变得非常厌倦。"

④ 详见我的《反对方法》,尤其在重写的第三次德语版——《摆脱方法的束缚》(法兰克福 1986 年)。

⑤ 这个论据也出现在此次克拉科夫的讨论中。

⑥ 这个观点的详细论述见本书第八章。

⑦《物理之光》(*Physikalische Blätter*)第二十六卷,第五号,1970 年,pp. 217ff。

⑧ 1982 年,我和克利斯提安·托马斯(Christian Thomas)组织了一个研讨会,地点在苏黎

世联邦技术学院,目的是讨论科学的发展如何影响主要的宗教信仰和其他传统思维方式。令我们惊讶的是,天主教和基督教的神学家处理物质事实时那种可怕的局限——既没有关于特定科学成果的,也没有关于作为整体的科学意识。我在一封信中评论了这个局限,这封信在本章的附录中被重印。研讨会的内容出版在《科学与传统》(保罗·费耶阿本德、克利斯提安·托马斯编,苏黎世 1983 年)这一书中。

⑨ 有关后者功效的例子被米汉讨论过 [《原子与谬论》(*The Atom and the Fault*),剑桥 1984 年],一般人并非专家,在评价加利福尼亚核能厂的稳定性时,他们鼓励建筑者和地质学家间的合作。

第十章　普特南论不可通约性

1. 普特南在他的《理性、真理与历史》[①]一书中宣称:"20 世纪两个最具影响力的科学哲学派别……是自我否定的。"在他的思想中这两个哲学流派是逻辑实证主义与历史主义。我要讨论的主题是属于后者,即不可通约性。我将说明当一种思想可能具有一些不正常的影响时,它们都不是自我否定的。

2. 根据普特南,"不可通约性的论题是说,在其他文化中使用的语词——比如 17 世纪的科学家使用'温度'这个词——不可能在意义与指称上等同于我们今天所具有的任何语词与表述"(p. 114)。我将此陈述中的不可通约性论题定义为 I。

为了反驳 I,普特南指出:

(A) 如果 I 真的是正确的,则我们根本无法翻译其他语言——或者甚至连我们自己以前的语言也无法翻译。

(B) 如果费耶阿本德……是正确的,那么包括 17 世纪的科学家在内的生活于其他文化中的人们将被我们概念化——仅当作对刺激物产生反应的动物。

(C) "先告诉我们说伽利略有'不可通约性'的观念,然后更进一步

去详细描述这种观念,这样做完全是语无伦次的表现。"(p. 114)

3. (A)(B)(C)是据于以下两个假设:

[i]理解外来概念(外来文化)需要翻译。

[ii]一种成功的翻译不改变翻译语言。

这两个假设是理论传统与普特南思想的特征。因此,它们提供了一个在第三章中提及的一般观察的极好说明。

[i]与[ii]都是错误的。我们通过母语,不用走弯路就能毫无准备地学习一门语言和一种文化,就像一个小孩子那样(语言学家、历史学家和人类学家们已经认识到该过程的益处,现在,他们宁愿进行专业研究,也不愿听语言学教师的讲课),我们能够改变自己的母语,使之具有表达外来概念的能力(好的翻译总要随媒介而改变,那种符合[ii]的语言是一种形式语言或旅行者的语言*)。

现代语词拓展了两种可能性。人们使用具有开放性与思辨特性的语词,而不是使用作为旧字典的基础的语义等同的语词来撰写研究文章。②比喻、隐喻、消极特征化,文化历史的一点一滴常与新的概念及概念间新的联系一道表示一种新的语义视角。科学史学家采用了相同的方法,只是更加系统化,比如他们为解释16—17世纪科学中的"动力"这个概念,先教授他们的读者物理学、形而上学、技术学甚至神学对于时间的解说,换句话说,他们先介绍一种新的原创性的不熟悉的语义视角,后说明"动力"所代表的语义。在杜海姆、迈尔(Anneliese Maier)、克拉盖特(Marshall Clagett)、布隆伯格(Hans Blumenberg)等人的著作中,以及从其他观点来看,弗莱克(Ludwik Fleck)和托马斯·库恩等人的著作中能找出这样的例子。

将一种语言译成另一种语言在许多方面犹如构建一个科学理论,在

---

* 指通俗易懂的语言。——译者注

两种语言中必须找出适合"现象语言"的概念。自然科学中现象是不属于生物界的。没有人怀疑很难对它们给出一个普通的描述。没有人怀疑我们可能不得不修正一开始用于描述的语词,也没有人怀疑当新的现象出现时,我们可能不得不对语词作进一步的修正。在翻译的事例中,现象是内蕴于另一语言中的。这些思想在常常是不同的、未知的地理与社会环境中得以发展,并经历了无数有意与无意的变化(受语言的发展变化、诗的破格等等的影响)。普特南的假定[ii]认为,每一种语言都包含了需要对所有偶然性事件进行处理的因素。为了采用一个例子,我们作一个不太好的假定:现代斯瓦里人已经适应爱斯基摩人的语言而成为他们历史的一部分。使这样一个假定得以成立的方法只有两种:推论的融合或预先建立的融合。我拒绝这两者,我是一个经验主义者。

　　4. 根据普特南,要在英语中解释外来概念(原始的、技术性的或古代的)是不可能的,这是(C)包含的内容。从某一个角度来说他是对的,但从另一个角度来说他又是错的。要用一种不适于接纳那些外来概念的语言来清楚地表述思想,认真地说,确实是不可能的。但是鉴定一种自然语言的标准并不排除变化。当新的单词被引介进来或原来的单词被赋予了新的意义时,英语不会不是英语。每一位具有与众不同的世界观(原始的或来自国外的等)的语言学家、人类学家或社会学家,每一位想用通俗英语来解释不寻常的科学思想的科普作家,每一位超现实主义者、达达主义者或神话与鬼故事的讲述者,每一位科幻小说家与不同时代与民族的诗歌翻译家,都知道首先要构建一个他需要使用的一种英语发音模型,而不是英语单词模型,然后通过这种模型来"说"你想说的东西。一个具体例子是:埃文思－普瑞查德关于用来表明毒神(poison oracle)感知未来事物的能力的阿赞德(Azanda)词汇"mbisimo"的解释,在他名为《阿赞德的巫术、神谕与魔法》③一书中,埃文思－普瑞查德将"mbisimo"译作"灵魂",他又补充说,它不是在我们的意义上蕴含了生命与意识的灵魂,只是公众与"客观"事件的集合。对"灵魂"单词的用法作进一步的修改,以使它更适于表述阿赞德人思维中的东西。为什么用"灵魂"一词而不用另一个词?"因为在我们自己的文化中,比起任何其他的英语单词,这个单词所表述的涵义比较接近阿赞德人对'mbisimo'的理解"。换句话说,是因为英语"灵魂"与阿赞德人的"mbisimo"之间存在一个比喻,这个比喻对将一种原有的感受顺利地转换成一种新的感受是重要的。我们感觉到尽管意义变化了,但我们依旧说着同一种语言。现在,如果概念性的变化,如刚才所描述的那种,不会进入一种元语言,而仍在对象语言自身(此例中我只说事物特性的变化,而不说单词用法的变化),如果它不单是一个单独的词语,还是一种正被接受的完全概念化系统,那么我们会具有在 C 中提及过的情形,只是不那么紧张,因为我们开始时所用的英语已经不是我们作出解释时所用的那种英语了。

5. 阿赞德的思想已经存在于口语中,英语观念通过变化来吸纳它们,在用语言学上的变化来译介一种新奇而暂时无法表达的观点之处存在着这样的例子,科学史也包含了大量诸如此类的例子,我将用思想史上的一个例子来解释这个想法。

在《伊里亚特》9,225ff 中,奥德修斯试图让阿基里斯重新回到反对特洛伊人的战斗中来,但阿基里斯拒绝了,他说:"平等的命运造成了懦弱或勇敢的战士,等同的荣誉促成了无价值的或有善行的战士"(318f.)。看起来他像在说荣誉与荣誉的显现是两回事。

荣誉的原有观念不允许作这样的区分,在这史诗中理解的荣誉是一个聚合体(aggregate),它部分是由个人组成的,部分是由活动与事件一起构成的。这个集合体的其中一些元素是:在内部纷争时期他在战争(个人拥有或缺乏荣誉)或集合体中的地位,在公众庆祝时的坐次,当战争结束时他所获得的赃物与赏赐,以及包括他在这些事情上的行为表现。当所有(或大部分)这些因素存在时,荣誉也就存在了,否则就不存在。④

阿基里斯表达了一个不同观点，他被那个拿了他礼物的名叫阿伽门农的人伤了感情，这种伤害促成了荣誉的个体与集体成分之间的冲突，他们中间吸引阿基里斯的那些希腊人给出了一个解决冲突的符合常规的办法：阿基里斯的礼物被拿回了而且被允诺可拿回更多的礼物，调和已经回到了集合体荣誉，荣誉已经被留存了(519,526,602f)。迄今为止，我们完全处在传统之中，阿基里斯从传统中转移出来，随着他不断的愤怒的推动，他观察到一种处于个人价值与社会回报之间的持续的不平衡，在他脑海中的东西既不同于传统的集合体，甚至不是一个集合体，因为不存在一系列事件用来保证他现在所看到的那种荣誉的显现。用普特南的术语来说，我们可以说阿基里斯的荣誉观念与传统的荣誉观念是不可通约的，当然，取自阿基里斯讲演的简短引述给出的一个史诗背景听起来就像"快的人与慢的人抵达目标需要相同的时间"这样的陈述一样在胡诌。然而，阿基里斯用看起来格格不入的同一种语言表达了他的想法。这怎么可能？

这是可能的，是因为如埃文思－普瑞查特一样，阿基里斯能在保留相关单词的同时，改变其概念：他能够继续使用希腊语而改变概念，是因为概念本身是模糊的、有弹性的、能给以重新的解释和重新的限制。为了使用来自感知心理学的短语，像"感知"这样的概念需遵循数字－基础关系(figure-ground relation)。

例如，由阿伽门农(Agamemnon)的行动引起的荣誉的个体因素与集体因素间的紧张至少从两个途径可以被观察到，这两个途径是作为等重的关联成分，或者作为基本因素与较复杂因素间的冲突。传统接受第一种观点，或者更精确地说，有意识地接受是没有问题的。人们会简单地这样做："随着应诺的礼物增加，当他们不配时，阿基里斯将会赞誉你！"被愤怒驱使的阿基里斯夸大了这一紧张，以使它从一个短暂的障碍变成一条巨大的裂缝(作为强烈情感的结果，数字－基础关系经常改变，这是罗夏测试原理)。

因为对于他正在试图表达的东西来说存在着比喻,所以超感觉不会脱离有关"意义"的言说,犹如阿基里斯反对个人荣誉与荣誉的集体显现那样,神的知识与人的知识、神权与人权、人的意图与人的言说(阿基里斯自己所用的一个例子)也是互相对立的。由比喻作引导,阿基里斯的听众进入了看到那种紧张的第二条途径,正如阿基里斯那样,他们由此发现了荣誉与古代道德的新的侧面。这个新侧面不像古代观念那样具有完整的定义,比起一个概念来说,更像是一种预兆,只是这种预兆产生了说的新方法。最终,澄清了新的概念(一些前苏格拉底哲学家的概念是这条线发展的终点),预兆被排除在理论传统之外,因此,一旦概念性的变化发生,预兆或者阻碍它或者不能解释它。因此,如果我们将这种不变的传统概念作为感觉的量度,我们被迫会说阿基里斯是在胡扯⑤以及我自己在《反对方法》第267页上的评论)。但是感觉的尺度并不是精确的、明确的,它们的变化并不是陌生到阻碍听者获取阿基里斯脑中的思想的程度,说一种语言或者解释一种情况毕竟意味着既要遵守规则又要改变规则,它几乎是一张理不清的逻辑与修辞变换之网。

从刚才的讨论可以看出,说话经历着一些阶段,在这些阶段上,说话确实充其量不过是在"制造噪音"(普特南,第122页),对普特南来说,这是他向库恩和我自己描述的那种观点的一个批评(本章第二部分,反对陈述B)。对我来说,这是由于普特南爱好理论传统的偏见而无视语言运用的许多种方法的一个标志,小孩子通过在适当的环境中被重复而被赋予意义的声音来学习一种语言,穆勒在传记中对他父亲给他的有关逻辑问题的解释作评论时写道⑥:"虽然解释在某个时候无法向我将事情表述清楚,但是并不是因此这些解释就是无用的,对于我的观察与反思来说,这些解释将作为有待明确化的核心而被保留下来,他的一般评论的含义通过由我引进的特殊例子正在向我作出解释。"圣奥古斯丁建议人们通过熟记来教授信念的公式。他还补充说,人们的悟性将会作为在丰富的、永恒而又虔诚的生活中延长使用的结果而出现。理论物理学家经常把玩一些公式,这些公式直到幸运的组合使每样事情都适得其所时才会显现其意义(在量子论中我们依旧在等待着这个幸运的组合)。阿基里斯通过他的说话方式,创造了新的言语习惯,这个习惯最终给出了新的、更抽象的关于荣誉、道德和存在的概念。即使在说话的最高级阶段,像噪音般地使用语词具有了重要的功能。⑦

一位知晓解释性讨论的复杂性并以娴熟的技巧来使用基本原理的科学家是伽利略。跟阿基里斯一样,伽利略赋予了旧的、熟悉的单词以新的意义,以及给出了作为一个结构的组成部分的结果,这个结构能被所有人分享与理解(我现在正在谈论他的关于基本的静力学与动力学观念的变化)。但不像阿基里斯,伽利略知道他正在做什么,他试图取消他所需要的用来保证他的论点有效性的概念性变化。我的《反对方法》第六、七章包含了他的人文学科的例子。那些例子与这里论述的内容一起说明了那个并不是语无伦次地作出的宣称是可能的:即先说伽利略的观念跟我们是不可通约的,然后再进一步地去描述它们。

6. 他们已解释了普特南的关于相对论与经典力学之间关系的难题。普特南说,如果我是对的,那么发生在相对论或经典力学测试中的有关牛顿与爱因斯坦理论间作出选择的陈述的判断不可能不相互独立。而且,要在牛顿理论与广义相对论中发现任何意义等同的语词是不可能的。他由此推论出这两个理论是无法加以比较的。

这个推论又错了,正如我在第三部分中提到的那样,当科学家总是强调他们的发现的新奇性以及他们在公式中使用的概念的新奇性时,语言学家在很久以前就不再使用等同的意义来解释新的、不熟悉的想法,然而这并不阻碍他们进行科学理论间的比较。因此,相对主义者认为作适当解释的经典公式(例如用相对主义的方式进行解释)是成功的,但并没有像完全的相对主义那样成功。相对主义者可以像一位精神病专家——一位在与相信恶魔(牛顿)的病人谈话时采用他没有相信恶魔(牛顿)的病人的那种谈话态度的精神病专家——那样讨论(这不排除病人在一个不发病的好日子里倒转过来证实恶魔的存在)。或者他可以像教授一门外语那样向经典主义者教授相对论[你已经精通西班牙文,你已经阅读过博尔赫斯*(Borges)和瓦尔加斯·劳瑟(Vargas Llosa),比起德文来,你为什么不用西班牙语来写文章呢?]。牛顿理论的信奉者与相对主义者能够进行交流的其他途径还有许多种,这在我从1965以来所写的论文中已作了解释。有些是对普特南那个时候提出的批评的直接回应:可参见我的《哲学论文》第一卷第六章第5ff部分,以及附录。就此结束我对(A)(B)(C)的回答。

7. 前面部分的论述是以Ⅰ为基础的,Ⅰ即普特南关于不可通约性的看法。但是普特南的想法不是我在考察两个综合理论——例如牛顿力学与相对论或亚里斯多德物理学与伽利略、牛顿的新力学——之间的关系时所介绍的那种的想法。⑧它们间有两个不同点,第一,我所理解的不可通约性是很稀少的东西,只有当对一种语言(理论、观点)的描述性语词来说有意义的条件不允许另一种语言(理论、观点)的描述性语词的用法时,才会发生不可通约性的情况。以我的感觉,仅仅是意义的不同不足以导致不可通约性。第二,不可通约性的语言(理论、观点)并不是完全没有联系——在他们有意义性的条件之间存在着细微的有趣的关系。在《反对方法》一书中,我以荷马常识与早期希腊哲学家所热衷的语言为例解释了这种关系。在《哲学论文》第一卷第四章中,我以亚里斯多德与牛顿为例解释了这种关系,我要补充说不可通约性不是对科学家来说而

---

* 阿根廷诗人和小说家,作品基调孤独、迷惘、彷徨、失望,带有神秘色彩,代表作有诗集《面前的月亮》、小说集《交叉小经的花园》等。——编辑注

是对哲学家来说是一个困难。哲学家在争论的全过程中坚持意义的稳定性,同时,那些明白"说一种语言或解释一种情形意味着既要遵守规则又要改变规则"(参见本章第5节)的科学家,则是越过被哲学家当作论述不可逾越的界线进行争论的专家。

注释

① *Reason*, *Truth and History*,剑桥 1981 年,第 114 页。

② 例如参见斯内尔等在《前希腊史诗词典》(*Lexikon des Frühgriechischen Epos*,哥廷根 1971 年)一书中的介绍与主要研究文章。

③ *Witchcraft*, *Oracles and Magic Among the Azande*,缩写本,牛律 1975 年,第 55 页。

④ 参见 12,310ff.,萨帕冬(Sarpedon)的演讲。

⑤ 见潘利(Parry)在《阿基里斯语言》("The Language of Achilles")中的解说,《美国哲学协会会报》第 87 卷,1956 年。

⑥ 引自马克斯·拉纳:《约翰·斯图尔特·穆勒的主要著作》,纽约 1965 年,第 21 页。

⑦ 见我的《反对方法》,第 270 页。

⑧ 参见《反对方法》第 268 页和《哲学论文》第一卷第四章第五部分)

第十一章 文化多元论还是勇敢的新一元论

　　1985 年 1 月，我应邀参加一个有关艺术、哲学与科学在后现代主义时期的角色的辩论，我在发言中：(a) 评述了这样一个假定：知识分子的辩论对"世界文化"有很多事情要做；(b) 指出了"世界文化"的基本现象是西方思想与技术的粗野扩张——是单调而不是多样，成为了时代的基本主题；(c) 宣称文化交流不需要共同的价值观、共同的语言、共同的哲学；(d) 支持了多样性与"不调和"，无论它在什么地方露面；(e) 给出了一个从麦克斯韦到库恩的科学哲学发展的简短描述。在本书的其他章节已论述了所有问题，在此没有必要重复给出。不过，以下这封信——为回应别人批评我的答复的长文而写——我想会引出一些新话题，且包含着一些有趣的思想。

亲爱的 Messrs, Vergani, Shinoda 和 Kesler：

　　谢谢你们又长又详细的来信，谢谢你们对我的小册子所作的审慎思索，很自然，我无法同意你们的观点，让我解释这其中的原因。

　　你们问："你真的能够否认组织方式各异的固有结构的重要性吗?"

我认为这不是由你们或由我决定的,而是由创造出这些不同结构的人和现在生活在其中的人来回答,如果没有任何其他的文化与接触,非洲大陆上比邻的各民族都很满意,那么无论那些"思想家"思考他们的行为有多么不同,他们要做的也是否定不同结构的重要性。如果美国人喜欢"物品、想象、观念、传统的膨胀",期待新潮与高档的喷发剂、汽车模型与肥皂剧,把钱作为价值的最终衡量标准,那么,类似一位牧师那样的持异议的知识分子当然可能喜欢他们,但是如果他试图用一种更强的劝告方式,那么他会变成一位暴君。胡塞尔在他的题为《欧洲科学危机与超验现象学》("The Crisis of the European Sciences and Transcendental Phenomenology")的著名论文中写道:"我们哲学家是人类的公务员(胡塞尔自己加的着重号)。我们自己作为哲学家的真实存在的个人责任、我们内心的个人使命孕育于其自身,同时,也孕育于人类真实存在的责任之中。"你也许会同意这段引述。我认为它表现出一种令人震惊的无知(胡塞尔知道的努尔人的真实存在是什么呢?),一种现象学的自负(存在这么一个单元的个体吗,此个体有足够的关于所有种族、文化、文明的知识而有能力说出人类的真实存在?)对于那些以不同方式生活与思维的人来说,这是一种极大的蔑视。

处于一个社会中的民族与群体经常会建立某些联系,这是对的。但是,在建立这些联系的过程中,他们创立或假定一种"共同的元话语"或一种共同的文化绑带,这是错的。联系可能是暂时的、非正式的与十分浅显的:南非的白人领导人、黑人穆斯林与欧洲的恐怖分子都很喜欢美元,但除此之外能将他们联系起来的东西几乎没有。

即使在 A、B、C 等文化之间有较密切的联系,这种联系也不需要由一种"固有的结构"来加以组织,它们所需要的仅是 A 与 B 相互作用,B 与 C 也相互作用,C 与 D 也是,等等。在这里,相互作用的模型可以是一对变为另一对,甚至是一种解释换成另一种解释。对于这一点,在第一共产国际期间,阿卡迪亚法语方言的使用就是一例。关于文明的预先假定是没有必要的,这是其多种特色之一,它碰巧被那些写下他们所作所为的特殊群体使用了,由此,又碰巧被他们一千年之后的涂鸦者——我们自己的学者——看上了。并不是每种交流都用阿卡迪亚法语方言:存在使用方言与小范围语言的本地交往,以及刚能满足参与者需要与好奇心的对本地交往的扩展,除此之外,一个人必须不将文化与其写下来的东西、或与艺术家与思想家的作品相混淆:写下来的汉谟拉比法典对司法实践没有什么影响;线性 B 的首次使用是纯商业的,但是希腊教育并不基于商业观念,而是基于荷马,即口头流传的诗歌(后来的诗人之一柏拉图,从来就没有安于使他的作品以书写的方式加以传播。参见柏拉图《斐多篇》274d ff. 和《第七封信》esp. 241b ff.)。如今,我们拥有许多马克思主义书籍,以及充斥了我们的大学与研究中心的马克思主义思想——但是马克思主义腐蚀了“我们文化”吗? 我不这样认为,因为在我们的肥皂剧与我们的宗教领域没有马克思主义的痕迹。知识分子没有制造文化,当然,我们可以约定文化=文学+艺术+科学——然后,我们通过命令,而不是研究来决定关于文学等等的文化作用的问题。

我也承认这些联系有时候非常强,从而导致了在你们看起来的意义上的文化一体化。但是仔细看一下这是如何获得的:很多时候这种一体化是强加的,很少来源于相关的人的希望与行动。科学家、艺术家、普通知识分子似乎不反对这样的发展,他们甚至会鼓励这样的发展,这就是为何他们试图对政府部门进行渗透的原因;这就是为什么当他们的作品遭受了公众控制时他们会如此悲哀的原因;这就是为什么他们羡慕那些拥有了他们的意识形态和他们对权力的期望,并且用其自己的权力游戏来支持他们的文化“领导者”的原因。你们对新“元话语”的渴望就像一种有关君士坦丁大帝的阴谋诡计或者美洲印第安人的教育的改写本那样是危险的。另一方面,我宁愿这样的一种生活形式:在其中,文化统一形成于暂时联系的偶然显现,当这种暂时联系不合时宜时,统一体又会消失。

我的下一个观点是,你们似乎难以决定关于"世界文化"的现有条件。在你们的《编辑声明》中,你们说存在着没有联结纽带的"文化混乱",但在你们的信中又暗示说可能存在这一纽带,只不过是你们鄙视的那一种纽带(钱)。我同意后者:有一种正在增强的统一性,它不仅存在于所谓的第一世界中(称有进取精神的后来者为第一世界——好一种自负),还存在于其他地方,所有同样存在的差异与多元通过比较而消失。他们正在引起一点小小的迷惑,但几乎不会干涉到学监、赌博或五角大楼。然后,在你们的信中甚至重复说我们文化的本质中充满了混乱,这听起来有点恰到好处的抽象与哲学味,但是我很纳闷你们已将此问题考虑得如此详尽。你们对肥皂剧、法威尔牧师电视布道节目(Reverend Falwell)、"超级碗"*的观众,与现代艺术的、哲学中的理性主义/非理性主义问题的受众进行过比较吗?

我认为你们没有比较过,我也没有,但是即便是最简单的推算也会表明你们不可能正确:现在,在美国与加拿大从事教学的哲学工作者大概有 10,000 名,他们大多数是顺应社会现状的奴隶。让我们假定他们中的 25% 是混乱的始作俑者——这是一个极大夸张的估计,让我们还假定每一位混乱分子有 100 名学生,学生中的大多数不得不从事哲学而厌烦致死。当他们的课程与考试结束时,他们将会很高兴——让我们再次假定,有 25% 学生成了他们作为混乱始作俑者的老师的追随者,这样将有 40,000 名的追随者。你们知道有几百万人在观看达拉斯(Dallas)*吗?有多少观众在观看"超级碗"吗?你们知道所有的电视节目的观众加在一起有多少吗?你们还记得有多少人投了里根总统的票?又知道

---

* 都是节目名

有多少人仍然支持他的政策吗？这里的数目都是以千万计的——对那个经我的初步计算得到的已经夸大了很多的数目来说，大得不可比拟，或者对被用于支持混乱的资金总额与支持同意统一的资金总额进行比较，国民生产总值中分配给国防的与人文的资金百分比将给出第一个大概，由此表明人文艺术的资金总额是如此微乎其微——而支持混乱的资金强度又是这些数目的一丁点儿。别告诉我这些数字无法计算：当艺术家与基础科学研究者想表明他们所获得的注意是如此之小的时候，就不断地谈论这个数目。我用这相同的证据来反驳你们关于混乱的蔓延的论文。

（顺便说一下，你们不应该如此谦虚，应该用"编辑的无经验"来解释你们将"世界文化"与"第一世界文化"合在一起——头冠上有无数荣誉、数吨的书写文章赋予了他们信誉的学者用完全相同的方法已经谈论过了，而且依旧在谈论着。刚刚又读了一遍上文已给出的出自胡塞尔的简短引文。这些人谈到"文化"或者"人类"——但是他们的意思只是指他们自己和少数的几个挑选出来的、能理解他们论文的人，因此，你们明白，你已处在了这个杰出的团体中。）

现在，我要谈最后一条与你们不同的想法。你们"相信一种超越于金钱的有关艺术、思想与情感的自治性"。尽管你们用听起来印象深刻的方式又写了一遍，但是，你们对一个真实世界的含义没有给出任何提示。在现实世界中，一个艺术家需要钱：付房租、买食物、颜料、牙刷，参观博物馆，他或她也许还要资助一个情人或妻子、爱人或丈夫，有时甚至两个，他或她可能已经有了孩子等等。对于哲学家、舞蹈家、电影演员、书法家、诗人等等也一样，所有这些人需要也想要更多的薪水和(或)他们的作品卖个好价钱。

因此，自治性在你们看来是什么意思呢？你们的意思是不是一个艺术家应该没有钱、不会饥饿或者住在一个野兔洞里？你们的意思是不是不用涉及钱,他或她就能有东西吃、有房子住？例如,像一个面包师那样？当然,这要看艺术家了,如果他喜欢居住于乡间的一个小木屋里,养头奶牛来挤奶,那么他会有更多的精力,唉！但是这些也一样需要用钱来开始。你们的意思是不是如果周围不存在钱,情况会好一些？这是一个有趣的梦,但与我们的问题无关,因为我们的问题不是讨论艺术家在一个不可企及的地方如何生活,而是他们如何能够生活在这个国度和1985年的这个现在。因此,这儿与现在的钱是根本性的。金钱并不是天生就是不好的,它是达到目的的手段。钱已被推往了不好的用途上,一些人被金钱深深迷住了,以致将他们的整个生命都用在了金钱的积聚上(如果他是乔托,他不会是一个最坏的艺术家,乔托为钱吵了很多架,并花了很多精力来使自己富起来,但是他仍然是过去最伟大的艺术家之一)。

因此,我们的艺术家要用钱,但是不会像膜拜上帝那样膜拜金钱。谁会付给艺术家钱？也许是一位富有的赞助人。在这个例子中,艺术家可能不得不将他的艺术方向调整到赞助人希望的那样。现在,当谈到"自治性"时,你们的意思是不是说赞助人没有权力说出他的这个希望？是因为一个想成为真正艺术家的人是超越于其他人的评判的吗？这是纯粹的精英统治论,我反对它,我反对对其隐含的对他人的轻视,我更加反对其中涉及公共钱款的精英统治论:一个从公共基金获得赞助的人必须准备接受公众的监督。我有一种不安的感觉,当你们用一种抽象的方式谈论"自治性"时,很显然,你们离像钱那样如此低级、污秽的东西很远了,你们实际上想让公众去给艺术家(和科学家以及伟大的"试探者")钱,让他们生活与工作。因为他们——艺术家——看到了这种适宜性,也就是作为寄生的适宜性;用了"学术自由"的魔纱巾,学术在很久以前就成功地让寄生论受人尊敬——现在,艺术家想做点事情。我是反对寄生论的(除非所有的党派都同意),这个意思也就是说,我反对学术自由论,自然地,也反对任何相应的"艺术自治"论。

也许你们会说,"但是伟大的艺术假定了这种艺术家的完全自治性",就像由那些不得不遵循城市神父与私人钱袋的文艺复兴时期的艺术家,以及诸如海顿或莫扎特那样的作曲家显示出来的那样,并不是艺术家收了钱,然后便创造出一些有关你们深爱的"第一世界"的伟大作品。你们可能会继续说:"但是今天,情形不同了,今天的公众没有有关达拉斯和迪纳斯特(Dynast)上体会证据的通俗性了,这里你们的争辩是出于轻视。达拉斯和迪纳斯特的确是大众艺术,但是大众是由个体组成的,因此你们可以说,"像你们和我这样的个体"——那么你们是个人道主义者,你们会尊重他们的选择;或者你们可以说"没有欣赏力的个体"——那么你们是自负的家伙,这是大众为何要付钱的原因吗? 一部好电影是具有艺术性的,它不会迎合少数伟大的鲜为人知的偏好,除此之外,好电影也是许许多多这样的电影——它表现出在伟大的艺术与挣大钱之间的紧密结合。这种结合是不容易的——几乎没有什么重要的事情会是这样——但是可能富有成果,它是一种如此富有成果的结合,而不是具有迷惑性的(仅是底层的轻视)对自治性的要求,这种自治性是给我们过去的艺术的。

在结束之前,我再补充一点,我经常看菲尔·多纳休(Phil Donahue)表演的讨论和观众反应。那是些普通人,他们看电视、电影,他们中许多人支持罗纳尔德·里根的一个或几个政策,许多人是宗教人士,他们努力工作、挣钱、带孩子、资助亲人。我也读过类似卢瑟尔·贝克(Russell Baker,关于其自传)和艾文·凯耶斯(Evelyn keyes,关于其自传)的作者的书。他们也谈到人类事件,他们用具体的术语将其说得简明扼要。他们有心智,他们显得有智慧、理解力,他们也许经常迷惑、迷茫,他们不会将他们的迷惑藏在空洞的词语后面。现在,所有那些人的兴趣与你自己的兴趣看起来非常相似——但在语言上是多么的不同! 简单与个人化的叙述是一方面,非个人化的、抽象概念的不合适的混杂是另一方面。我明白专家们关于这种对比在谈什么。他们说社会分析是一个困难的事情,它需要一种严格的理论话语才能取得成功。我说,一种理论话语在自然科学中才有意义,因为在自然科学中,抽象术语是准备获得的结果的一种概括。但是,当有内容存在时,有关社会事件的理论陈述经常缺少内容,从而变成了胡说八道或者犯一种浅薄的错误(参见我对你们的主要论题和对艺术自治性的请求的简短评论)。因此,由这样的讨论引起的相互不理解之隔阂不是以知识为基础的,而是以虚伪与威胁的愿望为基础的,而这种威胁的愿望是对那些企图从社会中窃取许多特权的知识分子采取一种非常严厉的审视的另一个理由。

带去我最好的祝福,愿你们事业进步!

第十二章　告别理性

　　这篇文章的德文译本是以不同于英语、法语、日语和葡萄牙语版的德文第 3 版《反对方法》为基础的,它于 1986 年出版,《自由人的认识》(缩写为 EFM)这本书大部分(三分之二)是德文版《自由社会中的科学》一书的重写,它不包括有关库恩、亚里斯多德和哥白尼各章,而是对由一半以上英语文章组成的评论的回应。这不是有关理性与实践关系的一个更详细的解释,而是有关相对主义和古代理性主义兴起的勾画的扩充篇章。我所写的批评文章发表在杜尔(H. P. Duerr)编《诱惑》(*Versuchungen*)第二卷,法兰克福 1980－1981 年。

一、综述

　　本章讨论以下主题:科学理性的结构和科学哲学的作用;科学的威信与其他生活形式;其他生活形式的重要性;抽象思维(哲学、宗教、形而上学)与抽象理念(例如人道主义)的作用。还包括对 1980 年德国出现的批评文章的回应,以澄清《反对方法》与 EFM 中的一些观点。

二、科学的结构

关于这一点,我的主要论题是:构成科学的事件与结果没有普遍的结构;没有什么要素在每次科学考察中都具有而在别的地方却正在失去(没有这样的要素,"科学"这个词就不具有意义。这一异议假定一个意义理论,这个意义理论曾受到过奥卡姆、贝克莱和维特根斯坦出色观点的批评)。

具体的科学发展(例如稳态宇宙学的瓦解或 DNA 的发现)当然具有非常清晰的特征。我们通常能够解释这些特征为什么和怎样引导了科学的成功,但并不是每一个科学发现都能够用同样的方式与程序给予解释,当那些属于过去的方式用于将来就可能发生错误。成功的研究并没有遵循普遍的标准,它有时候依靠这一诀窍,有时候又依靠另一诀窍,研究者并不总是知道促成这种研究得以成功的变化。给出了所有科学活动的标准和结构要素并通过参考一些合理性理论赋予其威信的一个科学理论,可能会给外行人留下印象,但是对于身处这个领域的内行人——即面对一些具体研究问题的科学家——来说,则是一种太过粗糙的工具。我们从外围最能为他们做的事情是列举由经验得来的规则、给出历史例子、举出包含分叉步骤的事例研究。听着我们的叙述,科学家将获得一种面对他们意欲改变的历史进程的丰富性而产生的感觉,他们被怂恿离开诸如逻辑规则与科学原理那样的幼稚事情,而去用一种比较复杂的方法开始他们的思索——由于材料的特点,这是我们所能做的全部。如果一个很有前途的知识理论失去与实际的接触,则它的规则不但不会被科学家使用,而有可能在所有场合都不可能被使用——这正像用经典芭蕾舞的步子去爬珠穆朗玛峰那样不可能。

刚才提出的观点并不新颖(在我的《反对方法》和剑桥 1981 年出版

的《哲学论文》中已用历史事例给予了说明)。正如我在第六章第四节所写的,我已在像穆勒这样的哲学家(他的《论自由》——关于自由意志论知识学的精湛解释)中,像玻尔兹曼、马赫、杜海姆、爱因斯坦和玻尔这样的科学家中,以及维特根斯坦那儿的一种十分简洁的哲学方法中都能发现这种思想。它们是一种富有成果的思想,要没有这种思想,现代物理学、相对论和量子力学的革命和后来在心理学、生物学、生物化学以及高能物理学的发展将是不可能的。要没有这种思想,甚至连这个时代最具革新的哲学运动——新实证主义,也会依旧固守住一种古老的观念,即哲学必须为知识与行为提供一个普遍的标准,而科学与政治只有从采用这种标准中获取唯一的好处。由于受到了科学中的革命性发现、人文中的有趣观点和政治中不可预测性的发现的包围,维也纳学派严厉的前辈们退缩到了一个狭窄而又不妙的现成的保垒中。于是,与历史的联系被消解了,科学思维与哲学思辨之间的紧密联系走到了尽头,取而代之的是科学之外的术语以及与科学无关的问题。

富兰克、波拉尼和后来的库恩(很久以后)是第一批对由此产生的学院派哲学与被宣称为它的客体——科学之间进行比较,进而提出其虚幻特征的思想家。但这并没有使事情好转,哲学家并没有回到历史中来,他们并没有放弃作为他们的标志的逻辑字谜,他们用更加空洞的姿态来丰富那些逻辑字谜,这些姿态主要来自不关心背景的库恩("范式""危机""革命"等等),由此使他们的规律变得复杂,却没有使之更加靠近实际。前库恩和实证主义者是幼稚的,但是相对清晰些(这包括波普尔,他正是实证主义茶杯中一丝冒出来的热气)。后库恩实证主义保持了这种幼稚,但已是十分清晰。

拉卡托斯是唯一一位欲解决库恩危机的科学哲学家,他站在他自己的立场上,用他自己的武器来反击库恩。他认为在科学家的研究中,实证主义(证实主义、证伪主义)既没有给予科学家启迪,也没有给予科学家帮助。然而,他拒绝认为接受历史的做法会迫使我们去比较所有标准,这也许是第一次面对耀眼历史的迷惑的理性主义者的一种反应。因此,拉卡托斯说,对同样的材料的一个较全面的研究表明,科学进程具有一个结构,它遵循普遍的规则。由于思想能通过一个合乎规律的路径进入历史,所以我们能有一个科学理论,更一般地说,一个关于合理性的理论。

在《反对方法》中,以及在我的《哲学论文》第二卷第十章中,我试图否定那种论点,我的论证过程有些抽象,体现在对拉卡托斯的历史解释的评论中,同时也有几分历史意味。一些评论家不承认历史事例是支持我的观点的,对于他们的反对意见,我将在下面作出回应。然而,如果我是对的,我确信我是对的,那么有必要回到马赫、爱因斯坦和玻尔那里去。一个科学理论是不可能得到的,我们所拥有的只是研究过程,以及跟其有关的从经验得来的规则,这些规则可能会帮助我们作进一步的研究,但同时也可能会引导我们进入迷津(帮助我们或误导我们的标准是什么呢? 看起来这些标准适合于即将到来的情形,那么我们又如何确定这种适合性呢? 我们通过所做的研究确立了这种适合性:标准不仅仅是对事件与步骤的判断,但通常由它们所构成,且必须通过这种方式引介进来,否则,其他研究永远不可能开始。①

这是我给各种各样批评者的一个简单答案,这些批评者或者责备我反对科学理论而给出了自己的一个理论,或者责备我没能给出一个"好的科学应包含什么的确定结论",如果从经验得来的规则的集合也叫"理论",那么,我当然有一个"理论"——它不同于康德与黑格尔的圣洁的梦想城堡(antiseptic dream castles),也不同于卡尔纳普和波普尔的狗棚(dog huts)。另一方面,马赫、爱因斯坦和维特根斯坦缺少一种能给人深刻印象的思想体系(大厦),这不是因为它们缺少思辨能力,而是因为他们已经意识到思辨能力的僵化意味着科学的终结(艺术、信仰等等的终结)。自然科学,特别是物理学、天文学,陷入争论不是因为我"被我们所吸引",犹如一些文学评论的迷惑人的演讲者,而是因为这样一个问题:自然科学是实证主义者与他们不安的敌人、吹毛求疵的理性主义者熏陶不可爱的哲学家的武器,是现在引起他们自我灭亡的武器。我不说进步是因为我相信进步或者假装知道进步意味着什么。[②]至于口号"什么都行",批评者先将其归功于我,然后又攻击道:口号并不是我的,它并不意味着是《反对方法》与《自由社会中的科学》这个案研究的总结。我并不寻求新的科学理论,我是在问寻求这样的理论是不是一种合理的行为。我总结说这不是:我们需要理解的、发展科学的知识不是来自理论,而是来自人们的参与,相应地,这些例子并不是能够和应该被忽略的细节,一旦给出这些行为的"真正原因"的细节,那么他们即是真正原因。那些批评家们抱着一种我明确拒绝的信念(那可能是一种有关科学与知识的理论),只读了我著作的一部分,而且用一种与书的其余部分相矛盾的方法来读,其中的一小部分批评家纳闷他们怎么给结果迷惑了。

类似的论述也适用于那些接受这个口号,并将它解释成使研究变得更容易或者更易获得成功的读者。对那些懒惰的"无政府主义者",我再次声明:他们误解了我的意思,"什么都行"并不是一个我为之辩护的"原则",而是迫不得已针对那些爱好原理以及那些也看重历史的理性主义者的一条原则。除此之外,更重要的是,"客观"标准的缺乏并不意味着少了工作,它主要意味着科学家不得不考察他们的职业的所有因素,而不只是那些被哲学家与建设性科学家所认为的特征化的科学研究。科学家不能再这样说:我们已有了正确的研究方法与标准,我们所要做的只是应用它们。因为根据被马赫、玻尔兹曼、爱因斯坦和玻尔所支持的和我在《反对方法》中再次论述的科学观,科学家不仅要对那些来自别的地方的标准的正确应用负责,而且也要对那些标准本身负责,即使不是那些免于在环境中进行细察的逻辑原理也可能同样迫使科学家改变逻辑(类似的一些环境在量子论中已引起了更大的影响)。

在考虑一方面是"伟大的思想者",另一方面是编辑、钱袋、科研机构之间的关系时,这种情况必须加以考虑。根据传统的理由,具有不寻常的思想的科学家与他们从中寻求支持的科研机构都有一种常见的想法:两者都是"合理"的,一个寻求金钱的科学家不得不做的所有事情就是显示出他的研究——除了包含一些新奇的建议外——是符合那些想法的。根据我所同意的理由,科学家和他们的判断首先要建立一些一般基础——他们能够不再依赖于标准口号。③

在这种情形下,"无政府"科学家追求更大自由的要求可以用两种方法加以解释。它可以解释为:是一种寻求不必固守于特殊规则的理解,一种寻求开放交流的要求;但也可以解释为:不必进行检验即可接受的要求。在《反对方法》与《自由社会中的科学》中,我指出了那些曾被认为是荒谬的东西却在后来引导了科学的进步,这样的观点可能支持了后者的那种要求。这个论点没有注意到:社会状况也会导致科学进步,"什么都行"也包括了他的支持者的方法。因此,有必要提供比自大与不清晰的概说更多的内容。

个案研究表明,科学的反叛带来了额外的进步,例如,面对反对者,伽利略不只是抱怨,而是试图用他擅长的最佳办法来说服他们,那些办法常常与标准的职业科学家们的办法不同,甚至与常识相冲突——这是伽利略研究中的无政府主义一面;他们有他们自己的可用常用术语来表述的理由,他们偶尔是成功的。我们不要忘了,完全的科学民主化对于那些自己宣布其伟大思想的发现者来说,将使他们的生活变得更加困难,他们将不得不告诉人们谁不能分离科学与研究的益处。在这样的情形下,我们热爱自由的无政府主义者将干什么呢?到什么时候他们的对手不再恨大人物,而深爱自由公民了呢?

三、个案研究

在这一部分里,我主要分析对我有关伽利略的论述提出的异议。我再次重申我不批评伽利略的研究过程——那是在第二部分中提到的有关科学研究独创性的极好例证——而是批评他的哲学理论。如果有较好的历史知识,那么哲学理论将被当作不合理性而被拒绝。伽利略用这些理论阐述的是非合理性,但是他仍是历史上最伟大的科学哲学家之一。

根据古纳·安德尔森(Gunnar Andersson),伽利略案例可能会危及一种过于简单与天真的证伪主义,但它不会危及一种其中的理论与观察都有误的哲学。根据安德尔森,我关于伽利略假设的解释进一步表明,我没有理解波普尔关于特别假说的定义,他说特别的假说引介进来不仅仅为了解释一个体系的特殊结果,它们也是用来降低有错误的体系中错误的程度。

以上是伽利略假设的简述。伽利略关于运动的解释将从哥白尼的否定中得来的塔的理论④转变成了一个肯定的事例,并减少了此前的亚里斯多德动力学的内容。⑤后者(在《物理学》中的第一、二、六和八章中有解释)是通过变化的多种形式来使用一种普遍方法;这种变化包括移动、产生、消亡以及定性变化(犹如从一个有广博知识的老师向无知的学生的知识转移),上升或下降,它包括诸如此类的定理:每个运动都由在先的运动引起;存在着一个始于运动的不动者的运动等级结构,存在具有恒定速度(角速度)的最初运动和由此产生的各种运动;运动物体的长度没有一个精确值——对一个物体的精确长度的描述意味着假定它是静止的,等等。第一个公理可由世界是有规律的统一体这样的假定予以证明(今天,这个证明可以用来反对宇宙起源是由于意识的行为这样的观点),最后一个基于亚里斯多德的连续性解释的定理预言了量子论的基本观念(详见第八章)。

亚里斯多德运动理论是前后一致的,它已被公认具有很高的水准,它激励了在物理学⑥、生理学、生物学和流行病学的研究,一直到19世纪晚期,甚至到今天依旧存在其合理的成分:17、18世纪和现代继续存在的机械论观点甚至无力应付他们自己表彰的过程和运动。⑦伽利略做了什么?他用他自己的惯性原理——一个缺乏进一步证据,只应用于运动和"证伪程度急剧减少的整个系统"的理论,取代这个复杂深奥的理论——一个已经包括了惯性原理(描述当没有力作用时物体的运动状况)和力的原理(描述力如何影响运动)的区别的理论。

然而,关于观察性陈述的可证伪性的情况如下:由安德尔森为其辩护的批判理性主义要么是一个能引导科学家的富有成果的观点,要么是可能会与任何方法妥协的空谈。波普尔派说它属于前者(反对纽拉斯的断言,即任何陈述都有可能被随便什么理由去除掉)。因此他们坚持,基本的陈述是要否定一个理论必须有较高的确证度这样的观点,伽利略用望远镜观察不满足这个要求:观察是自相矛盾的,并非每个人都能重复这样的观察,重复了这样观察的人(开普勒)得到了令人迷惑的结果,不存在一个理论能从真实的现象中分离出"幻想"来(由安德尔森提到过的物理透光镜是不合理的),基于讨论的基本陈述与光线无关,而关于视觉、斑点的位置、颜色和结构,以及关于前面两者一个流行的假说能很容易被说明是错误的。⑧因此,伽利略的基本陈述是缺乏更多确证的一个大胆的假说。安德尔森接受这样的描述——他说,获得更进一步的确凿证据(用拉卡托斯的精彩表述,和相关的试金石理论)需要时间。上面提到过的批判理性主义的第一个解释宣称,在研究期间,陈述不具有反驳力量。像安德尔森那样,如果一个人仍旧要说,伽利略用他自己的观察否定了通常的观点,然而,又有一个人将第一种解释转换成了第二种解释,在第二种解释中,基本陈述可能用了别的什么方法,它的措辞是批判的——但它的内容已经消失了。

接下去要谈的是 T. A 惠特克发表在《科学》月刊(1980 年 5 月 2 日、10 月 10 日)上的两封信的批评。惠特克指出,关于月亮存在着两种图景说:砍树说(我在《反对方法》中已指出)、银盘说。从现代的观点看,后者更准确。惠特克说,银盘说表明,比起我认为的那一个伽利略来说,真实的伽利略是一个更好的月亮观察家。

首先,我永远不会怀疑伽利略作为一个观察家的能力。引用 R. 沃尔夫的话来说:"伽利略不是一个伟大的宇宙观察家,是他在那个时代由望远镜得到许多观察引起的激动人心模糊了他的技能与批判性的辨别力。"我回答道⑨:

> 这个断言可能是对的(尽管我可以从伽利略别的时候表现出来的特别的观察技能来怀疑这个观点),但退一步讲,其内容是空乏的,不有趣的……然而,存在着别的什么假说,那些假说导致了新的联系,且向我们表明了伽利略时代的情形是多么复杂。

然后,我提到了这两种假说,一种用那个时代的望远镜视觉的一般特征加以分析,另一种则用了这样一个假设:感性认识,也就是说用肉眼看得见的东西,有其历史过程(可以通过天文学历史与绘画、诗歌等历史的融合来观察到)。

第二,参照银盘说并不能去除所有伽利略有关月亮观察方面的麻烦。伽利略不仅画出了图像,而且还进行了文字描述,例如,他问⑩:"为什么我们没有看到月亮由新月到满月过程中朝西的半个圆周,由满月到新月过程中朝东的半个圆周和满月时的整个圆周的不均匀性、粗糙性和波动性? 为什么它们不表现出完美的圆与圆周呢? 基于肉眼观察,开普勒回答道①:满月时,如果你仔细地盯着月亮,你好像感觉到月亮并不是一个完满的圆。他这样回答伽利略的问题:"我不知道你对这个问题想得有多仔细,你的质问是否可能基于日常的印象,为了……我陈述说可以肯定在月亮满月时其圆周存在着一些不完满,再次对原因进行研究,其结果会告诉我们这些看起来的不完满是怎么回事。"

第三,这个小小的交谈表明,存在于伽利略时代的观察问题不可能通过一种说明——即伽利略的观察与我们现在的物质观是相一致的——来加以解决。为了弄清楚伽利略是如何(将科学研究)向前推进的,他是否合理或者是否破坏了科学研究的重要规则,我们不得不以他的背景而不是以一种未曾知道的未来的情境对他的成就与启发进行比较。如果证明得出伽利略描述的现象无法得到其他任何人证实,以及没有理由去信任作为研究工具的望远镜,却有理论上与观察上的许多理由声称反对它,那么,要排除那些对伽利略来说不科学的现象,犹如排除那些对我们来说不科学的实验结果,这些实验结果缺乏独立的证据,而是通过令人怀疑的方法得到的——无论他的观察与我们自己的观察有多么接近。从这儿论及的感觉出发,要成为科学的东西(而这在《反对方法》和《自由社会中的科学》中遭到了批判)意味着要与存在相一致,而不是与可能知识相一致。

现在,我用砍树说是为了估计伽利略同时代人对他的反应。我再次提醒诸位,我并不认为伽利略是一位很蠢的科学家,因为砍树说不同于现代的月亮图景——这个论点将会与刚才给出的想法相冲突。我更进一步的假设是:用肉眼看见的月亮看起来不同于砍树说,也可能不同于伽利略时代的人所看见的月亮,他们中的有些人可能基于他们自己的肉眼观察对《萨德勒斯·纽库斯》(*Sidereus Nuncius*)进行了批评。对于这本书的多数版本中的砍树说来说,这个假设仍旧有用。同样适用于雕刻吗?回答是肯定的,犹如开普勒的批评所表明的那样。

而且,为什么望远镜并没有一致地被认作是事实的可靠生产者(经验上与理论上的某些原因,在《反对方法》中已经写到),惠特克在其第二次的交谈中称,与现代月亮图景相比较,没有得到这些讨论帮助的伽利略关于月亮的刻画是高质量的。

约翰·沃勒尔(John Worral)向我描述了这样一个公认的真理:"理论事实"是依赖于理论的。同样,论据是依赖于在很高理论水平上获取的"事实",在解释这些问题(已在我的《哲学论文》第一卷第二章论述,现已重印)的那篇论文中,我实际上宣称的是所有事实是理论性的(或者,在演讲的正规形式中,"逻辑地说出所有词语是'理论性'的"),而不仅仅是充满理论的。我也坚持这种观点并说明了为什么对二择一,包括沃勒尔好像具有的那种二择一来说,这是一个较好的观点。沃勒尔不满的理由无法触及这个地方和这些论点。

约翰·沃勒尔的困难表明,波普尔派在超越经验主义更质朴的形式方面所取得的进展是多么的微小。沃勒尔想区分经验事实与理论事实,但他不知道如何进行。他偶然在心理层面上取得了进展,也就是区分了两种事实,即被某个特定领域所有专家接受的事实,与会引起争论、有较多疑问的事实。卡尔纳普⑫和我(上面提到的论文的第二部分)在他之前已经用一个更清楚的办法作了这个区别。在另外一些时候,他似乎假定约定已超越了心理学而基于事实本身:经验事实比理论事实存在较少的理论渗透,经验事实有了一个"经验核"。纽拉斯、卡尔纳普和我会说这样的事实表现出较少地受理论的渗透:古希腊人直接感知他们的诸神——这个现象不包含任何理论的成分——但是语言学家最终发现在他们的基础之中有复杂的思想,从而表明,即使是极其简单的有关神的

"事实"也具有非常复杂的结构[13]。尽管经典物理学家描述过了,我们依然要用一种忽视了观察者与被观察物体间关系的语言来描述我们的周围环境(我们假定我们的实验是以稳定的、不变化的事物为基础的),但是相对论与量子论表明,这种语言、这种感知模式、这种做实验的方式是基于宇宙学假设,这些假设没有清晰地形式化——这就是我们没有注意到它们,而只简单地称之为经验"事实"的原因——但是它们是所有现象的基础;那些明显的经验事实可一层一层地追溯到理论,但是那些假设犹如在两个可选择的观点之间作出判断那样经常起着作用。

沃勒尔假定判断必须中立(因此需要一个坚硬的"经验核"),也就是假定当科学家利用事实来检验各种各样的理论时,在检验过程中不能改变这些事实。这个假定很容易被说明是错误的,即便是在观察领域,相对主义者与以太理论家就有不同的事实。在"绝对主义者"把观察到的质量、长度、时间间隔当作物理客体固有的特性时,相对主义者则认为,它们是思维结构在一定的参照系中的投影[14]。相对主义者认为经典描述(用来表述经典事件)可用来传输有关相对性事件的信息,并在其他合适的情况下加以使用。但这并不意味着他们接受经典解释。相反,他们的态度与精神病专家(phychiatrist)的态度非常接近,精神病专家告诉他的病人说,尽管病人没有接受关于恶魔、天使、狂人等等的存在论,但在病人的语言中却已存在:它在我们谈话、科学争论的一般方式中存在了的。这些方法比起沃勒尔所设想的有更大的弹性。

根据沃勒尔,塔的争论被伽利略用以下方法给平息了:运动的地球与亚里斯多德的运动理论(根据这个理论,一个不受外力作用的物体将趋于静止)联系起来,加大了石头与塔之间的距离,石头是不会离开塔的。因此,沃勒尔认为的那个伽利略说,"这个实验不反驳哥白尼,而是一个更复杂的理论体系",他用他自己的惯性原理取代了作为这个体系的一部分的亚里斯多德的动力学,在这里,沃勒尔坚持杜海姆关于理论变化分析的结构框架,更特别的是,他纠正了一个根据错误陈述(石头离开塔)反对哥白尼的"逻辑错误",这直接来自地球运转这样一个假设,这是约翰·沃勒尔迄今为止的观点。

首先,所说的"逻辑错误"不可能由反哥白尼派所犯,作为亚里斯多德派的善于理论者,他们非常清楚该推论至少有两个前提,尽管他们清楚地提及这两个前提,但他们只是将矛头指向了其中一个前提——地球的运动。犹如另一个,它虽然只不过讨论主题,但在理论上是合理的,可以在较大程度上加以证实。[⑤]第二,亚里斯多德惯性原理的取代只是由伽利略所作的转变的一部分,亚里斯多德的原理描述了绝对运动——塔的理论也只是描述这种绝对运动(石头由塔落下的可预测的偏离当然是一种相对变化,但是隐藏在这个争论背后的问题是伽利略改变了什么,而不是当伽利略实施这个改变时,用了什么理由)。如果一个新的辅助性假设被引介,那么这个假设必定用绝对运动:它必定也是一种动力学理论的形式,但是伽利略逐渐成为了一个运动学相对主义者。[⑥]他的辅助性假设不得不没有动力推动就有作用,这样,他不仅仅改变了一个关于另一种没有变化的概念化系统的假设(围绕地球或太阳的但不直接指向地心或日心的绝对运动),还取代了该系统的概念——引进了一个新的世界观(已由他人完成准备),这第一个过程可由杜海姆系统加以解释,但第二个过程不行。

沃勒尔还批评我用布朗运动来讨论理论多元性的方法,他的批评是显现纯哲学方法的极好例子(犹如我在《哲学论文》第二卷第五章所描述的那样),这个例子理当引起我们最大程度的注意。

在《反对方法》第三章,我阐述了只有当用与现象学热力学第二定律相矛盾的运动学理论来分析时,布朗运动才与这个第二定律相矛盾。沃勒尔说他无法理解我的观点。到目前为止一切都好。有许多事许多人无法理解,为了理解我的观点,沃勒尔将它译成了一种他熟悉的语言——这是一种混乱的逻辑,是无可非议的:如果我不理解一个观点,我要用我自己的方法将其重新形式化。沃勒尔走得太远了,他抱怨说我没有将我的论述首先用他的语言形式化。但是,我的论述并不是给他的个人信件的一部分,而是给那些喜欢理论一元论的物理学家——而他们看起来能完全理解。除此之外,沃勒尔不只是反对他被忽略了,他假设他懂得的语言是现存唯一合理的语言。在这里,他肯定犯了一个错误,这由他的翻译所产生的胡言乱语反映出来(例如,他的关于证明的想法,使说出一种未知的证据或事件成为不可能,尽管这种证据或事件是众所周知的、显而易见的、无需加以证明的)。正如一个用本土语言说话的人说得太差以致不能表达某些事态一样,关于我的论述,他想出了一些不当之处并宣称他已经指明了其中的矛盾。另一方面,我总结说,存在许多种比混杂语逻辑要好的语言。我用其中一种将我的观点表述如下:

假定我们拥有一个理论 T(由此,整个的复杂过程是:理论加上初始条件加上辅助假设等等),T 说 C 将要发生,但 C 没有发生,而是发生了 C'。如果这个事实是明白的,那么有人会说 T 被否定了,C' 即是用来否定它的证据(注:我不知道事实与陈述之间的区别:关于这个区别的争论没有取得进展,也没有一个聪明人会因为没有这种区别而迷惑)。我们进一步假定:存在着阻碍我们直接区分 C 与 C' 的自然规律,不存在能告诉我们这种区别的实验。最后让我们假定:借助于在现象 C' 中发生,但在现象 C 中不发生,由替换性的理论 T' 看来是理所当然的特殊结果的帮助,用一种迂回曲折的方式来确定 C' 是可能的。这种结果的一个例子是 C' 引起一个微过程(沃勒尔对"引起"这个词的理解有困难:任何一部字典会告诉他此词的意思),在这个例子中,T' 给了我们反对 T 的证据,这些证据不能通过 T 来发现,一个相关的实验为:对于上帝来说,M 或 C' 是反对 T 的证据,然而,我们是人,我们需要 T' 来确定反对 T 的证据。

布朗运动是我刚描述过的情形的一个特殊例子:根据热力学的现象

理论,C 是处于热平衡中的不被干扰的媒介中的过程,根据运动学理论,C′也是这样的媒介中的一个过程。C 与 C′不能在经验上加以区别,因为任何热测量仪器都包含了一种被我们假定为在特殊事例中会显现的完全相同的(误差)波动,M 是布朗运动,T′是运动学理论。犹如在伽利略的事例中那样,一个辅助性假说可由另一个辅助性假说来代替,某些困难因此而被消除,由此我们能将某些因素纳入杜海姆派的系统之中。然而,请注意,在我们这个事例中,不是困难导致了代替,而是代替促使我们发现了困难——这个特点在沃勒尔的分析中消失了。

对于更普遍的异议,我完全同意艾·霍金(Ian Hacking)的说法:科学比我在以前的论文与《反对方法》某些章节中假定的那个科学具有更多的复杂性与更多的侧面。我有一些关于科学因素及关于它们间关系的过分简单化的观念,科学确实包含理论——但是理论既不是它的要素本身,也不能够用陈述或者别的逻辑实体加以充分分析。我们可以承认公理化的形式系统是存在的,一些科学思想已经用精确方法确定了。我们也可以承认科学家进行研究的时候,有时依靠这些努力的成果。然而,他们也以一种不太精确的方法使用这些科学概念,即以一种易于给那些通过逻辑的简单形式进入哲学界的哲学家以致命一击的方式将来自不同领域的公理联结起来。现在,逻辑本身已经进入了一个形式化可被十分轻松地使用的阶段,在这个阶段上,人类学思考(有限论)扮演了一个重要的角色。总之,事实上科学事业看起来比起善于论理的年纪较大的人和科学哲学家(我自己是其中之一)曾经设想过的那个科学事业来说,更接近人文科学。⑰

关于用科学理论与科学观察报告进行科学证明,我最初的疑问是在1950 年当我阅读维特根斯坦的《哲学研究》手稿的复印件时产生的。我仍然用概念化的问题(不可通约性,解释理论的"主观"因素)抽象地表达了那些疑问。随着在《反对方法》第十七章中这项工作的开始,我逐渐对在科学与科学哲学两方面的抽象步骤的充分性提出了质疑。这是我从这三本书中得到的："布罗诺·斯内尔的杰作《心灵的发现》,这是巴巴拉·费耶阿本德(Barbara Feyerabend)推荐给我的;海因里希·舍费尔(Heinrich Schaefer)的《埃及艺术原理》(*Principles of Egyptian*),这是一本其重要性远远超过处理主观问题的书;威斯科·朗奇(Vasco Ronchi)的《光学——视觉科学》(*Optics, the Science of Vision*)。今天,我还要加上帕诺夫斯基(Panofsky)的论艺术史的著作[特别是他的开创性的《作为象征性形式的透视》(*Die Perspktive als Symbolische From*)],以及阿洛斯·里格尔(Alois Riegl)的《后罗马的艺术工业》(*Spätrömische Kunstindustrie*),在这本书中,他用有力的观点对艺术相对主义的规律简单地作出了解释。为拓展这些针对科学家的论点,我所要做的是要意识到科学家也能创造艺术作品——不同的是,他们用的材料是思索,而不是颜料、大理石、金属、美妙的声音。

　　关于思考本身,通过区别两种不同类型的传统,我开始远离实证主义,而我分别将这两种传统称作抽象传统与历史传统。⑱例举这两种传统的特征有许多办法,我发现的一个最有帮助的始点,也是一个不同点,是用两种传统来处理它们的客体(人们、想法、诸神、物质、宇宙、社会等等)。

　　抽象传统将陈述公式化,这些陈述与一定的规则相适应(逻辑规则、测试规则、争论规则等等),事件只影响那些与规则一致的陈述。也就是说,由此保证由陈述传递的信息所包含的"知识"的客观性。没有遇到单一的描述客体,要理解、评论与改进陈述是可能的(例如:基本粒子物理学、行为心理学、分子生物学,这些永远也不可能被人们像在生活中对一条狗、一名妓女那样加以观察)。

　　历史传统者也使用陈述,但是以另一种方法来使用。假定反对者已经掌握了他们自己的语言,而他们要试着学习这种语言,他们学习这种语言不是以语言学理论为基础,而是靠专心,就如小孩子熟悉这个世界,他们试图学习的是一种原来状态的语言,而不是在适应了标准化步骤(测试、数学化)之后出现的那种语言。抽象方法的种类,例如客观真理的概念,不能描述那些需要依靠客体与观察者两者的特性来描述的过程(对于需要背景才能看清的比如残酷的笑、厌倦的笑这样的一类笑,说它"客观性存在"是不合理的)。

西方思想开始之处,就已经存在了抽象传统与历史传统的彼此冲突。他们的较量是随着"哲学与诗学间的古代斗争"开始的[19],这种较量在医药学中被继承下来,其中恩培多克勒与初级医生的理论方法受到了《古代医学》作者的批评。[20]反对论者辨别了修昔底得斯关于希罗多德的批评,这种批评在心理学(行为主义对"理解的"方法),生物学(分子生物学对生物研究的定性类型),医药学("科学"医学对各种医治者),生态学甚至数学(康托尔主义对建设主义——用由波因卡尔首次提出的术语来说)中至今仍然存在。在危机与革命的时代,抽象传统转变成了历史传统,这种情况支持了我的论点:好的科学是艺术或人文,不是指教科书意义上的科学。艾·霍金关于实验步骤的分析是科学研究的艺术一个的极好说明。

马斯格雷夫(Alan Musgrave)表明:古代宇宙学中的工具主义传统比杜海姆所想的要弱得多。他忘了提及现代科学实在论用了一种定性与定性规律的工具主义:实在论者认为不进入科学本体但促使我们对科学作出贡献的定性不会把我们引入迷途。惹出了心身问题但永远不会解决心身问题的现代科学带着一种它显现出来的(例如,在测量的量子力学中)极大的偏见来使用工具主义。在一个与马斯格雷夫的论文关系不大、看起来是作为补充添加进去的简短介绍中,马斯格雷夫对我的早期论文(重印本《哲学研究》第一卷第二章)提出了莫名其妙的批评。在那些论文中,我提出对实在论来说大部分哲学理由太弱了以致不能克服反对哲学理由的物理理由,他们必须变得更有力,然后我摆出了需要变得更强的理由。根据马斯格雷夫,我做的正相反——我在为工具主义寻找普遍的证据。我不认为马斯格雷夫误读了我的论文,因为他是一个严谨的评论家,他写的论文是我阅读过的最清晰的论文之一 ——但是,我真的要准备接受一个说成是暂时的思想混乱的辩解。顺便再说一句,由于我们对科学、对如在我的论文中出现的那样的普遍证据的理解,我不再相信(所谓的)切题。

我几乎同意麦克斯韦(Grover Maxwell)的论心智问题的优秀论文中所提出的所有观点与异议。我承认尽管意图是好的,但也太过频繁地退到一名经验主义者……以一种优先的方式进行处理的实践……计划的实践(但我也有神志清醒的时候,我将意义作为神经心理学结构或"程式"㉑:我也承认我偶尔忘记有关观察的实用理论的自律特性(在这一点我是神志清醒的)㉒,在批评熟人时,我"竖起了一个稻草人",这没错。实际上,这个稻草人(稻草女人?)不是我竖起的,而是由精神医生竖起的——但是已经排除了她(它? 他?),我想我已经排除了所有方面的熟人——在这一点上,我肯定犯了错误。我并不是经常犯错误,就像伯特兰·罗素做过的那样,我有时假定脑子可能被直接觉察到了,但不能得出正确的结论,不能说某些身体上的事会变成精神上的事。我的有些论据可能会给淘汰的精神病医生提供处方,我想,这适用于所有有关自律问题的论据,我不会因为事实而太过悲伤。另一方面,在我看来,麦克斯韦自己的理论太依赖于科学观念和程序了。他断言,"科学著作"不会消除我的不安,科学著作有时候认为科学常有失败,而许多成功的故事仅是谣传,而不是事实,除此之外,科学的功效是由属于科学传统的标准决定的,因此不能将科学功效当作客观判断(例如,科学不能拯救灵魂)。我的结论是:麦克斯韦已经表明,没有藉以去除来自不同传统的想法,我们有关心身问题的观念是如何在科学架构中发展起来的(多格拉传统,阿赞德的传统或厄瓜多尔农民的传统),我很高兴他没有在后者的问题上取得成功;至少现在我有在不同的飞机上与不同的环境里碰到他的机会,只是,希望他依旧带着未曾改变的讽刺性幽默。

四、科学:传统之一

我的文章的第二个话题是科学的威信问题。我认为不存在什么"客观"的理由能使人们宁愿选择科学与西方理性主义,而不选择别的传统,事实上,很难设想类似的理由会是什么,难道它们就是会让某一种文化下的一个人、一些人信服,而不管他们的习惯、信念与社会环境如何? 但是,我们所知道的文化告诉我们,从这个意义上来说是没有什么"客观"理由的。难道它们就是让一个有适当准备的人信服的理由? 但是,所有文化都有他们各自喜欢的"客观"理由。难道它们就是一些其重要性在一瞥之间就能看见的结果理由? 但是,所有文化至少都有一些它们自己喜欢的"客观"理由。难道它们就是不依靠诸如承诺、个人先入之见之类的"主观"因素的理由? 但是"客观"理由不会轻易存在(作为一种衡量的客观性选择就是一个人或一些人的选择自身——或者是别的人不经过太多思考就简简单单地接受的东西自身)。

现在,西方科学已经像传统的传染病那样影响了整个世界,许许多多人将其带来的(精神与物质)产品视为理所当然的。但是,问题是:这些是证明的结果吗? (从西方科学的护卫者这个意义上来说)也就是说,人类发展的每一步都覆盖着与西方理性主义的原则相一致的理性吗? 难道这个影响提高了那些接触过西方科学的人的生活? 这两个问题的答案都是否定的。西方文明或者是由外力推动的,而不是因为证明所显示出来的西方科学的内在真理性,或者是靠生产先进武器得来的(见第一章第九节),西方文明的进步在带来好处的同时,也引起了无数的弊端。㉓它不仅破坏了带给人类生活意义的精神价值,而且破坏了对物质环境的相应的优势,用一种比较有效的方法也无法替换这种优势。"原始"部落知道如何处理诸如瘟疫、洪水、旱灾这样的自然灾难——他们有一种"免疫系统",使他们能够克服很多种危及社会组织的威胁。在平时,用有关植物、动物、气候变化特性,以及我们正在让它慢慢恢复的生态相互作用特殊性的知识。㉔他们没有破坏地开发周围环境,这些知识先受到了殖民主义匪徒的破坏,稍后受到了帮助发展的人道主义者的严重破坏,部分被销毁。所谓的第三世界的大部分地区所形成的无助是外部干涉的一个结果,而不是外部干涉的一个理由。

M. 热勒姆是一位伊朗学者,他对发展性帮助的影响与对破坏人体免疫系统的艾滋病的影响作了比较。㉕他还对知识从一样普遍的好事物变成了一样罕见与不可接近的物品的方法作了评论。他写道㉖:

> 文化与文明是由数百万通过生活与做事来学习的人创造的,并由他们来丰富与改变,对他们而言,生活与学习是一回事,因为他们为了生存不得不学习任何对他们和他们所属的社会有意义的东西。在现有的学校体制形成之前约数千年之前,教育并不是一种稀罕的东西。教育也不是一些慈善工厂的产品,他所拥有的东西能给予一个人被称作教育的权力……新的学校体制……被当作了一条通向权力而建立的比较有效的筛选通道,最具有雄心的,也是最明显的,是瞄准个人与职业的声望。自相矛盾的是,对一些杰出个体来说,教育被当作一种"文化媒介",在这些杰出个体中间,存在着为他们自己的自由目的而使用其独特的学习资源中某些东西的激进思想家与革命家。然而,总体看来,教育逐渐变成了一种"可恨的机器",它在有关排斥反对赤贫与无权过程的系统化组织中区别自身……那个

时候,"每一个成年人都是教师"这样的说法已经没有了。现在,只有那些根据其自我修正的标准由学校制度认可的成年人才有权利教书。由此,教育成为一种稀罕品(重点由我所加)。

有趣的是,我发现这些发现对职业理性主义者说教的影响是多么微小。例如,卡尔·波普尔哀叹"我们时代的……普遍的反理性主义气氛",将牛顿与爱因斯坦作为人类伟大的有益一分子而大加赞赏,但对以理性与文明的名誉所犯下的罪却只字未提。相反,他似乎认为:通过一种"帝国主义方式",在不情愿的受害者那儿,文明的益处有时还可能增加(见第六章第一节)。

为什么仍有如此之多的知识分子继续以一种短视的眼光讨论问题,这是有各种各样原因的。其一是无知,大多数知识分子对西方文明之外的生活的积极成就一无所知。我们在这领域所具有的(不幸的是,现在仍有)只是有关科学伟大与任何其他东西阴暗的谣传。其二在于理性主义者用来克服困难的安全的步骤之中,例如,他们对基础科学与其应用作了区分:如果做了任何破坏,那是应用者的事情,而不是那些善良、天真的理论家的事情。但是,理论家们不是无知的,他们正在引进一种高于理解的分析,甚至在与人类打交道的领域也引进了这一种分析,他们对科学的"合理性"与"客观性"大加赞赏,却没有意识到其主要目的是要消除人为因素的这个科学过程注定要导向不慈善的行为,或者,他们对科学能"按原则"办事的好处与实际上做的坏事作了区分。然而那样是无法给我们安慰的,所有宗教"原则上"都是好的,但是不幸的是,这抽象的好处很少能够防止他们的实习者产生私生子那样的行为。

没有思想的人们陷于这样一种习惯:指出每一个"理性"人都将受到"科学知道得最多"这样的教导。该评论承认论证的一个弱点:证据不会对每一个人都有效,而只对那些有合适准备的人有效。这是所有思想方面争论的一般特点：赞成一定世界观的证据依靠这样的一些假设，这些假设在某些文化中被接受，而在其他文化中则被拒绝，但是由于它们的护卫者的无知，这些假设被认为具有普遍有效性，凯克斯试图克服相对主义就是这种情况的一个极好例子。

他作了三个假设：(1) 解决问题是重要的；(2) 或多或少存在着一些不模糊的方法用以解决这些问题；(3) 一些问题是独立于所有传统的——凯克斯将此类问题称作生命问题。凯克斯还假设，清楚的概念化在认知、形式化与解决问题中扮演了一个重要角色。但是对于俄耳浦斯(orphics)或某些基督徒及伊斯兰激进主义者来说，也许被西方知识分子称作问题的许多事情并不是令人讨厌的，等着人类的创造力去去除的一些情形，或者是道德本质的测试(参见入会仪式的作用)，或者是对艰巨任务的准备，或者是没有它们就不成为人的生命的必要组成部分。一些文化像对待会引起快乐而不是惊慌的怪僻那样处理这些问题，而有一种文化则简单地让问题溜过去，而不试图"解决"它们。

中非的白人政府官员经常对这样的事实感到不安，即他们意识到并传给他们的黑人同事的那些问题不能由思考的不断加强而加以很好地处理，但在庭外受到了嘲笑；问题越大，狂欢得越厉害。白人理性主义者说，根据他们的标准，这是一个不合理的办法，另一方面，这是避免战争与他们所造成的悲惨的多么好的办法！"做事"并不一定胜过"让它去"。凯克斯清楚地表达了一种在一定传统之内符合习惯的过程——他并没有给我们"客观"，换句话说，他给了我们一些随传统改变的原则。

凯克斯想到的"生命问题"是一种有关唯物人文主义倾向的、特别的、相对较新的传统的组成部分。它们的解决办法不可能是一种对其余问题没有偏见的判断。而且，甚至是世俗的解决方案也允许有在科学之外生活的多种方法，犹如由我们艺术家和涵盖类似健康这样的明显"客观"的概念的宽泛范围所显示出来的那样(参见福柯)，我们不得不承认许多价值与文化已经不存在了；它们已被抛弃，几乎不被现在的任何人所想起。但是，这并不意味着我们不能从中学到什么。除此之外，凯克斯想用一种理论化的办法来解决相对主义问题——这样一个解决方法并不是现成的。

类似的评述对诺立特·考尔塔基(Noretta Kortage)的有趣而煽动性的论文也是适用的。她强调，对待公民的表现至少与"现实"(在任何情况下，它什么也不是，而仅仅是一种事物显现给时髦专家们的方法)是一样重要的。她因此必须受到表扬，她说："不仅做得公正，而且看起来也要显得公正。"说得多好！在民主政治中什么问题是公民所经历的，换句话说，是他们的主观性而不是一小帮有孤独僻的知识分子所宣布的东西是真的(如果一位专家不喜欢一般民众的想法，那么他所需要做的是告诉他们，并试图让他们沿一种不同的思路去思考；这样做时，他一定不要忘了自己是一位乞求者，而不是一位把真理硬塞进不耐烦的学生头脑中的"教师")。但是他想把这些经历从某些"实在"中分离出来的企图是不会成功的。我同意，围绕这些经验所形成的科学文明包含着一种被称作"专家信条"的东西，它不同于被专家称作"通俗迷信"的东西。我还要补充说，对别的传统来说，这些也同样是对的(例如，已在他奇特的书中出现过的多格拉也是真的)。我也同意专家意见偶尔表现出一些统一性——所有的教堂都有一时的统一性——但是在一些地区，比起来自其他地区的不同意见的渗透来说，偶尔的统一更多一些。专家信条的一致并没有建立一种客观的威信，如果它建立了，则我们可以选择许多种不同的权威，它来自：专家的真相与外行人的表现之间的区别消解于给包括专家在内的我们每一个人的表现之中。

从他们的群体中少数的几个天才人物的反应来看，为客观性与合理性大声疾呼的理性主义者正试图兜售他们自己群体的信条，这一点变得非常清楚。因此，以一种被不祥地称作理性基础[⑫]的东西为代价而写作的蒂博·马赫姆(Tibor Macham)对可接受的标准、观念和传统以及仅仅是奇想但对人类生活具有破坏性的传统作了区别。他所作的区别的理论基础是什么呢？人论。他的人论的要点是什么呢？"人是具有本能需要和进行有原则地(概念性地)思考与行为能力的理性动物……生物性存在。"当然,这是知识分子的一个完美的描述(唯一丢失的东西是对高工资的渴求)——有一点不同看法的人将不得不毫不自夸地指出;知识分子只占了人类的一小部分。有一种观点认为人类是不适合于这个物质世界的,人类无法理解他们所处的地位与他们的目的,以及为得到拯救而"带着一种本能需要"。有一个与刚才提到过的非常接近的观点认为,人类是由局限于泥做的容器中的一种神光、"一种埋藏于尘土中的金子的痕迹"组成的,犹如诺斯替派习惯于说,"带着本能的需要"通过信念追求拯救,这些观念不只是抽象的与不可靠的……他们已经是、现在仍然是上百万人的生活的组成部分,在佛教徒那里发现有这样一个观点:思想和基于思想的有目的行为是痛苦的主要原因,人类想要减轻痛苦,一旦符合习惯的区别与目的被消除,痛苦也将不复存在。霍皮族人的创世记宣告了作为原初的与自然相协调的存在的人类的出现。马赫姆促成人类中心的思想与努力,或者换个说法是,"追求有原则地思想与行动的非常相同的需要",破坏了原先的和谐。动物由人类退化而来,人种被分成各种种族、部落,具有不同观念、不同语言的小群体也随之出现,直到个体之间不再能相互理解。但是,具有本能需要与协调能力的人类,通过把他们自己从概念化思考和由此造成的争吵的羁绊中解脱出来,通过将爱与直觉理解作为他们生活的基础,能够克服其言行的错乱。

　　存在着无数这样的观点,他们都不同于上面提到过的被马赫姆认为理所当然的那一种观点,当然,马赫姆有权偏好一种观点,而责难另一种观点。但是他确实做了作为一个理性主义者与人道主义者的姿态。他宣称不仅有诅咒还有论据,而且给人类的爱感动了。对他的评论的审视可以看出这两种宣告都是不切题的,他的证据只不过是一个有自知之明的学者的呆板修辞中表现出来的诅咒,他对人类的爱刚好停留在他的办公室门前(或停在了理性基础的出纳员桌边)。

作为符合习惯的知识分子之一,马赫姆使用作为分析的案例——例如,乔纳斯通(Jonestown)威胁他的读者,而不是试图启迪他们(德国"理性主义者"为相同的目的、令人厌烦地使用奥斯维辛,更近以来,使用恐怖主义)。马赫姆说:"这些是容易的案例。"你能得到怎样的质朴言行呢? 在乔纳斯通看来,有些人在很清楚他们正在干什么的时候自由地自杀了(案例1)。另外,那些难以作出决定的摇摆者,他们倾向于生存下去,却屈服于他们同辈人与他们领导的压力(案例2)。另有些人便是谋杀者(案例3)。对马赫姆来说,三者之间的区别并不存在。但是这种区别对与有教育性地分析这些安全来说是根本性的,尽管在这儿有一些相当大的问题,但是某人想要用一种浅显的方法来讨论,则案例3可能是"容易的"(某人想拯救灵魂而杀死身体吗? 理性的调查者会这样想,并有这样的有力证据:这些证据不被承认吗? 我们要承认唯物主义吗? 对于下一步,我们没有目标——但是在哪儿留下一个理性主义者,也就是每进一步都要为其寻找证据的人?)。案例1也是简单的,尽管不是以一种马赫姆假定的那种方法来讨论。当然,它对人类生活是有破坏性的——但是,人类生活是一种具有超越性的价值吗? 基督殉道者不会这样想,不管是马赫姆还是别的理性主义者都没能表明他们是错的。他们有一个不同的观点——仅此而已。苏格拉底在死前表达了一种同感,不只是苏格拉底一个人,这种同感在希罗多德、索福克勒斯以及其他古希腊的杰出代表那儿都能找到。马赫姆关于人类的观点是众多观点中的一个,他本人则是争论的一方,而不是争论的监督者,对马赫姆来说,这些情形不止发生了一次。

还剩下案例2,这儿,我完全赞同提出这样观点的人,即认为人们应该在同辈与领导的欺压中受到保护。但是,这种情况不仅适用于像尊敬的琼斯神父这样的宗教领袖,也同样适用于世俗领导,如哲学家、诺贝尔奖获得者、马克思主义者、基础主义攻击者及其教育代表:年轻人必须加强反对利用所谓的教师名义的人,特别要反对像马赫姆和他的对手那样的理性法西斯,不幸的是,现时代的教育远离认同这个原则。

最后,有一个旧的证据:非科学传统已经有了生存的可能性,他们没有让那种对科学与理性主义的敌对继续存在下去,因此,企图恢复它们既是不合理的,也是没有必要的。这里,显而易见的问题是:通过用一种带有偏见的并加以控制的方法让非科学传统与科学对峙,非科学传统就在合理的基础上被消除了吗?或者说它们的消失是军事(政治、经济等)压力的结果吗?对此的回答几乎总是后者。美洲印第安人没有被要求摆出他们的观点,他们首先成为基督徒,然后被卖,离开了他们的土地,最后,在处于发展中的科技文化的保留地中放牧。印第安医药(被 19 世纪的医药业者普遍使用)没有进行反对一种侵入市场的新药品的测试,由于是属于一个治疗的古老时代,这种新药没有被简单地禁止,等等。

对过去机会的考察还忽视了这样一种观点:即使是清楚的毫不含糊的反驳也不会封固一个有趣观点的命运[⑧];随着证据特点的变化,反驳的方法(实验设备,用于解释所得结果的理论)是不断变化的。一个人应该注意成功论证与诸如由纳粹(Nazis)在 1933 年取得成功后所作的那种评论之间引人注目的相似点:自由主义已经有其存在的可能性,它被那种民族力量打败了,试图重新引介自由主义是愚蠢的。

最后,让公民来选择他们喜欢的传统。由此,民主政治,一种批评的致命的不完全性,以及对一种观点永远不会是、也从来不是理性原则的不寻常应用的结果这样的发现表明:犹如在一个新的启蒙时期的初期,恢复一种旧传统的企图和反科学观点的引入会受到赞许,在这里,我们的行为由一种洞察力所引导,而不仅仅是由一种虔诚和常常是十分无效的口号所引导。

五、理性与实践

至此,我所论述的可以概括为以下两点:

(A) 进攻和解决科学问题的方法依靠产生科学问题的背景,依靠那时得到的(正式的、实验的、意识形态的)办法和依靠对处理这些问题的办法的期望。科学研究不存在持久不变的边界条件。

(B) 进攻和解决社会问题和文化的相互作用问题的方法也依靠产生这些问题的背景,依靠那时得到的(正式的、实验的、意识形态的)办法和依靠对处理这些问题的办法的期望。人的行动不存在持久不变的边界条件。

因此,我批评被我称作(C)的观点,即科学和人类学家必须符合独立确定的个人愿望和文化教育背景条件。我也反对假设(D),假设(D)认为不参与相关人的活动,而从远处来解决问题是可能的。

(C)和(D)是有人所说的处理(科学和)社会问题的唯智论途径的核心,也是那些学院派马克思主义者、自由主义者、社会科学家、商人和政治家热心于帮助"不发达民族"的过程和"新时期"的预言的实质。每一位想要提高知识水平和拯救人类的作者,以及那些不满于存在的思想(例如,演绎论)的作者都认为:拯救只能来自一个新理论,而要发展这样一个理论所需要的东西则是合适的书籍和一些聪明的想法。

(C)和(D)也被用来怀疑我的关于政治的论述。他们说,我的方法完全是消极的。我反对确定的方法——但是我无法提供一个能够替代的新方法。马克思主义者被我对他们最喜欢的两样东西——西方科学与人道主义——的嘲笑与漠视极大地激怒了。

那些论述当然是对的。我确实没有给出积极的建议,但是原因并不是我已经忘记了有关的问题,或者比不过我的大学同事中的思辨天才,原因在于我很幸运地用智力天赋对传统作了假定这一方面。那些传统是历史传统,而不是抽象传统(见前面第二、三、四节,以及第三章)。历史传统不能从远处来加以理解。它们的假设、它们的可能性、它们掌旗者的(常常是无意识的)期望只有通过一种完全的进入才能被发现,也就是说,一个人必须生活在他想要改变的生活中。(C)和(D)都不适用于历史传统。只有通过漠视受害者的全部人性,由抽象理论家所创造的边界条件和解决办法才可能受到影响。支持这种强加的东西的知识分子不是不知道"人之维度"。知识分子有"人论",他们以此来引导他们的行为。但是这些理论并不反映他们的受害者,而是反映这些理论的出处——主要指大学办公室和研究会工作室——的思想(参见上面第四节,我对蒂博的评论)。我反对社会问题知识分子的解决办法的主要理由是:他们从一个狭窄的文化背景出发,却描述了一种普遍有效的解决办法,使用权力将其强加到其他领域。我不想对这样的理性法西斯美梦做事情,难道这是令人奇怪的吗?帮助人并不意味着从四面八方踢他们,直到他们消失在其他人的天国里。帮助人意味着要试图像引介一位朋友、一个人那样地引介一种变化,而这个人或这个朋友能鉴定他们的智慧,也能鉴定他们的愚蠢,而且他必须成熟到足以让后者占优势:对于我不认识的人以及我对他的情况不熟悉的人的生活的抽象讨论不但是浪费时间,也是鲁莽的、残忍的。

之所以说浪费时间,是因为:理论的实践应用总是先于可能会推翻基本纲要的无数变化。之所以说是鲁莽的,是因为:由于不熟悉陌生人的条件状况,不熟悉这些条件出现的途径,对他们的梦、恐惧、渴望没有直接的经验,我拒绝给出我自己的标准,我所谓的知识(是微不足道的还是给人留下深刻印象的,这是无关紧要的),我自己非常有限的人性,"客观"诊断与建议的基础(只有那些非常天真的或非常褊狭的人才会相信

对于"人的特性"的研究优于个体接触,在政治中是这样,在某人的私人
生活中也是这样)。Jutta,拥有女性的名字,但她决意要胜过她的最有进
取心的大学男同事的那种沙文主义,而这种沙文主义正是我心中和想象
中所缺乏的。相反,我能设想存在那种我从来没有想到过的情况,而这
种情况在书中是没法描述出来的,科学家从来就没有碰到过的,且碰到
了也将是无法认出的。我相信这类情况是经常发生的。我也能设想不
同的人看起来是不同的那种情况,而这种情况能以不同的途径影响他
们,还会撩拨起我从来没有感觉过的希望、恐惧和情感,我有意让我的外
行读者感受到那些直接有关的情况的深刻印象。Jutta 说,我应该带着
一种"敬畏""审视"我所不知道的东西。审视?如果我爱上了一个女人,
为了我的利益,也许也是为了她的利益,我想与她一起享受生活,那么,
不管带着一种敬畏还是藐视,我都不会去"审视"那种生活,而是试图参
与进去(如果她允许的话),以便从中来理解这种生活。随着参与她的生
活,我将变成一个用新思想、新情感、新方法来观察世界的新人。当然,
我将给出许多建议——我甚至可能带着我所有的讨论进入她的核心,但
只有在变化已经发生之后,以及在已经产生出新的、共同的敏感性的基
础之上才有可能。至此,我所理解的政治有很多种途径与爱相关。政治
尊重人,考虑人的个人愿望,不通过一种民意测验或者人类学领域的工
作来"研究"人,而是试图从参与中来理解人,并将渴求变化的建议与从
这样的理解中流露出来的情感和思想联系起来。一句话,政治,恰当的
理解肯定是"主观的",为它发展一种"客观的"理论体系是不可能的。

六、自由社会的要素

关于警察,传统的平等,国家和科学的分离,我的观点怎么关联这个
解释呢? 答案已经在《自由社会中的科学》和 EFM 中给出(EFM, p. 77,

并随处可见）：由于诸如此类的观点被发展了，所以它们必须经过（有关公民的原创精神）传统的过滤。针对我的著作的这一部分所写的所有论文，包括截取了我的其他许多方面若干内容的基督徒冯·布里埃森（Van Briessen）所写的论文在内，有一个基本错误是：它们解释我的建议，好像它们应该用一种与政治家、哲学家、社会批评家和所有各种各样的"伟大"男人与女人相同的阅读方式来阅读，他们将这些建议解释成一种新的社会秩序的纲要，而这种社会秩序现在必须强加给受到教育、道德化传、一个精妙小革命和甜蜜的口号（比如"真理会让你自由"）的帮助的人们，或者利用来自现存制度的压力来完成。但是，类似这样的权力之梦不仅离我的思维非常遥远——它们确实让我不舒服，而且我对教育工作者、道德改革家没有爱可言，这些人将他们可怜的心声当作一个照亮那些生活在黑暗中的人们的太阳。我鄙视所谓的教师，他们试图促进学生们的胃口，直到学生们失去了所有的自尊与自控，如饥似渴地吞咽真理。我也难免要鄙视所有想要以"神""真理""公平"或其他抽象要领的名义来奴役人们的周密计划，特别是作为使他们不朽的人，他们太胆小了而躲在他们声称的"客观性"后面不对他们的思想负责。我的许多读者似乎都将这样的计谋当作一种非常正常的步骤——我究竟能如何解释他们以这种方式来阅读我的建议呢？在我的《反对方法》与《自由社会中的科学》中所作的有关国家、伦理、教育、科学事件的评论必须受到人们的检查，对他们来说，这些评议是有意义的，它们是主观性意见，而不是客观的指导路线，它们必须受到其他主观性东西而不是"客观"标准的检测，只有在每一个相关的人都已经考虑了它们之后，它们才会接受政治权力：是那些发表的一致性意见，而不是我的证明，最终决定了这个问题。

　　首先必须教导人们去思考这样的反对意见只是反映了其作者的自负与无知，因为基本的问题是：谁可以言谈，谁应该保持沉默？谁拥有知识,谁仅仅是顽固的表现？我们能够相信我们的专家、物理学家、哲学家、医疗师、教育家吗？他们仅仅想要重复他们自己可怜的存在吗？我们伟大的心智,以及柏拉图、罗素、卢梭真的可以提供真理,还是我们对他们的崇敬仅仅是我们自己不成熟的表现？

这些问题关系到我们大家——我们都必须参与其中。最愚蠢的学生和最狡猾的农民;非常令人尊敬的公仆和他久经磨难的妻子;学术人与抓狗人;谋杀者与圣人——所有人都有权说:瞧这儿,我也是人,我也有思想、梦、情感,我也是上帝在想象中创造出来的。但是,在你美丽的故事中,你从来没有注意过我的世界。㉙对抽象问题的敬畏,所给出答案的内容,在那些答案中蕴含的生活质量——只有当每一个人都被允许参与争论,并被鼓励发表他有关此问题的自己的观点时,所有这些事情才能加以决定。刚才所解释的这个思想的最好最简要的概要可在普罗泰戈拉的伟大演讲中找到㉚:在雅典的语言中,在审判实践中,在专家(军队首领、建筑师、航海家)的待遇上,雅典公民不需要任何教导,他们在一个开放社会中长大。而在这个社会中,学习是直接的,不需要媒介,也没有教育工作者打扰,他们在随手拿来中学习。作为进一步的反对意见,即国家与公民的原创精神不可能凭空出现,它必定通过有目的行为蕴含其中——这是容易答复的:让反对者来开始一种公民原创精神,不久他会发现他需要什么,他进一步的雄心是什么,是什么东西阻碍了它们,他的想法在何等程度上对其他人是一个帮助,在何等程度上又阻碍了其他人,等等。

这是我给对"我"的"政治模型"的各种各样的批评理论的一个回答。这个模型模糊不清——非常对——但是含糊是必要的,因为这是为给使用者作具体决定时留出(EFM,第160页)回旋余地而作的决定。模型推崇一种传统的平等:任何建议首先必须接受那些对他们来说有意义的人的检查,没有人能预见结果[例如,裨格米族,或者菲律宾的明多罗人

(Mindoro),他们不想平等权——他们只想独处]。冲突不是由"教育"来处理,而是由警察的强制力来处理。冯·布伦泰诺将最后一条建议解释成暗示,即公民可以只说或写,但是,他们的行为受到严格限制。其他批评家已失望地举起了双手:说到警察,以及自由主义者与马克思主义者,他们都易于肃然起敬。这是上面提到过的错误的一个概要。因为警察不是摆布公民的最终作用者,而是由公民建立,公民组成,并为他们服务的。[31]公民不只是思考,他们还要对周围的每样事情作出决定。我仅仅提议通过永久的限制来管束行为比起改造灵魂来显得仁慈些——而对于这些限制,当发现不符合实际时可以很容易地去除。因为假定我们成功地将善灌输到每一个人的心中,那么我们到底怎样能够回到恶那儿去呢?

七、善与恶

随着这些言论,我已经走到了激怒许多读者、让我的朋友感到失望的地步。我也拒绝谴责,即使是极端的法西斯主义。我的意见是它应该被允许继续存在。现在,有一件事情应该要加以澄清:我并不赞成法西斯主义("尽管我具有一种非常宽泛的多愁善感以及我几乎本能地倾向于以一种人道主义的态度来做事")。那并不是问题所在,问题是我的态度的重大关系:它是我遵循的和别人欢迎的一种意向,或者说所以它有一种能使我批判法西斯主义的"客观核心",不只是因为法西斯主义不能让我愉悦,还因为它天生是恶的吗? 我的回答是:我们有一种意向——没有更多。像其他每一个意向一样,这个意向被许许多多的空话所包围,而整个哲学体系建立在它上面。其中某些哲学体系谈到了客观性质和维护这些体系的客观责任,但是我的问题不是说我们如何说的,而是对我们的冗言而言究竟能给出什么内容。在我试图找出一些内容的时候,我所能找到的是言说不同空洞价值的不同体系,而我们的爱好是要在其中作出一个决断。㉜现在,如果一个意向反对另一个意向,而最终较强的意向取胜了,在今天的西方,这意味着:较大的银行、较厚的书、有更多决定权的教育家、较大的枪炮。而就在现在,情况在西方还是如此,"大"看起来偏爱一种科学地歪曲与科学地战争(核武器)的人道主义。因此,在这一点上,这个问题已经得到了暂时的平息。

顺便提一下,这是我从调查官瑞米格斯(Remigius)生活中学到的许多内容中的其中一点。冯·布兰泰诺提到我参考了瑞米格斯,他很友善,以致没有作出这样的假定:我正在恳请恢复巫术和巫术的迫害。当然,这不是我的愿望,对于这样的迫害,我并不继续成为一个沉默的证人。但是,我的解释将会是:这个问题不会让我愉悦,它也不是一种固有的恶,或者建立在宇宙退化的观点之上,这样的表述远远无法由最好的愿望与最聪明的证据给予支持,却给了使用者一种不会轻易具有的威信。当使用者所做的是想要表述他个人观点时,这些表述又将他置于天使的一侧。我们只对待一种观点,一种非常之坏的争论观点,真理自身看起来显示出它的同情心,反对原子论、地动说、以太的证据有许许多多,然而,所有这些事情都回到了原来的境况。上帝、魔鬼撒旦、天堂、地狱从来没有受到过即使是不彻底的较好理论的攻击。由此,如果我想去除瑞米格斯与他那个时代的精神,那么,我当然能够进一步这样做。但是,我必须承认对我来说可能的唯一工具是有关修辞与自我正义的力量。另一方面,如果我只接受"客观"理由,那么,因为没有这样的理由存在,而在这个事例中,比起其他的事例来有更多这样的理由。所以,这种情况迫使我必须忍耐。㉝

瑞米格斯相信上帝,相信来生,相信地狱以及在其中的酷刑,他也相信未被烧死的巫婆的孩子将在地狱里死去。他不只是相信这些事情,可能还提出证据,他不想以我们的方式来加以争论,他的证据(《圣经》、教会理事会的决定等)并不是我说的那种证据。但这并不意味着他的想法没有实质性的内容,因为我能拿什么东西来反对他呢?有一种科学方法和科学这样的信念能成功吗?这个信念的前半部分是错的(参见前面第二节),后半部分是对的,但是必须加以补充说明:存在过而且现在仍然存在着许多失败,而成功产生在一个狭窄的领域,它几乎触及不到这儿所讨论的问题(例如,灵魂从来没有进入过视野)。在领域之外会发生什么——诸如地狱的观念——则被忽略了,从来没有被考察过,这种情况类似于古代的科学成就被早期基督徒给忽略了。

在瑞米格斯的思想框架中,他扮演了一个有责任的和理性的人,他至少应该受到理性主义者的赞扬。如果我们被他的观点所击退,而无法给他一种应有的答复,那么,我们必须意识到不存在一种绝对的"客观"证据来支持我们的反驳。我们当然能唱道德的咏叹调,我们甚至可以写出一部完整的戏剧,在剧中,这些咏叹调被优美地糅合在一起,但是,我们无法从所有这些声音到瑞米格斯之间架起一座桥梁,请出他的理性,使他转到我们这一面来。根据不同的规则和以不同的证据为基础,他确实用了他的理性,但是带着一个不同的目的。不存在一条出路:那样要对像瑞米格斯那样没有取得进展而负全责,没有一条客观标准会为我们辩护,我们发现我们的行动已经走向了灾难。

另一方面,让我们不要忘记我们自己的咨询者、我们的科学家、医生、教育家、社会学家、政治家、"发展者"。让我们看一下那些医生,直到最近,他们在没有经过我们众所周知的二择一治疗方法的检查下,就对中毒病人与受放射污染的病人进行治疗,如果没有什么危险的结果就宣布取得了成功。不值得尝试这样的方法吗?(不值得试图让一个巫婆的孩子活下来?)这样的尝试是值得的。但是我们所听到的回答是:诅咒!让我们来调查一下教育工作者的效果,他们一年到头在不考虑学生的背景的情况下,任年轻的一代自由地掌握知识。整个文化被扼杀了,免疫系统被破坏了(参见第四节),他们的知识变得不足,而只有在进步(当然,还有钱)名义下的一些东西:在经济中,在能源产品及其使用(误用)中,在外国人的帮助下,在教育中,瑞米格斯的精神,我亲爱的冯·布兰泰诺仍然和我们在一起,当瑞米格斯的现代继承者只关心他们的专业完整性的时候,瑞米格斯为人道主义的原因而行动的最重要的不同是:继承者不但缺少观察,还缺少博爱。我不喜欢他们,或者——只在这儿,我的动机不再是客观标准,而是一种更好生活的梦想。

现在,如果某人将这样的梦(我所拥有的)和客观价值的观念(我所反对的)联结起来,并将这种结果称作道德意识,那么,我没有这样的道·德·意·识·。幸运的是,我会说,对于这个世界上的大多数的痛苦,战争、身心的破坏、无尽的屠场不是由恶的个体造成的,而是由那些将他们的个人希望与爱好客观化了的人们造成的,因此,他们已经丧失了人性。

顺便提一下,在阿加斯(Agassi)的突发奇想中,看起来这是他唯一已经注意到的。阿加斯说他将言说真理。这对他来说是一件好事,但并没有给我们什么安慰。因为正如批评他的科学著作的人很久以前所指出的,即使在他试图说出真理的时候,他也很少知道他正在说什么。[32]他的论文强化了这种印象。他说我是志愿服役于德国军队——事实上我是被征召服役的。他说我试图忘掉二次世界大战的政治与道德一面——事实上我没有注意过它们。18岁那年,我是一条书虫,而不是一个受尊敬的人。他说我醉心于波普尔。现在,我喜欢崇拜人民,喜欢能仰视一些人,钦佩她,将她当作一个榜样——但波普尔并不能构成偶像。阿加斯把我称作是波普尔的信徒。这在某种意义上来说是对的,但从另一个意义上来说不尽对。我听波普尔的报告,坐在他的研究会里,偶尔去拜访他一下,跟他的猫说说话。这并不是我自己的自由决定的结果,而是波普尔是我的管理者:与他一起工作是英国理事会付我工资的一个条件。为了这个工作,我选择的不是波普尔,我选择的是维特根斯坦,而他接受了我。但是维特根斯坦死了,接替他的则是波普尔。阿加斯经常跪着乞求我放弃我的异议,完全对波普尔"哲学"负责,特别是要让许多有关波普尔的注释散布在我的论文中。对此,阿加斯还记得吗? 我做了后面的那种情况——不错,我是好人,我十分愿意帮助那些好像只有当他们看到自己的名字印成铅字才能活的人。但我没有做前面第一种情况,(1953)年末,阿加斯说,波普尔要我做他的助手,我拒绝了,尽管事实是:我没有钱,我不得不有时靠我这个有钱朋友,有时靠我那个有钱朋友来糊口。

阿加斯也制造了一些谣言,这些谣言对于忍受波普尔派教堂里的生活是必需的:他引述波普尔时这样说道:我曾经流着泪后悔参加了二次大战。那是十分可能的,我是感情丰富的人,在生活中我做过许多蠢事——但是,不同的是:我从来不与一个陌生人讨论个人的事情,除此之外,没有什么事情可以让我感到遗憾,除非在逃避打草稿的企图中可能的智力不足。这个眼泪最有可能是厌倦的眼泪,它是在我访问大师的时候相当自然地流下来的。它是德国学问标准腐败的一个悲哀的标记,像阿加斯的论文那样的一堆令人悲哀的垃圾竟能在津贴的补助下写下来,而这津贴补助背后隐含着亚力山大·冯·洪堡一个古老而又令人尊敬的名字。

只有那么一点,表现出阿加斯对现实的一些领会,而这一点是有关我们对道德问题的讨论。我清楚地记得这些讨论。阿加斯敦促我表明立场,也就是敦促我唱道德咏叹调,我感到非常不舒服。一方面,这个问题看起来非常愚蠢——我唱我的咏叹调,纳粹现在唱他的什么呢? 另一方面,我感到一种有关奥斯维辛的不合理的压力,这个压力是阿加斯和在他前后的许多有关意识形态的街头说唱者已经毫不害羞地力劝人们作一种空洞的姿态(或者将他们洗脑,以便让那种姿态接受"意义")。我今天说什么呢?

我说奥斯维辛是一种在我们中间仍然盛行的态度的极端表现。这种极端表现于在工业民主政治、教育——包括对一种人道主义观点的教育——中对少数人的对待上，这种对待在大部分时候是将有朝气的年轻人转变成没有生活色彩的人——他们老师的自以为是的翻版。在核威胁中，在杀伤性武器的数量与级别的不断提升中，这种极端表现也变得明显起来，比起大屠杀将变得越来越不可能，在一些想发动一场战争的所谓的爱国者的筹划中也表现出这种极端。它还表现在对自然与"原始"文化的毁灭中，而从来不会意识到这样是剥夺了他们的生活意义。以及表现在我们的知识分子的极大自负中，这些知识分子相信他们精确地知道人类需要什么，并毫不吝啬地努力按他们自己的想法去改造人们——一种可悲的想法；表现在我们的一些内科医生的幼稚的夸大狂中，这些内科医生带着恐惧论及他们的病人残害他们，用巨大费用的账单迫害他们，表现在许多所谓追求真理的研究者的感情缺乏中，这些研究者有系统地折磨动物，研究这些动物的不适状态，还因为他们的残忍而获奖。

就我所关心的而言，在奥斯维辛的追随者和那些"人类的造福者"之间不存在什么不同——这两者中，生命都因为特殊的目的而被误用了。问题是精神价值逐渐被冷落，他们的位置被残忍却是"科学"的唯物主义所取代，有时甚至称其为人类主义：人类（也就是由专家培训过的人类）能解决所有问题——他们不需要任何来自其他机构的信任与帮助。一个人哀叹外边有人犯罪，却表扬他自己邻居的罪犯，我如何来对待他呢？远远望见现实比最奇妙的想象还要丰富，我又怎样来作决定呢？

要么你选择走在反对残忍与压迫的最前沿，由此你能看见与闻到你的敌人，你的整个存在而不只是你狂想的能力，将投入到击败他的企图中。要么你选择坐在舒服的办公室里摇着头去决定有关善与恶的问题。我知道，我的许多朋友能够双手反扣在身后轻松地作出决定——很明显,他们有一个发展极好的道德意识。另一方面,从远处看,我将更喜欢考虑一种不同的观点,这种观点认为恶是生命的一部分,犹如恶是上帝创造的一个部分。某人不欢迎它——但是也不满意一些幼稚的反应。有人不想限制它,但有人要让它仍处于其自身的领域内,因为没有人能够说这种观点包含了多少的善,也没能说出一种最无意义的善事与最残暴的犯罪合在一起在多大程度上是存在。

八、告别理性

我在本章中的评论所依赖的批评起因是什么呢？我为什么要写一个答复？

第一个问题很容易回答。

八年前(1979),汉斯·彼得·杜尔被邀请成为一名德国著名 Suhrkamp 出版社的一位作者。因为他有其他任务,他拒绝了。但是,他也意识到这不是很好——对他来说要拒绝一个友好的邀请不太容易。恩赛尔德博士,具有 Suhrkamp 出版社的领导精神,其去除人们的精神糟粕的能力只有专门技术才能超过。他发觉了汉斯·彼得的困境,并用言语、食品、饮料来缓解这种困境。结果是:汉斯·彼得有了一种 PKF 节日的观念,开始到处发言。有些信被原封不动地退回,有些反映出他的判断是正确的,但也有一些给了缺少时间这一习惯性的借口——但有那么一小部分人决定通过大堆修辞来表扬我、诅咒我或者像驱除妖魔那样地驱除我。由此,向这种事情的聚集,并不是我"著作"的功劳,而是酒精的功劳。

回答第二个问题难度要大多了。许多人——科学家、艺术家、律师、政治家、牧师——都没有对他们的职业与生活作出区分,如果他们是成功的,那么他们将此作为他们的恰到好处的存在的一种肯定;如果他们在职业上失败了,那么,他们会感觉到他们作为一个人也失败了,无论给他们的朋友、孩子、妻子、爱人、狗等有多少快乐。如果他们写书,也许是小说、诗集、哲学论文,那么这些书成了一处建立在恰当实体上的大厦的一部分。"我是谁?"叔本华问自己,接着回答道:"我是一个写了《作为意志与表象的世界》并解决了许多存在问题的人。"父母、兄弟、姐妹、长尾鹦鹉(对我的英国读者来说是澳州情鸟),甚至是作者最个人化的感情,他的梦想、恐惧、期望,只有当敬畏地面对这座大厦的时候才会有意义,他们会这样描写道:妻子,当然知道如何烹调、清洁、洗涤,以及如何创造一种惬意的氛围;朋友,当然能在考验的时候理解穷人,并支持他,借钱给他,他们会很想帮助他而招惹恶人,等等。这种态度很普遍,几乎是所有传记与自传的基础,也确实能在伟大的思想家那儿找到⑥,而且,在今天有锋芒的学术人中间它也十分普遍。

对我来说,这种态度是陌生的、不可理解的,并带着些许恶意。的确,我也曾经从远处欣赏过现象;我希望能从缺口处进入城堡,参与经过训练的武士已经遍布全世界的启蒙运动战争。最后,我注意到了这件事情比较平淡的一面:事实是,武士、教授为雇主服务,雇主付钱给他们,并告诉他们做什么;他们没有研究和谐与幸福的自由,他们是公务员(用一个奇特德文文字,是 Denkbeamte),他们对秩序的狂热,不是一种平衡咨询的结果,不是与人性密切的结果,而是一种职业病。因此,我用我所得的高工资做些恰当的小事情,我小心地保护穷人(在贝克莱那儿,有时还包括狗、猫、浣熊甚至一只猴子),这些穷人带病来听我的演讲。我自言自语道,我毕竟对那些人有一种责任,我必须不滥用他们对我的信赖。我给他们讲故事,我试图加强他们天生的固执,我想,因为这将是反对他们想要碰到的街头意识形态性质的歌手的最好的防御办法:反对教育系统化的企图的最好的教育在于具有免疫能力的人们。但是即使是那样友善的考虑也永远不可能在我与我的工作之间建立起一个紧密的联结。

当教育受大学驱动时,这所大学现在可能在伯克莱、伦敦、柏林或者这里苏黎世,而我在那里拿可靠的瑞士法郎工资,我会对这样的想法感到奇怪,即我是"其中一员","我是一位教授",我对自己说——"这不可能——这是怎么发生的呢?"

关于我所谓的"观念",我的态度与之完全相同。我总是喜欢与朋友争论有关宗教、艺术、政治、性、谋杀、剧院、测量的量子论和其他许多主题的问题。在这样的争论中,我有时采取这一个角度,有时又是另一个角度:我改变我的角度——甚至我生活的外在一面——部分是因为驱除厌倦,部分是因为我反对启发性(犹如卡尔·波普尔曾经悲哀地宣称的那样),部分是因为我的一个不成熟的想法,即使是最愚蠢的与最没有人性的观点也是有价值的,应该得到好的保护。我所写的所有东西……好,让我们称之为"著作",随着来自这种活泼讨论的论题的开始,表明其是受参与者的影响的。有时,我相信我有自己的思想——现在谁没有自己的思想,而成为这样的错觉的牺牲品呢?但是,我永远不会有这样的幻想,把这样的思想当作我自己的一种本质。因此,我说当我考虑这个问题的时候,我确实完全不同于我已经完成的最伟大的创造,也不同于劝导我的感觉最深的确信,我必定永远也不允许这种创造与确信获得一种很强的力量,而将我变成一个顺从的奴隶。我可能会"采取一个立场"(尽管实践、甚至是带有清教徒主义内涵的短语敷衍我),但我这样做的时候,理性是一个一闪而过的怪念头,而不是一种"道德意识",也不是其他任何种类的胡说八道。

在我不情愿去"采取一个立场"的背后,隐藏着另一种因素,这是我最近才发现的。我写《反对方法》,部分是想招惹拉卡托斯(他曾被认为是要写一个答复的,但来不及写就去世了),部分是为保护科学免受哲学原理的某些规则的影响。我 15 岁就接纳了恩斯特·马赫,成为汉斯·瑟琳(Hans Thirring)和 F. 埃伦霍夫特的一名学生,主攻物理学,我认为科学家的著作是自足的,不需要任何外来确认。我对这样的人失去了耐心,他们尽管缺乏科学研究复杂性的任何经历,而仍然宣称想知道与科学有关的所有东西,以及科学是如何进步的。我猜我是属于科学自由主义者那类的,我的战争口号是"将科学让给科学家"。当然,我是一个理性主义者——但是它只要一个简单的实际例子,只需要冯·魏茨泽克教授的具体证据,他生活在汉堡,1965年回来(我相信),由此揭示理性主义的叙述法的肤浅性。让我回到马赫。

第二次的经历给了我巨大影响。我用描述第一次经历的那些语词再重复一遍⑭:

在1964年及以后的几年里,作为一种新的教育政策的结果,墨西哥人、黑人和印第安人进入了大学。他们带着几分好奇、几分轻蔑、几分淡淡的迷惑坐下来,希望能获得"教育"。这对预言接下去的研究是多么好的一个机会!我的理性主义的朋友告诉我,这么好的一个机会需归功于理性的传播与人类的进步!这对于新一轮的启蒙运动是多么好的一个机会!但是我的感觉非常不同。因为它逐渐让我明白:我迄今为止讲给我的或多或少有些世故的听众听的难以理解的证据与惊奇的故事可能只是一些梦魇,只是用他们的思想成功奴役其他每一个人的一小群人的自负的反映。谁是我想要告诉想什么与怎么想的那些人?尽管我知道他们问题很多,但我不知道他们的问题。尽管我知道他们渴望学习,但我不熟悉他们的兴趣、情感与恐惧。枯燥无味的诡辩是这个时代哲学家设法积聚的东西吗?是自由主义者用伤感的语词包围起来的东西吗?他们使诡辩变得合乎口味,而正好提供给那些被掠夺土地、文化、尊严的人们,提供给那些现在被假定为有耐心地吸收人类捕捉者的代言人的空洞思想,然后重复这些思想的人们。他们想要知道,想要学习,想要理解周围这个奇怪的世界,他们不应该得到更好的培养吗?他们的祖先发展了他们自己的文化、丰富的语言以及人与人、人与自然之间和谐关系的观念,他们所留下来的是对分离、分析和西方思想中固有的以自我为中心的倾向的一个生动的批评……这些是当我看着听众的时候闪过脑子的想法,它们使我在来自假定我所要实施的任务中的恐怖与突然变化中犹疑不前。因为现在变得清晰起来的任务是关于非常精益求精、非常世故的无情驱策者的,而我不想成为这样的人。

这个经历与我对物理的经历在本质上是相似的,在这儿,我也很强烈地感觉到哲学的浅薄与假定,而这种浅薄与假定是想要干涉一种好的已经形成的实践。然而,当科学只是文化的一部分,而需要其他内容的补充才能达到一种丰满的生命时,从很早的一个起点开始我的听众的传统已经完成了。因此,干涉得越厉害,其抵抗得越强烈也是必然的。试着要建立那种我考虑过的抵抗力,知识分子的解决方案是:我仍然认为,它由我来解决,根据我的爱好来为其他人制定政策。当然,我希望制定出比约翰逊总统和他的助手强制制定出的政策更好的政策,但是在做的时候,就像约翰逊总统一样,减少了对我想要帮助的人的责任,我做那些事情,好像是他们没有能力照顾好自己一样。看起来我是知道这些矛盾的,是那种无意识的明白让我在一定距离外以无关的方法进行操作的,也是那种无意识的明白让我拒绝去采取一种立场。

现在,在我的道路上,又有了第三次经历——我熟悉的 G. 玻里尼(Grazia Borrini),一位文雅而又坚决的追求和平和自我依靠的斗士。玻里尼跟我一样,曾学物理学。像我一样,他发现学习有太多限制了。不过,在我仍然使用抽象的概念(诸如一个"自由社会"这样的观念)以抵达一个更广阔与仁慈的观点时,他的观念是"历史传统"的一部分(回到了我自己的呆滞的说话方式)。尽管在我碰到玻里尼之前,我确实知道这些传统,并且我已经写过一些有关那些传统的东西,但这需要碰到一些具体的问题来促使我意识到其中所蕴含的东西。玻里尼还给了我一些由杰出作者所写的有关经济和文化变化(变迁)的书与论文。这是一个真正的发现。首先,比起我曾有的一些习惯来(占星术、伏都教*和一点点医药学),现在我有了很多更好的有关科学方法局限性的例子。第二,我意识到我的努力没有白费,只要在态度上作稍稍的调整就能使其发挥作用,这不仅在我眼里看来是这样,在别人眼里看来也一样。你能够通过写书帮助人们。当我注意到来自不同文化的、其行为令我尊敬的人们已经读过一些我写的著作,并已经接纳它们的时候,我感到非常惊奇,并被深深地感动了。因此,最后我放弃了自己的冷嘲热讽,决定写一本书,对玻里尼来说是一本好书,因为我知道她,因为当我笑对自己的时候写得最好(记住,我对思想中的拉克托斯写过一本《反对方法》),可以通过她,为所有那些遭受饥饿、压迫、战争仍努力生存下来、努力获得一点点尊严和幸福的人们写一本最好的书。当然,为写这样一本书,我将不得不斩断那些缠住我的绳子,以便用一种抽象的方法,或者恢复我通常说话不负责任的方法,我将不得不说告别理性。

注释

① 见《反对方法》第 26 页。
② 用归谬法不能说明争论者接受这个前提,见《反对方法》第 27 页。
③ 他们的交流是自由的,而不是被"引导"的,参见《自由社会中的科学》第 29 页。
④ 根据"塔的理论"(《反对方法》第七章),从运动着的地球上的一座塔上下落的一块石头

---

* 一种西非原始宗教——译者注

将落在左后方。事实因为不落在左后方,所以地球是不动的,这个论点假定(亚里斯多德的惯性原理):一个不受外力作用的物体将保持(恢复到)静止状态。在争论的那个时代,这个假设被证实,它被作为在哥白尼革命之后确立苍蝇蛋、细菌、病毒存在的一个重要时期。

⑤《反对方法》,第 99 页注。

⑥ 电学,参见 J. C. 海尔波劳(J. C. Heilbron)的《17、18 世纪的电学》(*Electricity in the 17th and 18th Centuries*),加利福尼亚大学 1979 年。

⑦ 参见,玻恩和普里高津的著作与本书第八章的内容。

⑧ 见《反对方法》第 137 页。

⑨《反对方法》,第 129 页。

⑩ 参见《反对方法》,第 127 页。

⑪ 参见《反对方法》,第 127 页,注释㉔。

⑫ 见《测试与意义》(*Testability and Meaning*)。

⑬《反对方法》第十七章。

⑭ 参见《相对主义、群体与拓扑学》(*Relativity*,*Groups and Topology*),纽约 1964 年。

⑮ 参见波普尔关于对杜海姆反对简单证伪性的论点的评论。

⑯《反对方法》,第 78 页,注释⑩;第 96 页,注释⑮。

⑰ 问题的这一侧面参见我的论文《作为艺术的科学》(*Wissenschaft als Kunst*),法兰克福 1984 年。

⑱ 详见我的《哲学论文》第二卷第一章和本书的第三章。

⑲ 柏拉图的《理想图》607,见本书第三章。

⑳ 详见第一章第六节与第六章第一节。

㉑ 见《哲学论文》第一卷第六章;第二卷第九章。

㉒ 见我的小注"没有经验的科学",《哲学论文》第一卷第七章,这是 A. 兰德在一封给全美哲学家的公开信中为诅咒我而写的论文。

㉓ 综合参阅鲍德雷(J. H. Bodley)的《进步之代价》,加利福尼亚 1982 年。

㉔ 在列维一施特劳斯的《野性思维》一书中,给出了详细而又丰富的说明,以后将就类似的问题作更详细的研究。

㉕《从"帮助"到"艾滋"》,未出版手稿,斯坦福 1984 年。

㉖《教育是为排斥还是参与?》手稿,斯坦福 1985 年 4 月 16 日。

㉗ 参考《自由社会中的科学》的书评,发表在《社会科学哲学》,1982 年。

㉘ 想了解更多,参见《自由社会中的科学》第 100 页注和本书第一章第一节。

㉙ 在中世纪并不如此,参见弗里德里奇·希尔:《第三种力量》(*Die Dritte Kraft*),法兰克福 1959 年。

㉚ 柏拉图:《普罗泰戈拉》,320c—328d。

㉛ 参见我的关于黑人穆斯林的警卫的评论,第 162、297 页。

㉜《自由社会中的科学》,第一部分。

㉝《自由社会中的科学》,第一、二部分;EFM 第三章。

㉞ 例如:在罗森的哥白尼参考书目的第 882 条,《三条哥白尼定律》,纽约 1971 年。

㉟ 在死前的几个小时,苏格拉底赶走了他的妻子与儿女,以便能和崇拜他的学生讨论高深的问题。在高尔(Claire Goll)的自传中,她向那些有艺术品味的人说了许多她的恨与有趣的东西,《自我宽恕》(*Ichverzeihe Keinem*),慕尼黑 1980 年。

㊱《自由社会中科学》,118f。